Erlebnis Naturpark Rheinland

Barbara und Hans Otzen

REGIONALIA VERLAG

Die Herausgabe dieses Buches wäre nicht möglich gewesen, ohne dass die Fotografen – an erster Stelle Heinrich Pützler – ihre Bilder honorarfrei zur Verfügung gestellt hätten.
Der Förderverein Haus der Natur – Waldinformationszentrum e. V. möchte sich hierfür ausdrücklich bedanken.
Finanziell wurde die Herausgabe dieses Buches unterstützt durch
Landschaftsverband Rheinland
Stiftung Rheinische Kulturlandschaft

LVR Qualität für Menschen

Stiftung Rheinische Kulturlandschaft

Auch dafür herzlichen Dank!

Erlebnis Naturpark Rheinland
Barbara und Hans Otzen
Lektorat: Wolfgang Wessel

Layout, Satz, Cover- und Einbandgestaltung: Handverlesen GbR, Bonn
Abb. Bezug und Schutzumschlag, Vorderseite: Hans Otzen, Rückseite: Heinz Pützler
Abb. Vorsatz: Heinz Pützler, Abb. Nachsatz: Heinz Fuchs
Printed in EU 2017
ISBN 978-3-95540-244-0

www.regionalia-verlag.de

Inhalt

Naturparke sind großräumige, durch vielfältige Nutzung geprägte Landschaftsräume, die sich überwiegend aus Landschaftsschutz- und Naturschutzgebieten zusammensetzen und durch eine Vielfalt von Arten und Biotopen gekennzeichnet sind. Solche Kulturlandschaften sollen durch eine dauerhaft umweltgerechte Landnutzung erhalten und weiter entwickelt sowie für einen nachhaltigen Tourismus erschlossen werden, wie es im Bundesnaturschutzgesetz niedergeschrieben ist. 104 solcher Naturparke gibt es in Deutschland. Sie nehmen ein Viertel der Fläche unseres Landes ein und sorgen für die Balance zwischen der Lebensqualität für die Menschen und ihrem wirtschaftlichen Wohlergehen einerseits sowie dem Erhalt einer intakten Natur andererseits.

Der Naturpark Rheinland ist einer dieser Naturparke in Deutschland. Auf einer Fläche von 1 000 Quadratkilometern weist seine Kulturlandschaft mannigfaltige Erscheinungsbilder mit Wäldern, Flüssen, Seen und vulkanischen Hinterlassenschaften, durchsetzt von historischen Städten, Dörfern, Einzelgehöften, Burgen und Schlössern, auf. Vielfältig sind die Sport- und Freizeitangebote der Region, die sie zu einem außerordentlich geschätzten Erholungsraum für die Bewohner der angrenzenden Ballungsgebiete machen.

Die Geschichte des Naturparks begann im Jahr 1959 mit der Einrichtung des Naturparks Kottenforst, der auch den Rheinbacher Wald mit einschloss. 1965 wurde der Erholungspark Ville gegründet, dessen rekultivierte Braunkohleflächen zwei Jahre später in den nun Naturpark Kottenforst-Ville genannten Schutzraum unter der Trägerschaft des Regierungsbezirks Köln eingingen. 1978 erfolgte die Gründung des Zweckverbandes Naturpark Kottenforst-Ville, der die Trägerschaft übernahm. 1986 legte das Land Nordrhein-Westfalen die Grenzen des Naturparks endgültig fest und benannte ihn im Jahr 2005 in Naturpark Rheinland um.

Der Naturpark Rheinland

Blick auf den Liblarer See.

Die Ville –
Kernraum des Naturparks

Will man das heutige Erscheinungsbild der Landschaften im Naturpark verstehen, so muss man weit in die Erdgeschichte zurückblicken. Im geologischen Zeitalter des Erdaltertums begann vor 400 Millionen Jahren eine gewaltige Gebirgsbildung, die sogenannte Variskische Orogenese, die weit mehr als nur den heutigen Kontinent Europa erfasste. Auf unserem Kontinent faltete sich ein Hochgebirge auf, das mächtiger als die Alpen war. Aus dieser Faltung entstand im Erdzeitalter des Devon vor 350 Millionen Jahren das Rheinische Schiefergebirge, das im Wesentlichen die Eifel, den Westerwald, den Hunsrück und den Taunus umfasst. Aufgelagerte Sedimente wurden verformt und durch Druck verschiefert, woraus sich die Bezeichnung dieses Gebirgszuges ableitet. Durch Erosion wurden im Laufe der Zeit die Gesteinsmassen zu einem Rumpfgebirge mit welliger Oberfläche abgetragen. Infolge des weiteren Geschehens hob sich das Rheinische Schiefergebirge an, gleichzeitig senkte sich die nordwärts vorgelagerte Ebene zur Niederrheinischen Bucht ab. Mit der weiteren Absenkung der Ebene wurde diese seit dem Erdzeitalter des Trias vor 250 Millionen Jahren aus nördlicher Richtung immer wieder von einem Flachmeer überflutet. Diese Überflutungen setzten sich unter anderem auch durch Meeresspiegelveränderungen fort. In den flachen Gewässern konnte sich angesichts des damals herrschenden subtropischen Klimas eine artenreiche Sumpfvegetation entwickeln. Hier fanden die Vorläufer der heutigen Mäuse, Eichhörnchen, Hamster, Wildschweine, Hirsche, Nashörner und Affen, aber auch Mastodonten – frühe Elefanten – Lebensraum. Die Seen und Sümpfe wurden von Fischen, Schildkröten, Bibern und auch Krokodilen, Wasser- und Watvögeln bewohnt. In den Überflutungsphasen wurde die Vegetation durch mächtige Sedimente bedeckt und von der Luftzufuhr abgeschnitten. In den Rückzugsphasen des Meeres entwickelte sich neuer Sumpfwald. Mikroorganismen zersetzten absterbende Bäume, Sträucher und Gräser unter Luftabschluss im Sumpf zu Torf, der durch den wiederholten Wechsel von Meeresvorstößen und -rückzügen über Jahrmillionen unter dem Druck aufliegender Meeressedimente zu Braunkohle gepresst wurde, die sich in unterschiedlichen Schichten ablagerte. Überreste der üppigen Pflanzenwelt jener Zeit findet man immer noch in der Braunkohle, so zum Beispiel Kiefernzapfen, Hickorynüsse, Ingwerfrüchte, Reste von Sumpfzypressen, Sequoia-Bäumen, Kastanien, Magnolien und Lorbeerbäumen.

Die tektonischen Auswirkungen der Alpenauffaltung, die ihren Höhepunkt vor 35 Millionen Jahren erreicht hatte, aber bis heute anhält, setzten sich bis über das Rheinische Schiefergebirge hinaus fort und zerlegten das Gebiet in mehrere Bruchschollen. Im Bereich des heutigen Naturparks Rheinland hatte die Tektonik drei Hauptschollen hinterlassen: die Kölner Scholle, die Erftscholle und die Rurscholle. Durch diese Schollenbildung wurden die bis zu 70 und 100 Meter dicken Braunkohleschichten im Untergrund versetzt.

In den Spannungszonen der Bruchstellen setzten vulkanische Aktivitäten ein, so in der Eifel, im Westerwald und im Siebengebirge. Den Höhepunkt fanden die vulkanischen Tätigkeiten im Siebengebirge vor etwa 25 Millionen Jahren. Dabei entstanden nicht nur die etwa 50 Bergspitzen des Siebengebirges, sondern auch die Vulkankuppen im Drachenfelser Ländchen; der Vulkanismus setzte sich also über den Rhein hinaus fort – doch den gab es zu dieser Zeit noch nicht. Die tektonischen Bewegungen halten bis heute an und machen sich als Erdbeben unterschiedlicher Stärke bemerkbar. Erinnert sei in diesem Zusammenhang an das Beben von 1992 mit dem Epizentrum in Roermond, das eine Stärke von 5,9 auf der Richterskala erreichte und immensen Schaden anrichtete. Weitere Beben ereigneten sich 2003 und 2011. Neueren Untersuchungen zufolge soll es vor weniger als 10000 Jahren sogar Beben mit einer Stärke von 6,4 bis 7,0 auf der Richterskala gegeben haben, von denen nur noch Verwerfungen im Boden zeugen, die 2016 beim Ausbau der Aachener Autobahn dokumentiert wurden.

Der Rhein hatte vor etwa 2,5 Millionen Jahren den Durchbruch durch das Schiefergebirge durch Ausbildung des Mittelrheingrabens vollzogen. Dies geschah parallel zu einer grundlegenden Klimaveränderung, die sich im Beginn der letzten Eiszeit manifestierte und durch den mehrmaligen Wechsel von Kalt- und Warmzeiten gekennzeichnet ist. In den Warmzeiten schwoll die Wasserführung der Flüsse an, der Rhein mäandrierte in vielen Kilometern Breite und hinterließ Flusssedimente aus Geröll-, Sand- und Lehmbändern, die heute als Hauptterrasse des Rheins bezeichnet werden. In den Kaltzeiten wehten die Nordwestwinde ein staubfeines Sediment an, den Löss. Er ist die Basis der ertragreichen Landwirtschaft der Region. Parallel zu diesen Vorgängen hob sich das Schiefergebirge wieder leicht an, die Schollen senkten sich mit unterschiedlicher Geschwindigkeit ab – so etwa 1 Millimeter pro Jahr. Das ist nicht viel; aber über längere Zeiträume gerechnet, summieren sich die Höhenunterschiede. So blieb die heutige Ville als Kernraum des Naturparks bestehen, weil sie sich weniger stark als das Umland absenkte, und erhebt sich als deutlich sichtbarer tektonischer Horst aus der Kölner Bucht. Die Bruchstellen der gegeneinander versetzten Schollen werden unter anderem vom Erft- und Swisttal eingenommen. Der Rhein grub sich in dieser Zeit immer tiefer in den Untergrund ein und bildete zunächst die Mittel- und dann die Niederterrasse aus. Inzwischen ist der Rhein auf dem Niveau der Inselterrasse angelangt. Die seit dem 19. Jahrhundert betriebenen wasserbaulichen Maßnahmen haben ihn in sein heutiges Bett gezwungen, früheren Mäander sind nur noch in Spuren zu erkennen. Dafür haben die Bewirtschaftung durch Landwirtschaft sowie die Industrialisierung und Besiedlung das Landschaftsbild nachhaltig verändert und so gestaltet, wie es sich heute darstellt: als eine vielseitige Kulturlandschaft, in der auch die Natur ihren Platz behalten hat!

THEMA Das Klima im Naturpark

Der Naturpark Rheinland als Teil der Niederrheinischen Bucht gehört zu den klimatischen Gunsträumen Deutschlands. Die geografische Nähe zur Nordsee lässt den Einfluss des Golfstroms mit gedämpften Temperaturschwankungen zwischen milden Wintern und gemäßigten Sommern sowie relativ gleichmäßig verteilten Niederschlägen im Jahresverlauf deutlich werden. Bei der überwiegenden Westdrift überqueren niederschlagsreiche Tiefdruckgebiete die Region, bei selteneren Hochdruckwetterlagen können sich länger anhaltende, trockene Perioden einstellen. Das langfristige Temperaturmittel beträgt zwischen 7,8° und 8,5° Celsius, die Vegetationsperiode liegt mit 170 Tagen pro Jahr über dem Bundesdurchschnitt. Die Januartemperaturen bleiben im langjährigen Durchschnitt über der Frostgrenze und weisen 0,2° bis 0,8° Celsius auf. Eine durchgehende Schneedecke von mindestens einem Zentimeter Dicke wird lediglich in den Hochlagen am Eifelrand an 15 bis 30 Tagen pro Jahr erreicht.

Bemerkenswert ist im Nationalpark-Bereich die Niederschlagsverteilung in west-östlicher Richtung. Durch die unterschiedlichen Reliefformen in den einzelnen Teilbereichen kommt es hier zu ausgeprägten Luv- und Lee-Effekten. Weiträumig betrachtet senkt sich die Niederschlagsmenge vom Hohen Venn mit 1 200 Millimetern pro Jahr bis auf 550 Millimeter pro Jahr in der Zülpicher Börde im Regenschatten der Eifel ab. Auch wenn der Villerücken nur wenig über die Zülpicher Börde hinausragt, erhöhen sich dort die Niederschläge auf 700 Millimeter pro Jahr, um dann im Regenschatten des Vorgebirges im Rheintal wieder leicht auf 650 Millimeter pro Jahr abzufallen. Weiter östlich erhöht sich dann die Niederschlagsmenge durch die Stauwirkung von Siebengebirge und Bergischem Land wieder auf über 1 000 Millimeter pro Jahr.

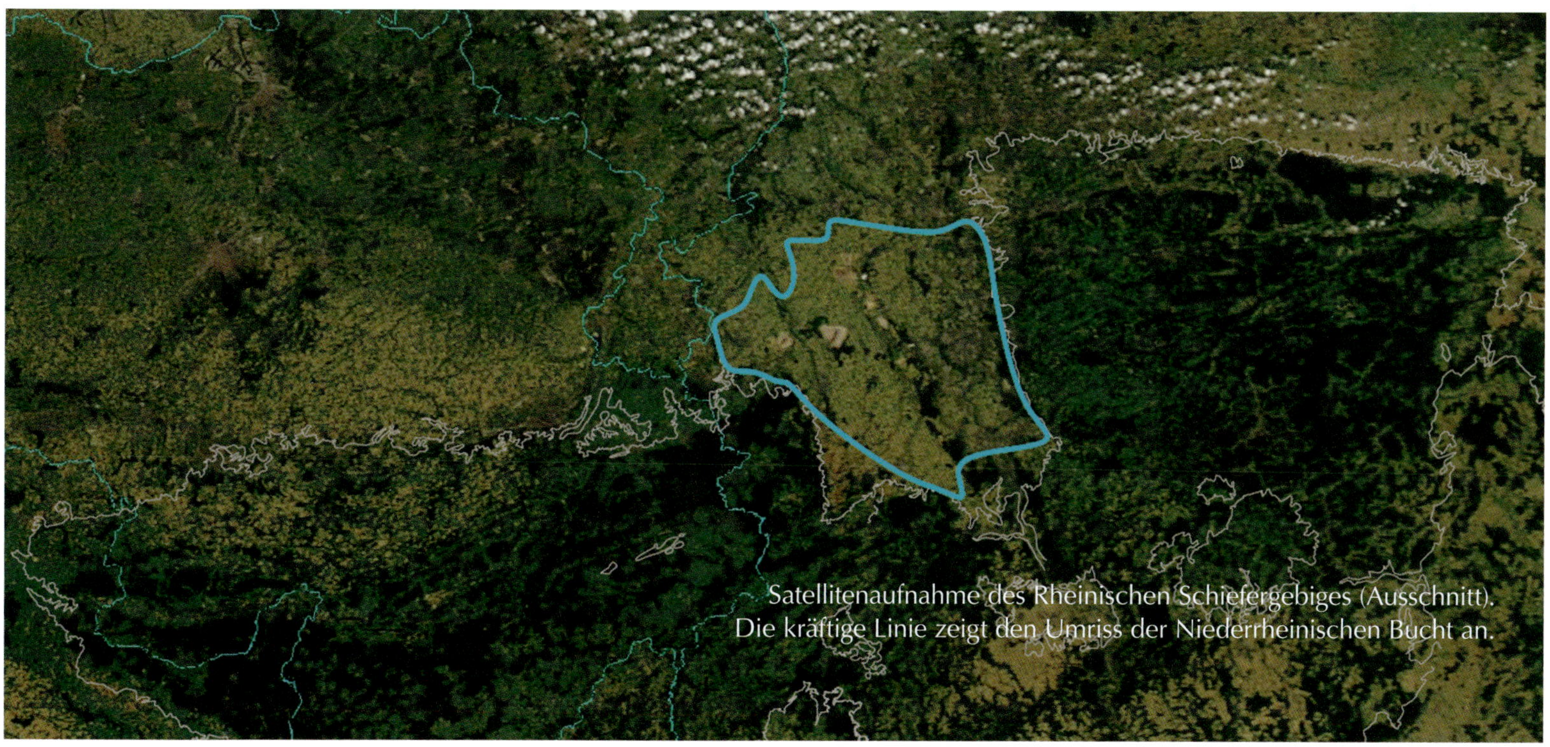

Satellitenaufnahme des Rheinischen Schiefergebiges (Ausschnitt). Die kräftige Linie zeigt den Umriss der Niederrheinischen Bucht an.

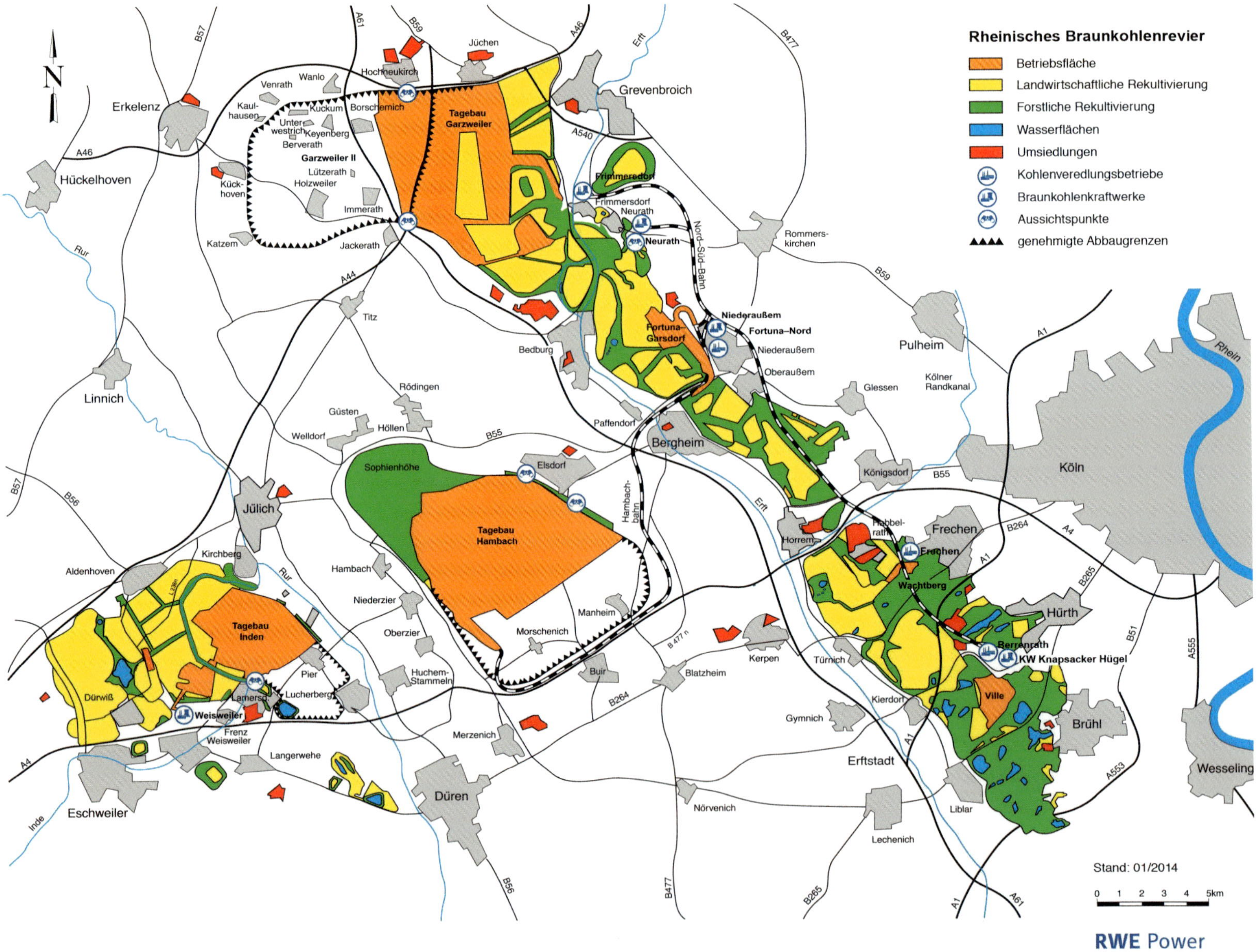

▲ Rheinisches Braunkohlerevier.

Braunkohleville

Zwischen der Erft- und Swistniederung im Westen und dem Rheintal im Osten erstreckt sich die Ville als tektonischer Horst von den Eifelausläufern im Süden bis in die Niederrheinische Bucht im Norden. Ihr Höhenrücken ist über eine Länge von 50 Kilometern und eine Breite von 7 bis 10 Kilometern leicht nordwestlich ausgerichtet und grenzt sich deutlich von der östlichen Löss-Lehmplatte der Kölner Bucht und weniger deutlich von der westlichen Zülpicher Börde ab. Nach Norden zu flacht der Höhenzug von 180 Metern Höhe bei Bonn über 160 Meter bei Weilerswist, 140 Meter bei Hürth, 110 Meter bei Bedburg bis knapp unter 100 Meter Höhe bei Frimmersdorf ab. Einige kleinere Kerbtäler von abfließenden Bächen strukturieren den Höhenrücken vor allem an der Ostseite. Ganz im Norden durchbricht die Erft den hier schon kaum mehr aus dem Umland herausragenden Höhenrücken und wendet sich dem Rhein zu. Der Höhenrücken geht fast unmerklich in die Hauptterrasse des Rheins über. Hier schürfen die Bagger im Großtagebau Garzweiler nördlich der Erft die Braunkohle aus der Tiefe. Der Tagebau wird weiter westlich zum Abbaufeld Garzweiler II erweitert – ein nicht nur unter Ökologen heftig umstrittenes Vorhaben.

THEMA Die Braunkohle

Im voreiszeitlichen Erdzeitalter war die Region der Niederrheinischen Bucht starken Landhebungs- und Senkungsbewegungen unterworfen. In der Folge änderte sich der Meeresspiegel für die Region, das Meer drang in die Bucht ein. Angesichts der damaligen subtropischen Klimabedingungen bildete sich im Küstenbereich üppiges Pflanzenwachstum, was zur Vermoorung der Flächen führte. Zog sich das Meer zurück, überlagerten Flusssedimente aus Sanden und Kiesen die vertorften Flächen. Das Gewicht der Aufschüttungen presste die Torfschichten zusammen. So entstanden im Laufe von Jahrmillionen Braunkohleflöze, deren Mächtigkeit bis zu 100 Meter beträgt. Im weiteren Verlauf senkte sich die Niederrheinische Bucht ab. Der Prozess vollzog sich jedoch nicht gleichmäßig, so dass an manchen Stellen Verwerfungen auftraten, die bis zum Grundgebirge reichen. Daraus entstanden die drei Hauptschollen der Niederrheinischen Bucht, die Kölner Scholle, die Erftscholle und die Rurscholle, die sich im Gelände deutlich abzeichnen. Die Absenkung der Schollen erfolgte entlang der beiden Hauptbruchlinien des Rurrandes und der Erftlinie, so dass die Sedimentschichten über den stärksten Flözen im Untergrund zwischen 100 und 400 Metern betragen. Nur im Bereich des Villehorstes treten die erdgeschichtlich jüngsten, oberen Flöze bei Brühl so dicht unter die Oberfläche, dass sie am Prallhang des Vorgebirges sichtbar werden.

Schon der römische Geschichtsschreiber Tacitus berichtete von sichtbaren Absonderlichkeiten am Rande des Vorgebirges, von geheimnisvollen Bränden, die im Umfeld vom heutigen Köln Häuser, Felder und Dörfer zerstörten, bevor sie mit Erde und Steinen gelöscht werden konnten. Tatsächlich beschreibt er glimmende Braunkohleflöze. Über Jahrhunderte blieb aber der eigentliche Wert der Braunkohle unerkannt. Im Mittelalter nutzte man braune Pigmente der Braunkohle zur Herstellung der als Kölnisch Umbra bekannten Farbe, die vor allem von den flämischen Barockkünstlern eingesetzt wurde. Erst am Ende des 17. Jahrhunderts stellte man im Vorgebirge bei der Tongewinnung für die Keramikbetriebe im Brühler und Frechener Umfeld fest, dass die nasse Deckschicht, die über dem Ton abgeräumt werden musste, nach Austrocknung durch Wind und Sonne brennbar war. Auch wenn diese Kohle nur geringen Heizwert hatte, bot sie doch angesichts der am Ende der Feudalzeit durch Abholzung und missbräuchliche Nutzung der Wälder hervorgerufenen Holznot eine willkommene energetische Ergänzung. Nun ließen die Grundherren die Kohle durch Tagelöhner mit Hacke und Schaufel in kleinen Gruben abbauen, zu Klütten verdichten, ausdörren und im Umfeld verkaufen. Die letzten solcher kleinen Privatgruben schlossen erst in den 1920er Jahren.

Insgesamt gesehen weist das sich im Städtedreieck Köln-Aachen-Mönchengladbach erstreckende Rheinische Braunkohlerevier die größte Fördermenge unter den vier deutschen Revieren auf. Die industrielle Förderung setzte im 19. Jahrhundert ein. Die kleinen Gruben gingen allmählich unter oder nach und nach in Tagebauen auf. Diese konnten nicht nur wirtschaftlicher arbeiten, sondern erst auf diese Weise der größer werdenden Nachfrage gerecht werden. Im Bereich der Ville erhielt die 1821 gegründete Gewerkschaft Roddergrube von der preußischen Regierung eine erste Konzession, in der Grube einen Tagebau einzurichten. Dessen Realisierung zog sich aber durch spätere Besitzwechsel an der Grube über Jahrzehnte hin. Ein weiterer Tagebau entstand mit dem 1874 gegründeten Gruhlwerk. Der Bau der Eisenbahnen im Revier erlaubte eine rationellere Förderung und den großflächigeren Vertrieb. Mit der Stromerzeugung ab Ende der 1890er Jahre begann der eigentliche Aufstieg der Braunkohle. Durch die seit den 1870er Jahren zu erkennende Konzentration der Förderung auf Großtagebaue sind von den einst an die 20 Tagebauen im Rheinischen Braunkohlerevier nur die drei Großtagebaue Garzweiler, Hambach und Inden übrig geblieben. Heute werden im Rheinischen Braunkohlerevier jährlich 100 Millionen Tonnen Braunkohle gefördert, von denen 90 Prozent zur Strom- und Fernwärmeerzeugung genutzt werden.

THEMA Rekultivierung

Die Anfänge der Braunkohlegewinnung waren kleinbetrieblich. Als Grundherren Ende des 17. Jahrhunderts in der Ville erkannten, dass Braunkohle das knapper werdende Holz als Brennstoff ersetzen konnte, ließen sie durch Tagelöhner oberflächennahe Schichten im Brühler-Frechener Revier nach der dort zutage tretenden Braunkohle abgraben. Auch wenn der Wald durch Übernutzung immer minderwertiger geworden war, blieben die abgegrabenen Flächen danach waldfrei, hatten also für die Grundherren nach der Kohleausbeutung überhaupt keinen Nutzen mehr. So kam es, dass noch in feudaler Zeit die Grundherren begannen, Pachtverträge abzuschließen, die eine Aufforstung der ausgekohlten Flächen vorsahen – so geschehen 1766 in einem Pachtvertrag für die Roddergrube, der eine nachträgliche Aufforstung mit Erlen vorsah.

▲ Rekultivierung der Berrenrather Höhe.

Als im 19. Jahrhundert der Braunkohleabbau zunehmend in Tagebauen durchgeführt wurde, nahm die Beeinträchtigung der Landschaft derart zu, dass der Staat mit einem Regelwerk eingreifen musste. So sah das Allgemeine Berggesetz für Preußen (1865) eine ausdrückliche fachliche Kontrolle der Wiedernutzbarmachung vor. Der Bergbehörde wurde die Überwachung der Maßnahmen der Oberflächengestaltung und -nutzung durch die Bergbaubetriebe nach dem Abbau der Braunkohle übertragen. Doch ermöglichte die fortschreitende Technik mit dem beginnenden 20. Jahrhundert das Betreiben von Tagebauen, die im wahrsten Sinne des Wortes tiefe Wunden in die Landschaft rissen. Daher bestimmte das Oberbergamt Bonn in einer Auslegung der Bergpolizeiverordnung (1929), dass »Beim Braunkohletagebau alle Abraummassen in die ausgekohlten Tagebaue wieder so eingebracht werden müssen, dass möglichst große land- und forstwirtschaftlich nutzbare Flächen entstehen.« Da sich damals der Braunkohletagebau auf Flächen in der vormals bewaldeten Ville zwischen Köln und Bonn konzentrierte, zielte die Rekultivierung ausgedienter Braunkohletagebaue nach dem Zweiten Weltkrieg auf die Wiederherstellung von Waldflächen ab. In dem Maße, wie der Tagebau nordwärts zog, drang er in die Bördelandschaft mit ihren fruchtbaren Lössböden vor. Im sogenannten »Lößabkommen« (1961) mit der Landesregierung verpflichtete sich die Rheinische Braunkohlewerke AG als Betreiber der Tagebaue im Zuge der landwirtschaftlichen Rekultivierung der ausgekohlten Tagebaue »… wieder gutes, verkaufsfähiges Land zu schaffen, welches wir dem Bauern, dessen Felder im Abbaugebiet liegen, als Ersatz zur Verfügung stellen können.«

Hier wird schon deutlich, dass es neben der »Rekultivierung« nach dem Landschaftsgesetz Nordrhein-Westfalens im weiteren Sinn zusätzlich die »Wiedernutzbarmachung« gemäß dem Bergrecht im engeren Sinn gibt. Danach um-

fasst der im Rheinland im Zusammenhang mit dem Braunkohleabbau entstandene Begriff der »Rekultivierung« »... alle Initiativen und Maßnahmen, die zur Wiederherstellung des landschaftlichen und wirtschaftlichen Gefüges solcher Teilbereiche der Kulturlandschaft dienen, deren natürliche Leistungsfähigkeit durch Eingriffe des Menschen vorwiegend beim Abbau von Rohstoffen erheblich vermindert oder zerstört wurde.« Unter der »Wiedernutzbarmachung der Oberfläche«, sagt das Bundesberggesetz aus, »... ist nicht unbedingt die Wiederherstellung des vor Beginn des Abbaus bestehenden Zustandes der Oberfläche, sondern sind die Vorkehrungen und Maßnahmen zu verstehen, die erforderlich sind, um die für die Zeit nach dem Abbau oder nach Einstellung eines Aufbereitungsbetriebes geplante Nutzung etwa zu landwirtschaftlichen, forstwirtschaftlichen oder Erholungszwecken zu gewährleisten.« So wird von Naturschützern auch bemängelt, dass es sich bei der Statistik über Landschaftsinanspruchnahme und Landschaftswiederherstellung weniger um eine Rekultivierungsstatistik, sondern vielmehr um eine Wiedernutzbarmachungsstatistik handelt. Grundsätzlich wird ohnehin das Fehlen einer ökologischen Gesamtbilanz beklagt, aus der die Verluste durch bergbauliche Inanspruchnahme, der Wert der Kompensationen auch unter den übergeordneten Fragestellungen nach Umweltverschmutzung durch CO^2-Ausstoß, durch Grundwasserabsenkung, Umsiedlungsprobleme etc. hervorgehen.

Die Rekultivierung der im Rheinischen Revier abgeschlossenen Braunkohletagebaue stellt sich als permanenter Lern- und Anpassungsprozess heraus. So ist es nicht mit der einfachen Verkippung des Abraums auf neues Gelände getan. Gerade in der Frage der Lössübertragung hat es durch die neue Agrarflächen bewirtschaftenden Landwirte Kritik gegeben. Erst durch entsprechende Forschungsprogramme konnten die Rekultivierungstechnik und die Landbewirtschaftung weiterentwickelt und so verlangte Zielvorgaben erreicht werden. Zwei Meter Lössabdeckung sind auf jeden Fall erforderlich! Auch müssen die Böden für die forstliche Erneuerung entsprechend aufbereitet werden. Hierzu wurde »Forstkies« entwickelt, eine Mischung aus Lösslehm und Kies für die oberste Bodenschicht, der locker genug für die Durchwurzelung und lehmig genug für den Wasserhaushalt ist. Die Grundmasse der neuen Auftragungsflächen bilden Ton, Kies und Sand des auf den Flözen aufliegenden Abraums, wobei die Böschungen und Geländemulden auch mit Lössdurchmischungen möglichst naturnah gestaltet werden, so wie es die Natur zuvor selbst getan hat. Ein wesentliches neues Landschaftselement bilden die vielen Wasserflächen. Die Belassung von Tümpeln für eine vielseitige Feuchtflora und Amphibienwelt wie gleichermaßen die Flutung von Restlöchern zu Seen sind wesentlicher Teil der Rekultivierungsbemühungen und prägen heute den Erholungswert der Seen-Ville.

Ein besonders heikles Thema im Zusammenhang mit der rheinischen Braunkohleförderung stellt die Umsiedlung der Menschen aus den Orten dar, die dem Tagebau zum Opfer gefallen sind. Seit 1948 wurden solche Umsiedlungen im Zuge der Anlage von Großtagebauen vorgenommen. Damals regte sich zu Zeiten der Flüchtlingswelle aus dem Osten kaum Widerstand. Seit den späten 1970er Jahren rückte das Problem der Umsiedlung vor allem im Zusammenhang mit dem westlich der Ville gelegenen Abbaugebiet von Hambach ins Blickfeld der Öffentlichkeit. Themen wie Umweltzerstörung und Klimawandel ergänzten die Diskussion um die Umsiedlungsproblematik in dem Maße, wie der Ausbau des Tagebaus Garzweiler II realer wurde und auch psychische, physische und soziale Folgen für die betroffenen Menschen gutachterlich untersucht wurden. Letztlich ist durch diese Diskussion die Braunkohlepolitik der Öffentlichen Hand wie auch des Betreibers RWE infrage gestellt worden. Wer will denn schon, dass ganze Ortschaften, wie Alt-Berrenrath, Grefrath, Mödrath, Königshoven oder auch Otzenhausen, was die Autoren dieses Besuches besonders trifft, einfach von der Landkarte verschwinden ...?

INFOS

- ***Umsiedlungen:** Seit 1948 ca. 25 000 Personen, bis 2045 ca. 45 000 Personen, an die 130 Ortschaften*
- ***Flächenverwertung:** Inanspruchnahme von 315 km² Land, davon über 220 km² wieder nutzbar (118 km² Ackerland, 84 km² Forstflächen, 20 km² Wasserflächen)*
- ***Kohleförderung:** ca. 100 Mio. t jährlich*
- ***Strom aus rheinischer Braunkohle:** 13 % der deutschen Stromerzeugung*
- ***Emissionen:** ca. 100 Mio. t CO^2 jährlich*

Im Nordrevier

Dort, wo einst die Landschaft von großbäuerlicher Agrarwirtschaft und kleinbäuerlichen Gemüse- und Obstbaumkulturen gekennzeichnet war, hat der Braunkohletagebau ein völlig verändertes landschaftliches Erscheinungsbild hinterlassen. Im nördlichsten Teil der Ville, im sogenannten Nordrevier, hat man die Oberfläche des Höhenrückens fast vollständig abgetragen, um an die tief liegenden Braunkohleflöze heranzukommen. Mit dem Abraum wurden neue Höhenlagen geschaffen, deren Oberflächen sich über dem Niveau des vormaligen Höhenrückens ausbreiten.

Im Gegensatz zum Brühl-Frechener Braunkohleabbau, der bereits am Ende des 17. Jahrhunderts einsetzte, ist der Abbau im Nordrevier der Ville jüngeren Datums. Dessen Ausgangspunkt ist Frimmersdorf, wo der Überlieferung nach ein Schmied auf der Suche nach ihm merkwürdig erscheinenden Nebelschwaden Anfang des 19. Jahrhunderts auf Braunkohle stieß. Es dauerte aber noch bis 1860, bis der erste Abbau in Angriff genommen wurde. Im nahe gelegenen Neurather Feld hatte man bei einem Brunnenbau Braunkohle entdeckt. Dort begann der Abbau Ende des 19. Jahrhunderts und wurde nach Unterbrechung ab 1907 als Tagebau betrieben. Vor Ort errichtete Brikettfabriken waren zunächst die Hauptabnehmer der geförderten Braunkohle. Später fand die Kohle Absatz im Frimmersdorfer Kraftwerk, das 1926 mit einer Leistung von 10 Megawatt begann, bis 1970 auf 2 600 Megawatt gebracht und damals zur größten Wärmekraftanlage der Welt erweitert wurde. Gigantisch sind die Ausmaße dieses Kraftwerks mit einer Länge von 900 Metern und seinen 36 weithin zu sehenden Kühltürmen. Auch wenn

▲ Kraftwerk Neurath.

es gelungen ist, die Wirkungsgrade der Kraftwerkblöcke nachhaltig zu erhöhen und die Anlagen mit Entschwefelungsvorrichtungen zu versehen, werden aufgrund der energiepolitischen Situation in Deutschland nach und nach die einzelnen Blöcke des Kraftwerks abgeschaltet. Ob dann noch eine Erneuerung durch nochmals verbesserte Anlagen lohnt, bleibt der Zukunft überlassen. Zwischen 1972 und 2012 wurde zudem noch das Kraftwerk Neurath errichtet, das in der letzten Ausbauphase sogar eine Leistung von 4200 Megawatt erbringt. Dieses modernere Kraftwerk ersetzt die Leistung der abgeschalteten Blöcke in Frimmersdorf.

Nachdem 1959 die Grubengesellschaften im Revier zur »Rheinischen Braunkohlewerke AG« zusammengeschlossen worden waren, fusionierten auch die dazugehörigen Tagebaue von Neurath mit dem südlichen Teil von Frimmersdorf. 1947 begann der Ausbau des Tagebaus Frimmersdorf West. Bis 1987 vereinigten sich die Tagebaue zu dem seither als Garzweiler bezeichneten Großtagebau. Die Abraummengen aus Frimmersdorf und Neurath wurden während der 1960er und 1970er Jahre zunächst auf der Vollrather und dann auch auf der Neurather Halde verkippt.

Die Verkippung von Abraum heterogener Zusammensetzung hat auf den neu entstandenen Neurather und Vollrather Höhen zu unterschiedlichen Wachstumsbedingungen auf den Rekultivierungsflächen geführt. Die Vollrather Höhe, benannt nach einem hier einst existierenden Hofgut, erhebt sich bis fast 190 Meter über den Meeresspiegel und damit 100 Meter über das Umland. Ihr Plateau wird landwirtschaftlich genutzt. Außerdem stehen hier Windkraftanlagen. Die Böschungen wurden mit einer partiellen Lössbedeckung versehen, was sie hervorragend geeignet für Buchenbewuchs

▲ Vollrather Höhe.

▲ Waldvögelein.

▲ Waldeidechse.

macht. Hier konnte sich eine naturnahe Krautflora entwickeln, in der unter anderem das Waldvögelein *(Cephalanthera damasonium)* vorkommt, eine seltene heimische Orchideenart. An den Südwesthängen überwiegt oberflächlich Abraum aus Kiesmischungen, so ergibt sich ein trockenwarmer Standort, ideal für Orchideen. An entsprechenden Südwesthängen der Neurather Höhe sind gleichfalls Orchideenstandorte gegeben. Die hier teilweise angepflanzten Pappelbestände sind allerdings wenig standorttypisch, sie bieten aber beispielsweise Lebensraum für wärmeliebende Waldeidechsen. Auf dem Plateau der Neurather Höhe wurde ein Testfeld für Windkraftanlagen eingerichtet – einmalig in der Welt. Aus der Restgrube des Tagebaus Neurath entstand der Neurather See, der heute als Naherholungsziel genutzt wird. Baden ist wegen gefährlicher Temperaturunterschiede des Seewassers verboten. Durch eingeleitete, geklärte Abwässer friert der See im Winter kaum zu, was ihn zu einem wertvollen Rastplatz für Zugvögel macht. Die Erftaue, die sich entlang der Neurather und Vollrather Höhe erstreckt, wurde durch Aufforstungen attraktiv gestaltet und durch ein Wander- und Radwegenetz erschlossen. Allerdings musste der Flusslauf zuvor seit 1942 an dieser Stelle durch den ausgreifenden Frimmersdorfer Tagebau fünfmal verlegt werden.

Die Rekultivierung der vom Tagebau Garzweiler betroffenen Flächen hat viele neue Landschaftselemente erbracht.

▲ Kasterer See.

Dazu zählt beispielsweise der Kasterer See, der vom Erftmühlenbach gespeist wird. Dieser fließt von Bedburg-Broich kommend zunächst in einem geschwungenen Bogen an dem reizvollen Städtchen Alt-Kaster vorbei, dort sogar in seinem ursprünglichen Bett, um dann an der Kasterer Höhe entlang am Fuß der Neurather Höhe zurück in die Erft zu führen. Im Mündungsbereich wurde ein Golfplatz angelegt. Eingebettet in einem neu geschaffenen Waldareal erstreckt sich der Kasterer See auf einer Länge von einem Kilometer und 120 Metern Breite. Eingebettete Feuchtbiotope sorgen für eine erweiterte Biodiversivität im Auenbereich. Deshalb ist nur die Westseite des Sees für Erholungszwecke offen, die Ostseite bleibt verschlossen. Die dortigen Flachwasserzonen mit ihrem Röhricht- und Ufergehölzsaum stehen seit 2009 als Teil des Naturschutzgebietes »Erft zwischen Bergheim und Bedburg« sogar unter besonderem Schutz.

INFOS

- ***Golfclub Erftaue:*** *41517 Grevenbroich, Zur Mühlenerft 1, Tel. 02181 280637, www.golf-erftaue.de. 18-Loch-Platz mit Golfschule, Golfshop und Restauration.*

Westlich von Kaster erstreckt sich der Hohenholzer Graben. Seine bewaldeten nördlichen Böschungen führen auf die Kasterer Höhe. Südlich breitet sich nicht vom Braunkohletagebau betroffenes Altland aus. Am Ende des Grabens besteht mit dem Naturschutzgebiet Rübenbusch noch ein naturnaher Eichen-Hainbuchenwald, eine Restwaldfläche dieses ehemals in der Niederrheinischen Bucht weit verbreiteten Waldtyps. Dieses Areal soll als Regenerationszelle für die Wiederbesiedlung der rekultivierten bzw. noch zu rekultivierenden Waldflächen dienen.

INFOS

Auf halber Strecke des Hohenholzer Grabens findet man Gut Hohenholz inmitten von Wäldern, Wiesen und Pferdekoppeln. Das im 17. Jahrhundert zum landtagsfähigen Rittersitz erhobene Gut geht auf das 14. Jahrhundert zurück. Eine erste Nennung erfolgte 1635, als die Herren von Heinsberg den Hof Hohenholtz an den Ritter Johann von Harff verlehnten. Im Laufe der Jahrhunderte fand das ertragreiche Gut durch Vererbung, Einheirat oder Verkauf wechselnde Besitzer. Die heutigen Eigentümer betreiben es als Hotel-Restaurant.

- ***Gut Hohenholz:*** *50181 Bedburg-Königshoven, Weiler Hohenholz, Tel. 02272 407500, www.guthohenholz.com.*

Zwischen dem Tagebau Garzweiler und der Erft erstreckt sich ein breites Band an Rekultivierungsflächen. Auf ihren Plateauflächen hat man den vom Tagebau abgegrabenen Löss zur landwirtschaftlichen Nutzung aufgetragen. Der südliche

Teil dieses Plateaus wird von der Kasterer Höhe gebildet. Daran schließt sich nördlich die Königshovener Höhe, unterbrochen von der Königshovener Mulde, an. Noch weiter nördlich, durch eine Tagebaufläche geteilt, breitet sich die Gustorfer Höhe aus. Die hier erfolgten Aufschüttungen reichen in die 1980er Jahre zurück. Den Abschluss bildet ganz im Norden das Elsener Feld, in das das Elsbachtal eingebettet ist. Die Böschungen der vom Elsbach gebildeten Mulde wurden mit unterschiedlichen Baum- und Straucharten bepflanzt, zur übergangsweisen Beschattung der Flächen Krautpflanzen ausgesät, darunter Klee, Lupine und Phacelia. In der offenen Talsohle schlängelt sich der Bachverlauf, durchsetzt mit wechselfeuchten Arealen, in denen sich sehr schnell standortgeeignete Tier- und Pflanzenarten ansiedelten.

THEMA Abstecher: Gut Etgendorf

Das Kölner Gereonsstift war zu Beginn des 13. Jahrhunderts in der Flur Etkendorp zwischen den heutigen Ortschaften Bedburg und Kirchtroisdorf begütert, der Ritter Bruno von Kleingedanck der Lehensnehmer der Kölner. Im Jahr 1216 verkaufte das Gereonsstift das Gut an das Prämonstratenserkloster Reichenstein bei Kalterherberg im Raum Aachen, das es in Erbpacht weiterführte. Nach mehrfachem Besitzerwechsel ging das Gut 1604 durch Erbschaftsauseinandersetzungen an den geadelten Jülicher Rat Peter Simon Ritz zu Niederembt über. Die Familie von Ritz konnte 1673 das Gut vom Kloster Reichenstein käuflich erwerben und blieb bis 1862 im Besitz des Anwesens. Der Großvater der heutigen Eigentümerin erhielt das Gut von Rheinbraun als Entschädigung für das Schloss Morken-Harff, das dem Braunkohleabbau zum Opfer fiel.

Peter Simon Ritz erweiterte ab 1605 den mittelalterlichen Baubestand seiner wasserumwehrten adeligen Seß um ein stattliches Herrenhaus mit hohen Kreuzstockfenstern in Trachytrahmung. Nur der Eckturm an der Ostseite mit stark geschweifter Schieferhaube kündet noch vom ursprünglichen Wehrcharakter. Heute stellt sich Gut Etgendorf in freier Feldflur als weiterhin wasserumwehrte, viereckig geschlossene Anlage mit frühbarockem Herrenhaus und erneuerten Wirtschaftsgebäuden, zweigeschossig angebautem Torbau mit niedrigem Walmdach und dem dreigeschossigen Rechteckturm an der Südostecke dar. Die Wassergräben, die früher mit dem Pützbach verbunden waren, werden heute mithilfe von RWE-Pumpen mit Grundwasser gespeist, denn ohne den Druck des Wassers und die konstante Feuchtigkeit würde die gesamte Konstruktion, die auf Pfählen steht, in sich zusammenbrechen.

Im vorgelagerten Melkerhaus befindet sich das Atelier des Künstlers Stefan Laskowski, das besichtigt werden kann.

INFOS

- Gut Etgendorf: *50181 Bedburg, Gut Etgendorf 1.*

Im Mittleren Revier

Südlich des Erftdurchbruchs durch die Ville breiten sich die ehemaligen Großtagebaue von Fortuna-Garsdorf, Bergheim und Frechen aus, die ausgekohlt und weitgehend renaturiert sind. Sie bilden das Mittlere Rheinische Braunkohlerevier. Je weiter man den Höhenrücken der Ville südwärts beschreitet, umso mehr nimmt die Wald- gegenüber der Agrarfläche zu. Dieser Teil der Ville umfasst das Südrevier.

Tagebau Fortuna-Garsdorf

Das Abbaugebiet der Braunkohlegrube Fortuna-Garsdorf erstreckt sich östlich der Erft zwischen Bedburg und Bergheim und reicht über den gesamten Höhenrücken der Ville. Am 3. August 1955 wurde der erste Großschaufelradbagger bei Garsdorf eingesetzt. Mit Hilfe dieser Bagger-Kolosse entstand auch der erste Tieftagebau. Die dort gewonnene Kohle versorgte die umliegenden Brikettfabriken und Kraftwerke mit dem nötigen Rohstoff. Dafür wurde die Grube Fortuna-Garsdorf bis 360 Meter unter das Geländeniveau ausgebag-

▲ Tagebau Garzweiler.

gert und war während der Abbauphase der größte und tiefste Lockergestein-Tagebau der Welt. Das Abbaugebiet umfasste eine Fläche von 2 200 Hektar. In der über 40-jährigen Abbauphase wurden eine Million Tonnen Kohle gewonnen. Dafür musste die Erft bei Paffendorf aus ihrem damals künstlichen Bett vom Tagebau entfernt und in ihr altes Bett zurückverlegt werden, mussten 16 Millionen Kubikmeter Wasser abgepumpt und zwei Millionen Tonnen Abraum entfernt werden. Das Verhältnis von Abraum zu Kohle lag dabei in Fortuna-Garsdorf viel günstiger als bei den heute noch betriebenen Großtagebauen. Der Transport der Kohle erfolgte über die eigens für die Braunkohle angelegte Nord-Süd-Bahn, deren Trasse östlich des Tagebaus von Garzweiler bis zum Kraftwerk Goldenberg südöstlich von Frechen verläuft, bzw. über groß dimensionierte Förderbänder. Auch der Abraumtransport auf die Außenhalde Glessener Höhe erfolgte zunächst im Eisenbahnbetrieb. Damit die schweren Züge die Steigung bewältigen konnten, wurde die Trasse extra in

▲ Schaufelrad eines Braunkohlebaggers.

einem großen Bogen bei Rath angelegt. Doch hat der Bandbetrieb inzwischen vielerorts den Bahnbetrieb abgelöst.

Schon vor der Auskohlung des Tagebaus Frechen-Garsdorf hatte dessen Rekultivierung eingesetzt. Sie war bis 2004 abgeschlossen. Es entstand eine überwiegend ackerbaulich genutzte, von Forstarealen durchsetzte neue Landschaft, in die ökologische Flächen eingebettet wurden. Solche Maßnahmen dienen der Schaffung von Voraussetzungen zur Selbstansiedlung von Tieren und Pflanzen und beinhalten die Anlage von Acker- und Waldsäumen für Wildpflanzen, von speziellen Feucht- und Trockenbiotopen, Seen und Tümpeln. Herausragende Maßnahme in diesem Bereich war die Anlage einer Grünzone an Bedburg ostwärts angrenzend mit Teichzonen und Auenlandschaften, die bei Erfthochwasser auch entlastend wirken können. Hier breitet sich das 20 Hektar große Peringsmaar aus, das seinen Namen nach dem hier früher bestehenden Peringser Hof erhielt. Bei den im rheinischen Sprachgebrauch sogenannten Villemaaren handelt es sich übrigens im Gegensatz zu den Eifelmaaren vulkanischen Ursprungs um meist künstliche, mit Wasser gefüllte Bodenvertiefungen, die eigentlich auch »*die* Maar« genannt werden. Nur bei größeren Wasserflächen konnte sich »*das* Maar« durchsetzen. Das 20 Hektar große Peringsmaar ist als Rekultivierungssee bis zu 25 Meter tief und erhielt seine Erstfüllung aus abgepumptem Grundwasser. Ansonsten speist es sich aus Oberflächenwasser, unter anderem auch aus der Erft. Drei Vorteiche sorgen für eine biologische Klärung des Wassers, doch gibt es wie an anderen Villeseen ohne ausreichenden Durchfluss immer wieder Probleme mit der Eutrophierung. Um die Vorteiche und auch um den eigentlichen See wurden Waldsäume aus Eschen, Erlen und Weiden angelegt. Leider sind die Erlen inzwischen von einem Schadpilz befallen worden, der sie weitgehend zum Absterben bringt. Die Bäume werden durch andere Arten ersetzt. Ein

▲ Neuntöter.

anderes grünes Band bildet die Escher Mulde, in der auch Offenlandflächen angelegt wurden. Des Weiteren legte man alte Baumstümpfe und Totholz im Gelände ab, um möglichst vielfältige Lebensräume für Tiere zu schaffen, die durch die Tagebaue vertrieben worden waren. Erfreulicherweise haben sich beispielsweise der Steinschmätzer *(Oenanthe oenanthe)* und auch der Neuntöter *(Lanius collurio)* hier wieder angesiedelt. Das Peringsmaar wird übrigens gern von Schwänen aufgesucht. Dies sind nur zwei Beispiele für die hohe Besiedlungsdynamik der neu geschaffenen »Natur«-Flächen auf dem Höherücken der Ville.

Aber auch an die Erholungssuchenden wurde gedacht. Ein weitläufiges Wanderwegenetz führt durch die vielseitig erneuerte Rekultivierungsregion. Von der Glescher Mulde aus gibt es Wege auf die Wiedenfelder Höhe im Süden des ehemaligen Tagebaus zwischen Paffendorf und Niederaußem, die diese gegen den früheren Bergheimer Tagebau abgrenzt. Die Hänge des Plateaus sind aufgeforstet, die Plateaufläche wird ackerbaulich genutzt. Außerdem betreibt der Segelflugverein LSC Erftland dort den Segelflugplatz Bergheim. Hier hat man auch alte Wegekreuze wiederaufgestellt, die durch den Tagebau entfernt worden waren und an die im Tagebau Garsdorf untergegangenen Ortschaften und Höfe erinnern.

INFOS

- ***Segelflugplatz Bergheim (LSC Erftland e. V.):*** *50126 Bergheim, Wiedenfelder Höhe, Tel. 02271 44 858, www.lsc-erftland.de.*

Tagebau Bergheim

Zu Beginn des 19. Jahrhunderts fand ein Landwirt Braunkohle auf seinem Acker bei Bergheim. Er heuerte Tagelöhner an, die die Braunkohle abschaufelten. Andere Landwirte taten es ihm gleich. Auf diese Weise entstand in vorindustrieller Zeit eine Vielzahl einzelner Braunkohlegruben im Bergheimer Feld. Die größeren darunter waren die Tagebaue Fischbach und Fortuna sowie die Beisselgrube. Das Grubenfeld belieferte die 1910 bei Oberaußem errichtete Brikettfabrik. 1912 ging zusätzlich das Kraftwerk Fortuna ans Netz, das als eines der ersten Braunkohlekraftwerke im Rheinland vor allem Köln mit Strom versorgte. Viele Arbeiter des Grubenfeldes wie auch Arbeiter der Werke siedelten sich in der 1899 gegründeten Siedlung Fortuna an. Als das Grubenfeld Fortuna-Beisselgrube-Fischbach erschöpft war, wurde in der zweiten Hälfte der 1950er Jahre weiter nordwärts der Großtagebau Fortuna-Garsdorf westlich von Niederaußem angelegt.

Zwischen dem alten Grubenfeld und dem neuen Großtagebau Fortuna-Garsdorf wurde Ende der 1970er Jahre mit den Aufschlussarbeiten für den neuen Tagebau Bergheim begonnen. Bis 1984 war eine 100 Meter tiefe Grube von drei Kilometern Länge und zwei Kilometern Breite ausgehoben. Aus diesem Tagebau wurden 240 Millionen Tonnen Kohle gefördert, die vor allem die Versorgungslücke zwischen dem Abbauende in Fortuna-Garsdorf und dem Beginn des neuen Großtagebaus Hambach weiter im Westen schlossen. Der Tagebau Bergheim war 2004 erschöpft, die Rekultivierung seiner Fläche von 675 Hektar bis Ende 2011 abgeschlossen. Zur Verfüllung wurde Abraum aus dem neuen Großtagebau Hambach über ein 15 Kilometer langes Förderband in die Grube geleitet. Die Verkippung war 2009 abgeschlossen, der letzte bis dahin eingesetzte, 4 500 Tonnen schwere Großschaufelradbagger wurde daraufhin zur weiteren Verwendung in den Großtagebau Hambach gefahren, wo er noch am Ende desselben Jahres zu neuem Einsatz kam.

Auf dem Gelände des ehemaligen Tagebaus Bergheim entstanden im Zuge der Rekultivierung wie beim ehemaligen Tagebau Fortuna-Garsdorf vor allem ackerbaulich genutzte Neuflächen, die zur Erhöhung der ökologischen Wertigkeit und als Erholungsraum mit Grün- und Feuchtzonen aus Gräben, Tümpeln und Weihern durchsetzt wurden. Im Übrigen war die neu geschaffene Waldfläche von 13 Hektar größer als die Fläche, die dem Tagebau geopfert werden musste. Insgesamt ist das Wegenetz auf der Rekultivierungsfläche 40 Kilometer lang.

Durch den Tagebau Bergheim verschwanden neben dem Kraftwerk Fortuna auch die Siedlung Fortuna, des Weiteren das ehemalige Kloster Bethlehem. Zu erwähnen ist außerdem, dass die B 477 auf dem rekultivierten Gelände des Tagebaus Fortuna-Garsdorf eine neue Trasse erhalten musste. Im Zuge der Rekultivierung des Tagebaus Bergheim wurde die Glessener Höhe südöstlich als Außenhalde aufgeschüttet, auf der auch Aushub aus dem Tagebau Fortuna-Garsdorf Ablagerung fand. Breitete sich der Höhenrücken der Ville hier einst auf 130 Meter Höhe aus, so erreicht das Plateau der Glessener Höhe 204 Meter. Ihre steileren Hänge sind mit Mischwald aufgeforstet, bestehend aus Pappeln, Buchen, Birken, Eichen und Fichten. Von der Hochfläche reicht der Blick bis Düsseldorf und Köln einerseits und bis in die Eifel andererseits. Von der Glessener Höhe führt eine hölzerne Fußgängerbrücke über die Nord-Süd-Trasse auf den nördlich gelegenen, bis 140 Meter hohen Abtsbusch, eine kleine bewaldete Abraumhalde. Westlich breitet sich die Fischbachhöhe als weitere Abraumhalde aus. Nordöstlich der Glessener Höhe entspringt der Glessener Bach, der, nachdem er Glessen durchflossen hat, Pulheimer Bach heißt. Das Quellgebiet ist als Naturschutzgebiet ausgewiesen. Dieses 19 Hektar große Areal weist einen naturnahen Eichen-Hainbuchenwald mit artenreicher Krautschicht auf. Hier hat sich die Grüne Nieswurz *(Helleborus viridis)* aus der Familie der Hahnenfußgewächse auf dem frischen bis feuchten Lösshang stark ausgebreitet. Es sind Reste eines Erlen-Eschenwaldes vorhanden.

Tagebau Frechen

Der Tagebau Frechen ist die südlichste Braunkohlegrube im Mittleren Rheinischen Braunkohlerevier. Hier wurde bereits im 18. Jahrhundert nach Braunkohle gegraben, die recht oberflächennah lag und in kleinen Gruben gut abzubauen war. Bis zum Zweiten Weltkrieg hatten sich die vier Gruben Wachtberg, Sybilla, Fürstenberg und Schallmauer als die größten im Revier herauskristallisiert. Ihre Felder waren zu diesem Zeitpunkt aber schon weitgehend ausgekohlt. Angesichts der bis auf 200 Meter Tiefe abwärts führenden Flöze standen diese Privatbetriebe vor dem Problem, große Investitionen aufbringen zu müssen, um weiter in die Tiefe schürfen zu können. Nach dem Zweiten Weltkrieg konnte die kapitalkräftige Rheinbraun AG bzw. ihr Vorläufer als Tochter der Rheinisch-Westfälischen Elektrizitätswerke (RWE) die vier Betriebe übernehmen. Unter diesem Dach wurden die Betriebe mitsamt ihren Brikettfabriken zum neuen Zentraltagebau Frechen vereinigt, der sich westwärts bis Kerpen ausdehnte. Aufgrund der gut geeigneten Brikett-Qualität der hier geförderten Braunkohle ging nur ein geringer Teil der Fördermenge in die Stromproduktion im Kraftwerk Goldenberg, das die RWE bereits 1906 übernommen hatten.

Der Tagebau Frechen dehnte sich bis 1978 auf einer Fläche von 11,5 Quadratkilometern aus und reichte 250 Meter

▲ Bergmolch.

tief in den Untergrund, wo das Flöz eine Mächtigkeit von 40 bis 50 Metern aufwies. Mit dieser Flächenausdehnung war die bislang größte Umsiedlungsaktion von Menschen aus den Orten, die dem Tagebau weichen mussten, verbunden. Fast 7000 Einwohner von Bottenbroich, Grefrath, Mödrath, Habbelrath und Boisdorf zogen nach und nach mit dem Abbaufortschritt um und siedelten sich überwiegend in gleichnamigen, neuen Orten außerhalb des Tagebaus an. 1986 war dieser ausgekohlt. 334 Millionen Tonnen Braunkohle waren bis dahin in Frechen gewonnen worden, zweieinhalbmal so viel Abraum musste bewältigt werden – ein immer noch günstiges Verhältnis im Vergleich zur Situation der aktuell noch betriebenen Großtagebaue. Mit der Verfüllung dieses Tagebaus war schon vor dem Abbauende begonnen worden. Dazu wurde auch Abraum aus den Tagebauen Fortuna-Garsdorf und Bergheim, später auch aus Garzweiler und Hambach eingesetzt. Der Transport des Abraums erfolgte wie der der Braunkohle aus Frechen über die Nord-Süd-Bahn, der aus Hambach über ein Förderband.

Die älteste Rekultivierungsfläche stellt die wieder verfüllte Fläche der Fürstenberg-Grube dar. In diesem späteren Teilbereich des Tagebaus Frechen wurde bei der Verfüllung ein Restloch im Gelände belassen, das sich mit Grundwasser füllte, denn mit dem Ende des Tagebaus Frechen wurde auch das Abpumpen des Grundwassers unterlassen. Mit der 2004 abgeschlossenen Rekultivierung des Tagebaus Frechen ist insgesamt gesehen eine neue landschaftliche Gemengelage aus Ackerflächen, Wiesen, Feuchtgebieten und Forstflächen entstanden. Neben der Fürstenberg-Maar entstand so auch der Boisdorfer See. Beide Gewässer sind durch den Fürstenberggraben miteinander verbunden und bilden über diesen auch einen Biotopverbund mit der Erft und dem Kerpener Bruch. Der Boisdorfer See wird von der Kleinen Erft gespeist, einem bereits in feudaler Zeit angelegten Seitenarm, der zur Wasserversorgung der Mühlen an der Erft dient. Beide Seen selbst sind nicht für den Wassersport freigegeben. Um die Wasserflächen als ungestörte Lebensräume zu erhalten, wurde die Fürstenberg-Maar sogar mit einem schwer durchdringlichen Wald- und Buschgürtel umgeben. Der Boisdorfer See weist nur einen weitläufigen Rundwanderweg auf. Die Fürstenberg-Maar hat sich inzwischen zu einem so bedeutenden Biotop entwickelt, dass sie 1984 unter Naturschutz gestellt wurde. Hier hat eine Vielzahl feuchtigkeitsliebender Pflanzen und Tiere neuen Lebensraum erhalten. Zugewandert sind beispielsweise die Kreuzkröte *(Epidalea calamita)* und die Wechselkröte *(Bufotes viridis)*, der Bergmolch *(Ichthyosaura alpestris)* und einige Libellenarten. Auch der Boisdorfer See ist inzwischen so weit renaturiert, dass er 2011 zusammen mit dem Fürstenberggraben ebenfalls unter Naturschutz gestellt wurde.

THEMA Marienfeld

Der Boisdorfer See liegt am Nordrand des 260 Hektar großen Marienfeldes, einer großen Ackerfläche, die bis 2003 im Zuge der Rekultivierung des Tagebaus Frechen aufgeschüttet wurde und bis an den Nordrand von Türnich reicht. Das Marienfeld erfuhr internationale Beachtung, als es 2005 als Veranstaltungsort des XX. Weltjugendtages diente. Hier hielt Papst Benedikt XVI. die Abschlussmesse vor annähernd einer Million Christen.

Der Name des Marienfeldes erinnert an das Gnadenbild der Schmerzhaften Muttergottes aus der Wallfahrtskirche des Klosters Bottenbroich. Der Ort Bottenbroich musste 1952 zusammen mit der neugotischen Klosterkirche dem Tagebau Frechen weichen. Die 1420 gefertigte Pietà steht heute in der Pfarrkirche Mariä Himmelfahrt des Frechener Ortsteils Grefrath.

Seit den Ereignissen des Weltjugendtages hat sich das Marienfeld zu einem Pilger-, Freizeit- und Naherholungsgebiet entwickelt. In seinem Zentrum erhebt sich der zehn Meter hohe Papsthügel, auf dem der Veranstaltungsaltar errichtet wurde und den seither ein großes Kreuz als Wahrzeichen krönt. Um die Attraktivität des Feldes zu erhöhen, wurden zusätzlich Baumgruppen angepflanzt, Wiesen, Feuchtzonen und ein See sowie ein Wanderwegenetz angelegt.

Im Südrevier

Die kleinen Gruben, die ehemals im Südrevier im Raum Brühl bis zur Verbindungslinie Hürth-Liblar betrieben wurden, sind ausgekohlt und haben die längste Rekultivierungsphase im Rheinischen Braunkohlerevier hinter sich. Dieser Teil der Ville ist heute fast vollständig bewaldet und mit gefluteten Tagebaulöchern durchsetzt, was den ganzen Reiz dieses 75 Quadratkilometer umfassenden Naherholungsgebietes ausmacht. Hier erinnert angesichts der inzwischen gealterten Baumbestände von überwiegend Buchen und Eichen mit ihrer vielfältigen Krautschicht kaum noch etwas an die frühere Braunkohlebetriebsamkeit. Die Kohleflöze lagerten in diesem Gebiet relativ dicht unter der Oberfläche, weil die Deckschichten im Laufe der zurückliegenden Jahrmillionen vom herausragenden Höhenrücken der Ville wieder abgetragen worden waren. Lediglich die eiszeitlichen Terrassenschotter und eine darauf abgelagerte dünne Lössschicht überdeckten noch die Flöze. Deshalb hat unter den günstigen Abbaubedingungen der industrielle Braunkohleabbau im Südrevier begonnen.

Eine Übersicht über die zu Beginn des 19. Jahrhunderts im Brühler Raum existierenden Kohlegruben liefern die Landvermessungen, die unter napoleonischer Herrschaft im Rheinland durch den Kartografen Jean Joseph Tranchot unternommen wurden. Danach gab es 1807 zwölf Gruben bei Brühl. Am Ende des Jahrhunderts hatten sich daraus zwanzig Tagebaue entwickelt. Darunter sind Grubennamen, die bis heute geläufig sind: die Roddergrube, die Gruben Bleibtreu, Concordia, Berggeist, Liblar und Donatus – auch weil sie sich in den Namen der daraus entstandenen Seen widerspiegeln. Dass das Südrevier 1875 Anschluss an das Reichsbahnnetz fand, war nicht nur von Vorteil für die Gruben. Denn nun konnte energieträchtigere und preisgünstigere Steinkohle aus dem Ruhrrevier auch in das Absatzfeld der rheinischen Braunkohle gelangen. Außerdem waren die damals üblichen Briketts noch sogenannte Nasspresssteine, die längst nicht die Qualität der Steinkohlebriketts aufwiesen. Aber vor allem für die sich im Umfeld der Braunkohlegewinnung entwickelnde Industrie war der Bahnanschluss vorteilhaft, so dass sich das Revier dennoch gut entwickeln konnte. Und in dem Maße, wie sich die Pressverfahren verbesserten, lohnte es nun auch, die Braunkohlebriketts per Eisenbahn bis an den Rhein zu bringen und von dort aus weiter zu verschiffen. Doch erst die beginnende Verstromung der Braunkohle ab Ende des 19. Jahrhunderts brachte für diesen Rohstoff den eigentlichen Aufschwung. Mit dem Ende der Braunkohleförderung im Südrevier setzte auch die Neugestaltung der Landschaft durch Rekultivierungsmaßnahmen ein. Angesichts der begrenzten technischen Möglichkeiten war es zu Beginn dieser Maßnahmen kaum möglich, größere Abraummassen wieder in die Tagebaue einzubringen. So blieb eine Vielzahl von Restlöchern bestehen, die heute durch ihre Wasserfüllung das Erscheinungsbild dieses Teils der Ville so entscheidend mitbestimmen.

Wenn es auch schon in den 1920er Jahren erste landwirtschaftliche Rekultivierungen gegeben hatte, so war das Augenmerk der Neugestaltung in diesem schon immer bewaldeten Teil der Ville auf die Aufforstung gerichtet. Da man noch kein schweres Gerät zur Bodenauffüllung hatte, blie-

▲ Rekultivierungswald am Bleibtreusee.

ben Verdichtungen aus. Vielfach entstand ein Mischboden aus Terrassenlehm und -kies, vermengt mit Lössanteilen sowie Schlacke und Resten der Brikettherstellung, der sich besonders für die Laubwaldrenaturierung eignete. Dabei experimentierte man neben Buchen und Eichen mit anderen Baumarten wie Lärche, Roteiche und Erle. Auch Kiefernanpflanzungen wurden vorgenommen. Zur Bodenverbesserung säte man Lupinen ein. Die Zwischenkriegsphase der Rekultivierung im Südrevier, die sich im Wesentlichen zwischen dem Berggeistweiher und der Linie des Ober-, Mittel- und Untersees abspielte, wird daher heute auch gern als »Phase der forstlichen Experimente« bezeichnet.

Während des Zweiten Weltkrieges und unmittelbar danach setzte die Rekultivierung weitgehend aus. Inzwischen war die Förderung auch im Südrevier in Areale mit etwas tiefer liegenden Flözen vorgedrungen, so dass sich die Voraussetzungen der Rekultivierung geändert hatten. 1950 gab es einen Rekultivierungsrückstand von 2000 Hektar. Um ihn zu beseitigen, wurden schnell wachsende Baumarten angepflanzt, vor allem Pappeln. Diese sind inzwischen durch Laubbaumbestände ersetzt worden, diese forstliche Nachkriegsphase wird aber dennoch als »Pappelphase« bezeichnet. Das Gepräge des auch schon vor der Braunkohlegewinnung kleinräumlich strukturierten Südreviers wird durch die Verfüllung der vielen Restlöcher nach dem Ende des Abbaus in den 1970er Jahren noch unterstrichen. Entstanden ist ein vielgestaltiger, inzwischen auch wieder artenreicher Lebensraum, ein wichtiges Brut-, Laich- und Rückzugsgebiet für viele selten gewordene Pflanzen- und Tierarten. Teile des Galändes stehen schon unter Naturschutz, andere sind gleichzeitig ein Freizeitgebiet, das von den Menschen der nahe gelegenen städtischen Agglomerationen gern aufgesucht wird.

Die Villeseen

Die aus den Restlöchern des Braunkohletagebaus im Südrevier entstandenen 40 Villeseen sind in der Regel flach; der tiefste von ihnen ist mit 15 Metern der Donatussee. Ihre Wasserqualität richtet sich nach dem Untergrund. Anstehende Tonschichten, Abraummaterialien, Schlacken und Braunkohlereste sind dafür maßgeblich. Zunächst enthielten die Seen einen hohen Salzanteil, der aber mit der Zeit ausschwemmte. Der relativ hohe Kalkgehalt ist dagegen geblieben. Es gibt Seen mit klarem Wasser, aber auch solche, die eutrophieren. Dies führte dazu, dass man das Wasser aus einigen Seen abpumpen und durch Grundwasser ersetzen musste. Andere Seen müssen regelmäßig »gemäht«, ihre Krautschicht muss mechanisch entfernt werden. Vielfach charakterisieren Steilufer die Seen, doch hat sich dort in der Regel eigenständig eine Gehölzzone entwickelt. Verlandungszonen sind in den »alten« Seen selten. Bei den jüngeren Seen hat man deshalb planerisch eingegriffen, um ihnen eine Biotopvielfalt aus Schilfgürteln, Feuchtzonen und Flachwasserbereichen beizugeben. Inzwischen hat man die meisten Seen so weit »im Griff«, dass sie sowohl als ökologisch wertvoll gelten als auch gleichermaßen für die Freizeitnutzung, soweit diese zugelassen ist, geeignet sind.

Der **Berggeistweiher**, zwischen Walberberg und Brühl gelegen, entstand schon 1936 zusammen mit mehreren kleinen Seen aus dem Restloch des Tagebaus Berggeist. Dieser hatte 1858 die bergrechtliche Abbaugenehmigung erhalten, nachdem zuvor schon im Umfeld in verschiedenen Kuhlen Braunkohle gewonnen worden war. 1883 kaufte die Zuckerfabrik Brühl den Tagebau auf, um ihren Energiebedarf abzusichern. Über ein fünf Kilometer langes Förderband wurde die Kohle zum Kesselhaus der Fabrik transportiert. Um auch außerhalb der Rübensaison tätig sein zu können, errichtete das Unternehmen zudem eine Brikettfabrik. Nach dem Ende des Tagebaus füllte sich das Restloch mit Grundwasser. Leider hatte dieses zeitweise auch als Abfallkippe gedient, so dass das Wasser des Berggeistweihers zunächst stark mit Phosphaten belastet war. Nach dem Wassertausch und durch Kohlefilterung ist es aber heute klarer als das anderer Villeseen und deshalb auch sauerstoff- und fischreich. Baden war erlaubt, bis es aus Sicherheitsgründen verboten wurde, denn die unterirdischen Quellen verursachen Kaltströmungen. Baden wurde auch aus ökologischen Gründen verboten, denn seit 1984 sind große Teile der Uferbereiche wegen der dort gefährdeten Pflanzengesellschaften und vieler Rote-Liste-Tierarten, die dort ihren Lebensraum haben, unter Naturschutz gestellt worden. Einzig Angeln ist erlaubt, Hauptfischarten sind Karpfen und Hechte.

INFOS

- ***Angelverein Brühl (Geschäftsstelle):*** *50321 Brühl, Auf dem Kamm 58, Tel. 02232 32930, www.av-bruehl.de. Vereinshütte am See vollständig umzäunt, zehn Kähne stehen zum Angeln zur Verfügung.*

Zum Komplex der Restlöcher der ehemaligen Grube Berggeist gehört auch der nördlich vom Berggeisweiher gelegene zwölf Hektar große **Ententeich**, der wegen seiner großen Röhrichtbereiche und dem Feuchtwald in der Uferzone ebenfalls unter Schutz steht. Hier fühlen sich der Eisvogel *(Alcedo atthis)* und der Teichrohrsänger *(Acrocephalus scirpaceus)* wohl. In unmittelbarer Nähe breitet sich das Gelände des Phantasialandes aus, des größten Vergnügungsparks im Rheinland.

INFOS

- ***Phantasialand Brühl:*** *50321 Brühl, Berggeiststraße 31–41, Tel. 01806 366200, www.phantasialand.de. Fast eine Million Besucher jährlich.*

Das 4,5 Hektar große und nur drei Meter tiefe **Villenhofer Maar** – auch hier hat die wortgleiche Bezeichnung nichts mit den vulkanischen Maaren der Eifel zu tun – ist wie der Berggeistweiher seit 1936 mit Grundwasser gefüllt. Es befindet sich auf dem Gelände des ehemaligen Gutes Villenhof. Das Maar hat sich zu einem wichtigen Libellen-Biotop entwickelt. Lebensraum bietet der Röhrichtsaum. Hier findet man einen Standort der in Mitteleuropa selten vorkommenden Zierlichen Moosjungfer *(Loicorrhinia caudalis)*, von der man glaubte, sie sei in Nordrhein-Westfalen schon ausgestorben. Bei den drei Zentimeter langen Insekten mit einer Flügelspannweite von 6 Zentimetern hat das Männchen ein ausgeprägtes, von oben weißes und von unten dunkles Flügelmal. Ansonsten unterscheiden sich die Geschlechter an der Färbung des Hinterleibs, der bei den Männchen eine hellblaue Bereifung und bei den Weibchen auf der Oberseite gelbe Flecken aufweist.

THEMA Naturschutzgebiet »Altwald Ville«

Am Rand des Villerückens, wo die A553 in das Erfttal eintritt, hat sich ein Rest der ursprünglichen Bewaldung erhalten – ein Gebiet, das von dem Braunkohleabbau verschont blieb. Dieses Naturschutzgebiet »Altwald Ville« zeigt den früher typischen Laubwaldbestand aus Waldgesellschaften wie dem naturnahen Eichen-Hainbuchenwald, Maiglöckchen-Perlgras-Buchenwald und Eichen-Buchen-Mischwald. Dieser Altholzbestand setzt sich zusammen aus 150- bis 200-jährigen Eichen und Buchen mit Vorkommen der Winterlinde im Eichen-Hainbuchenwald und einer artenreichen Kraut- und Strauchschicht. Im zeitigen Frühjahr ist der Boden mit blühenden Buschwindröschen übersät. Innerhalb des Waldgebietes gibt es eine Naturwaldzelle, in der der Natur freier Lauf gelassen wird. Hier ist jede Bewirtschaftung ausgesetzt, hier verbleibt Totholz im Bestand. Seltene Pilze wie der Ziegenbart (Ramaria aurea) *und der Glänzende Lackporling* (Ganoderma lucidum) *können hier prächtig gedeihen – wie auch die Larven des Hirschkäfers* (Lucanus cervus).

Genauso charakteristisch für diesen Waldbereich sind der Schwarzspecht (Dryocopus martius), *der Siebenschläfer* (Glis glis) *sowie verschiedene Fledermausarten.*

▲ Buschwindröschen.

◀ Ziegenbart.

Der **Forsthausweiher** nordwestlich des Ententeiches ist ein Restloch der Braunkohlegrube Donatus, das sich 1955 mit Grundwasser füllte. Der kleine, nur 1,9 Hektar große See erstreckt sich innerhalb eines großen Landschaftsschutzgebietes. Dieses ist in das Interesse des Freizeitparks Phantasialand gerückt, der dort sein Gelände erweitern möchte.

Der **Donatussee** entstand aus dem tiefsten Restloch der Donatusgrube. Die Konzession für diese Grube wurde 1861 erteilt. Ihren Namen erhielt sie nach dem Familienheiligen Donatus des ersten Grubenbesitzers Friedrich Doinet. Aufgeschlossen wurde das Feld aber erst 1889 und schon zwei Jahre später als Tagebau betrieben. Hier kam erstmals ein Bagger mit Dampfantrieb zum Einsatz. Eine Brikettfabrik verarbeitete die geförderte Kohle. 1907 erfolgte der Zusammenschluss mit der Grube Gruhl, schon ein Jahr später die Fusion zur späteren Rheinbraun AG. 1940 waren die Flöze der Grube fast ausgekohlt, 1948 wurde sie geschlossen. Ab 1960 füllte sich nach der Abschaltung der Grundwasserpumpen das Restloch 15 Meter hoch mit Grundwasser auf. Dieser tiefste unter allen Villeseen weist eine Fläche von 9,6 Hektar auf. Seit 1961 steht das Seegebiet unter Landschaftsschutz. Baden und Wassersport sind verboten. Die Laichzonen sind ganzjährig geschützt und dürfen nicht betreten werden. Seit 2004 findet alljährlich der Volkslauf »Rund um den Donatussee« statt.

INFOS

- ***Donatuslauf:*** *Volkslauf am 2. So. im März, organisiert von der Leichtathletik Gemeinschaft Donatus Erftstadt e. V., 53919 Weilerswist, Schillerstraße 13, Tel. 02254 601669, www.lgdonatus.de bzw. www.donatuslauf.de.*

▲ Zwerg-Igelkolben.

Ein weiteres Restloch der Grube Donatus ist der **Zwillingssee**. Dieser flache, gut 8 Hektar große See verdankt seinen Namen einem Gehölzstreifen, der ihn teilt. Der Ostteil ist durch eine schwer zugängliche Schilffläche gekennzeichnet, an die sich ein Bruchwald aus Erlen und Weiden anschließt. Das Gewässer weist einen großen Bestand an Laichkräutern, so etwa an verschiedenen Tausendblattarten, auf. Hier findet sich im Uferbereich ein Vorkommen des seltenen Zwerg-Igelkolbens *(Sparganium natans)*.

Im Jahr 1965 füllte sich die Kette aus **Unter-, Mittel- und Obersee** mit Grundwasser, wo einst die Eisenbahnlinie Köln-Liblar-Euskirchen bis zur Verlegung der Trasse im Rahmen des Braunkohleabbaus entlanglief: Die Seen sind mittelgroß. Bei einer durchschnittlichen Tiefe von 1,5 bis nicht einmal 5 Metern erreichen sie auch nur eine Maximaltiefe von 10 Metern. Ihre Wasserqualität hat sich in den letzten Jahren verbessert. Heute sind es nährstoffärmere, kalkhaltige Stillgewässer, was sie zu einem idealen Lebensraum für Armleuchteralgen macht. Das ist auch einer der Gründe, weshalb das Gebiet der drei Seen nach der Europäischen Flora-Fauna-Habitat-Richtlinie mit dem Ziel, wildlebende Arten, deren Lebensräume und die europaweite Vernetzung dieser Lebensräume zu sichern, unter Schutz gestellt wurde.

Am Westhang der Ville war im Bereich der heutigen Ortschaft Liblar seit napoleonischer Zeit oberflächlich nach Braunkohle gegraben worden. Hier befinden sich die Flöze relativ dicht unter dem Boden. Nachdem im südlichen Bereich 1889 die Grube Donatus als Tagebau eröffnet worden war, entstand zehn Jahre später nördlich davon die Grube Liblar, zu der auch eine Brikettfabrik gebaut wurde. Die Grube wurde bis 1961 betrieben. Nach Abschaltung der Grundwasserpumpen füllte sich das Restloch zum heutigen 52,8 großen **Liblarer See**, der zu den saubersten der Villeseenplatte zählt. Verkehrsgünstig an der B265 gelegen und daher leicht von Köln aus zu erreichen, ist der See heute ein großer Anziehungspunkt im Rahmen der Naherholung. Am Nordufer befindet sich im Bereich des großen Campingplatzes ein Freibad mit einem etwa 200 Meter langen und 100 Meter breiten weißen Kies-Sandstrand. Der See ist ein Eldorado für Kanusportler, eine Hochburg für Kanupolo. Angeln und Segeln mit offenen Schwertjollen bis 5 Meter Länge sind erlaubt.

Östlich vom See, nur durch einen Waldstreifen getrennt, in dem der Rundwanderweg verläuft, liegt der Karauschenweiher, ebenfalls ein schon 1959 gefülltes, nur 1,5 Meter tiefes Restloch, das als Naturschutzgebiet ausgewiesen ist. Der Prozess der Verlandung des Sees ist schon fortgeschritten, die Seefläche bereits weitläufig von dichtem, artenarmem Schilfröhricht eingenommen. Die Randbereiche sind teilweise mit Pappeln und Erlen aufgeforstet.

▲ Mittelsee.

▼ Nonnengans am Mittelsee.

INFOS

- ***Schwimmbad / Campingplatz Liblarer See:*** *50374 Erftstadt, Tel. 02235 3899, www.camping-liblar.de. Schwimmbad geöffnet in der Saison 8:00–20:00 Uhr.*
- ***Angelverein Liblar e. V. (Geschäftsstelle):*** *50356 Erftstadt, Postfach 2244, www.angelverein-liblar.de.*
- ***Kanusport – Wassersportfreunde Liblar e. V., (Geschäftsstelle):*** *50374 Erftstadt, Wassersportallee 2, Tel. 02235 464436, www.wsf-liblar.de.*
- ***Segeln – Segelclub Ville (Geschäftsstelle):*** *50374 Erftstadt, Fuchsweg 10e, 50374 Erftstadt, Tel. 02235 45856.*

Liblarer See.

Ebenfalls mit einem Schwimmbad versehen ist der **Heider Bergsee**, der mit über 35 Hektar Fläche zu den größeren Braunkohleseen der Ville zählt. Auch er ist flach, im Durchschnitt nur 4 Meter tief. Hier hat sich als Neophyt das Verschiedenblättrige Tausendblatt *(Myriophyllum heterophyllum)* angesiedelt, das erste Vorkommen in Nordrhein-Westfalen. Der südwestliche Ausläufer des Sees wie auch der anhängende schmale Schluchtsee stehen als Flachwasserzonen unter Naturschutz.

INFOS

- ***Campingplatz/Freibad Heider Bergsee:*** 50321 Brühl, Tel. 02232 27040, www.heiderbergsee.de. Campingplatz auch im Winter, Freibad in der Saison 9:00–19:00 Uhr geöffnet.

▲ Rekultivierungswald am Bleibtreusee.

Der **Bleibtreusee** ist mit einer Fläche von 75 Hektar und Tiefen von über 10 Metern der größte unter den Braunkohleseen der Ville. Er füllte sich 1975 mit Grundwasser und verfügt über einen kleinen Zufluss aus dem Nordfeldweiher sowie über einen weiteren aus einem Stollen. Der zu geringe Abfluss erfolgt in den Heider Bergsee. So musste der Bleibtreusee 1981 wegen zu hoher Phosphorkonzentration einem Wasseraustausch unterzogen werden. Problematisch bleiben weiterhin die Nährstoffeinträge durch Möwen, die die angrenzende Hausmülldeponie als Futterquelle nutzen und auf dem See Rast machen. Angrenzende Flächen sind seit 1972 als Landschaftsschutzgebiet ausgewiesen. Heute dient der Bleibtreusee als Bade-, Segel,- Surf- und Angelgewässer. Es gibt ein kleines freies Strandbad, wo Baden auf eigenes Risiko möglich ist. Segelboote mit bis 6 Quadratmeter Segelfläche sind zugelassen, Surfbretter und Weichboote erlaubt. Tauchen ist möglich, die Sichtverhältnisse sind aber schwierig. Es gibt sogar eine Wasserskivorrichtung. Angelfreunde erfreuen sich am Fischvorkommen von Fried- und Raubfischen, unter anderem an Hechten, Aalen, Barschen und sogar Krebsen und vor allem Karpfen.

INFOS

- ***Wasserskibahn am Bleibtreusee:*** *50321 Brühl, Bleibtreuseeweg 1, Tel. 02232 22681, www.wasserski-bleibtreusee.de. Wasserskianlage 585 m, sechs Masten, acht Mitnehmer, mit Sonnendeck-Strandbar (www.sonnendeck-strandbar.de), in der Saison ab Mai geöffnet, gebührenpflichtiger Parkplatz.*
- ***Tauchen:*** *Ville Taucher Brühl-Heide e. V., 50309 Brühl, Postfach 1939, www.villetaucher.de.*

Im Bereich des ehemaligen Tagebaubereichs Ville verfüllten sich die Tagebaue Gotteshülfe und Theresia zwischen Gleuel und Hürth zum Otto-Maigler-See und Hürther Waldsee. Der Otto-Maigler-See war von vornherein als Freizeitsee mit Strandbad und Ruder-Regattastrecke, der südlich davon gelegene Hürther Waldsee als reiner Naturschutzsee angelegt worden.

Der 1977 verfüllte **Otto-Maigler-See** gehört mit einer Fläche von über 50 Hektar zu den großen Villeseen. Das Gelände liegt 30 Meter über dem Umland, Waldstreifen um den See dienen als Windschutz. Am Nordufer wurde ein großer Badestrand angelegt. Auf dem See selbst ist Surfen, Segeln, Rudern

Bleibtreusee.

und Angeln möglich. Die Gestalt des Sees bot sich für die Einrichtung von sechs Regattabahnen nebeneinander an, so dass auch internationale Sportveranstaltungen ausgetragen werden können. Zum Surfen steht der Ostteil des Sees zur Verfügung.

INFOS

- ***Otto-Maigler-See:*** *Strandbad, Beach-Club, Café, 50354 Hürth, Tel. 02233 35248, www.otto-maigler-see.de. Strandbad geöffnet von Mai bis Mitte Sept.; Restauration von März bis 1.1. Sa. und So., in der Badesaison täglich.*
- ***Hürther Rudergesellschaft e. V.:*** *50354 Hürth, Otto-Maigler-See, www.huerther-rudergesellschaft.de. Mit Club- und Gerätehaus.*
- ***Hürther Windsurfingclub e. V.:*** *50338 Hürth, Postfach 5211, Tel. 02233 169181, www.hwsc.net. Angeschlossen der Verein für Wassersport Hürth.*

THEMA Kloster Burbach

Guderadis, die Witwe des reichen Kölner Patriziers Hartman von Grey, stellte 1233 ihre Ländereien in Burbach am Villehang in der Nähe von Hürth am heutigen Otto-Maigler-See für ein neues Kloster zur Verfügung. 1336 erfolgte die Gründung dieses Klosters Marienborn mit 31 Nonnen aus dem Konvent Mariengraden in Köln. Der Kölner Erzbischof Heinrich von Mollenark bestätigte das Kloster ad fontem st. marie, *denn tatsächlich liegt das Kloster nahe der Quelle des Burbacher bzw. des Stotzheimer Baches. Durch viele Stiftungen verfügte es bald über erheblichen Landbesitz. Zur Acker- und Viehwirtschaft gab es eine Getreide- und eine Ölmühle am Kloster, das auch über eine ausgeklügelte Wasserversorgung verfügte. Während des Dreißigjährigen Krieges muss es wohl unbewohnbar geworden sein, der Konvent hatte seinen Sitz nach Köln verlegt. Danach blühte das Klosterleben wieder auf. Aber mit Einsetzen der der Säkularisation war es damit endgültig vorbei. Die Klostergebäude wurden abgerissen, große Teile des Geländes fielen dem Braunkohletagebau zum Opfer. Erhalten ist im Wesentlichen neben einigen Wirtschaftsgebäuden das ehemalige Äbtissinenhaus, das später als Forsthaus genutzt wurde und heute an Hürther Sportvereine verpachtet ist.*

◄ Kloster Burbach, Tor des Äbtissinnenhauses.

Abgetrennt vom Otto-Maigler-See liegt der **Hürther Waldsee** inmitten eines bewusst schwer zugänglich gestalteten Waldareals. Es handelt sich um eine Gewässergruppe aus einem See und drei weiteren Teichen, die aus der ehemaligen Grube Theresia entstanden. Das 2 bis vier 4 tiefe Hauptgewässer weist im Osten und Westen große Flachwasserzonen auf mit ausgedehntem dichtem Bewuchs aus verschiedenen Armleuchteralgen und dem Kleinen Laichkraut. Die Uferränder sind mit Röhricht- und Uferseggenbeständen besetzt, an die sich Weidengebüsche anschließen. Die Teiche von meist weniger als 50 Zentimeter Tiefe sind fast vollständig mit Schilfrohr bewachsen. Im Areal wurde ein Standort des so seltenen Übersehenen Knabenkrautes *(Dactylorhiza praetermissa)* nachgewiesen.

Der **Köttinger See** ist der mittlere von drei Seen, die aus dem ehemaligen Braunkohletagebau Concordia der Grube Vereinigte Ville entstanden – westlich der Concordiasee, östlich der Roddersee. Der Köttinger See zählt mit einer Fläche von über 40 Hektar zu den größeren Braunkohleseen. Seine Tiefe liegt zwischen 4 und 8 Metern. Seine Flutung begann schon 1955, letztlich beendet war sie aber erst 1973. Seit dieser Zeit ist er wie die gesamte Drei-Seen-Gruppe unter Landschaftsschutz gestellt. Laichzonen am Ufer dürfen nicht betreten werden. Wasserzufluss erhält der Köttinger See aus dem Kocherbach und dem nördlich gelegenen Zieselsmaar, sein Abfluss erfolgt in den Roddersee. Sein Wasser ist aber immer noch durch die Altlasten aus der nördlich gelegenen Aschenkippe be-

▲ Übersehenes Knabenkraut.

einträchtigt: Der Gehalt an Sulfat, Chlorid und Calcium steigt leicht an. Nach Gewässersperrung im Jahr 2008 wurde der Köttinger See im Jahr 2010 wieder zum Angeln freigegeben. Der Fischbestand ist inzwischen erneut gut ausgebaut. Amphibien sind nicht im See vorhanden, was aber primär auf seine steil abfallenden Ufer zurückzuführen ist.

Wesentlich kleiner ist der **Concordiasee** mit einer Fläche von 12 Hektar und einer Tiefe von 5 bis 8 Metern. Viele Eigenschaften teilt er mit dem Köttinger See, so die Probleme mit Altlasten. Laichzonen sind auch hier mit Betretungsverbot versehen. Im westlich gelegenen **Roddersee** sind die Belastungen aber immer noch so hoch, dass Angeln weiterhin verboten ist.

Das **Zieselsmaar**, jenseits der A1 und nördlich von Kierdorf gelegen, gehört neben dem Entenweiher (nicht zu verwechseln mit dem Ententeich ganz im Süden des Südreviers) zu den versauerten Braunkohleseen. Er versorgt sich überwiegend aus Grundwasser – und darin liegt auch sein Problem. Mit dem Ansteigen des Grundwasserspiegels seit 1980 traten Belastungen aus der eisensulfidreichen Abraumkippe an der Berrenrather Börde in den See ein, was seinen ph-Wert nachhaltig senkte. Durch Oxidationsprozesse entsteht dabei unter anderem Eisenoxyd, was das Wasser rötlich färbt. Seit Ende der 1990er Jahre ist ein Rückgang der Sulfatkonzentrationen festzustellen, was auf den nachlassenden Eintrag aus der nahegelegenen Kippe zurückzuführen ist. Aber Amphibien und Fische kommen bis heute nicht im See vor. Dennoch wird dieser als Freizeitgewässer durch den FKK-Verein »Familiensportbund Erftland Ville e. V.« genutzt, der ihn ganz gepachtet hat.

INFOS

- ***Familiensportbund Erftland Ville e. V. (Geschäftsstelle):*** *50374 Erftstadt, Peter-May-Straße 124, Tel. 02237 972400, www.fsb-erftland-ville.de. Gepflegtes Gelände mit vier Volleyballplätzen, Beachvolleyballplatz, Grillplatz, Kiosk mit Duschen und Sauna; Zugang zum See haben gegen Gebühr auch Nicht-Mitglieder.*

Die Berrenrather Börde

Der Tagebau Berrenrath zwischen Türnich und Berrenrath als der nördlichste im Braunkohle-Südrevier wurde auf ganz andere Weise rekultiviert als die anderen Tagebaue. Er erstreckt sich nördlich des Konzessionsgeländes der Grube Vereinigte Ville und wurde von der Betriebsgesellschaft Roddergrube zu Beginn des Ersten Weltkriegs erschlossen. Hier hatte das Flöz eine Mächtigkeit von bis zu 40 Metern und breitete sich unter einer Abraumdeckschicht von nur 15 Metern Dicke aus. Die schon vorher in dem Feld tätigen kleineren Gruben Mylius, Koepps, Gertrud und Gerhard gingen im Tagebau Berrenrath auf. Die gewonnene qualitativ hochwertige Kohle eignete sich in besonderer Weise zur Brikettherstellung, die in den Brikettfabriken Berrenrath und Vereinigte Ville erfolgte. Daneben wurde auch das Kraftwerk Goldenberg beliefert. 1956 wuchs der Tagebau Berrenrath sogar noch mit der benachbarten Grube Friedrich Maximi-

▲ Berrenrather Börde.

lian zusammen, die sich ebenfalls im Besitz der Betriebsgesellschaft Roddergrube befand. Der Tagebau Berrenrath wurde bis 1970 betrieben. Die danach erfolgte Rekultivierung war mustergültig für alle späteren Maßnahmen dieser Art im Rheinischen Braunkohlerevier. Hier wurde erstmals eine umfassende, vorlaufende Planung der Rekultivierungsprozesse vorgenommen. Verantwortlich dafür war Prof. Gerhard Olschowy, Landschaftsplaner und späterer Leiter des Bundesamtes für Naturschutz in Bonn, der als einer der Wegbereiter der ökologischen Landschaftsplanung gilt. Schon beim Abbau wurden die für die vorgesehene Geländestruktur erforderlichen Bodenmaterialien separat hergestellt und vor allem die Lössschichten entsprechend aufbereitet. So entstand unter der Leitung von Prof. Olschowy aus der Grube Berrenrath ein um 35 Meter über dem übrigen Gelände liegendes Plateau, das großenteils ackerbaulich genutzt und durch Gehölzstreifen strukturiert wird. Die Außenhänge werden von einem Waldgürtel eingenommen. Inmitten dieses nun »Berrenrather Börde« genannten Geländes entstanden die Neusiedlungen Weiler Berrenrath und Weiler Brüggen, wo aus dem früheren Grubengelände umgesiedelte Landwirte neue Wirtschaftsflächen fanden.

Villewälder und Kottenforst

Die Ville als Kernraum des Naturparks Rheinland lässt sich hinsichtlich der Beeinflussung durch den Menschen in zwei Teile untergliedern. Im Norden dominiert eindeutig die Braunkohle mit dem noch offenen Großtagebau Garzweiler, den rekultivierten, zur Seenlandschaft des Mittleren Reviers aufgefüllten Tagebauen und dem schon länger rekultivierten, wald- und seenreichen Südrevier. Der südliche Teil der Ville ist vom Braunkohleabbau verschont geblieben. Hier breiten sich Altwälder auf Stauwasserböden aus, die sich von Norden nach Süden in die Villewälder zwischen Bornheim und Weilerswist, in die Waldville westlich von Bonn und den Kottenforst südlich von Bonn untergliedern.

▼ Schwarzspecht.

Die Ville erstreckt sich im Bereich der Rheinischen Hauptterrasse. Die Bruchschollentektonik ließ das Rheinbett und die Börde einsinken, dazwischen blieb die Ville als tektonischer Horst stehen. Die eiszeitlichen Lössanwehungen erodierten auf dem Höhenrücken der Ville, so dass dort die Rheinschotter den Untergrund bestimmen. Ihre Zusammensetzung aus Kies, Sand und Ton machen sie nur schwer wasserdurchlässig. Dies hat nach der Schneeschmelze und nach Starkregen Staunässe in den Böden zur Folge, wohingegen diese im Sommer stark austrocknen. Hier gedeihen Stieleichen-Hainbuchenwälder, in die stellenweise Winterlinden eingestreut sind. Dieser auch von Waldwiesen durchsetzte Lebensraum mit überwiegend altem Baumbestand – es gibt bis zu 300 Jahre alte Eichen – bietet vielen gefährdeten Pflanzen- und Tierarten Rückzugsgebiete.

Doch auch die Villewälder blieben nicht ohne Einfluss des Menschen. Über Jahrhunderte hat man versucht, durch Anlage von Entwässerungsgräben die Staunässe aus den Wäldern abzuleiten, manchmal mit dem Ziel, sie zu roden und für die Landwirtschaft urbar zu machen – zumindest aber einen höheren Holzertrag zu erzielen. Dies hatte zur Folge, dass die auf bodenfeuchte Bedingungen angewiesenen Eichenbestände zugunsten von Buchenwaldgesellschaften zurückgedrängt wurden. Dieser Vorgang wird durch Verschließung von Gräben rückgängig gemacht, um den ursprünglichen Eichenwaldgesellschaften wieder mehr Raum zu geben.

Das Gesamtgebiet der Villewälder ist übrigens als Vogelschutzgebiet nach der Europäischen Flora-Fauna-Habitat-Richtlinie (FFH) ausgewiesen. Der Schutz gilt hier vor allem dem Mittelspecht, Schwarzspecht, Grauspecht, Rotmilan und Wespenbussard, deren Lebensräume hier naturnah erhalten werden sollen.

Villewälder bei Bornheim

Die Villewälder bei Bornheim erstrecken sich in einem geschlossenen Areal südlich der A553 zwischen Weilerswist und Walberberg und setzen sich in einem fast vollständig durchgehenden Waldstreifen am Westrand der Ville bis Metternich fort. Das Gebiet weist überwiegend unter Naturschutz gestellte Flächen auf. Im Norden reicht es mit dem Altwald Ville sogar über die Autobahn hinaus bis in das Südrevier der Braunkohleville (siehe Abschnitt »Südrevier«, S. 26ff).

Die Villewälder bei Bornheim sind Restflächen der einst die gesamte Ville bedeckenden Laubwälder. Neben den lindenreichen Eichen-Hainbuchenwäldern auf Staunässeböden mit großflächigen Maiglöckchen-Beständen *(Con-*

vallaria majalis) sind hier auf weniger vernässten Flächen auch Waldmeister-Buchenwälder sowie Hainsimsen-Buchenwälder anzutreffen. Diese strukturreichen Restwälder sind durch einen hohen Anteil an Alt- und Totholz gekennzeichnet. Vom Menschen im Gebiet angepflanzte Nadelholzforste sollen sukzessiv in Laubwaldbestände zurücküberführt werden. Aufgrund des kleinräumigen Wechsels der Standortfaktoren Relief, Boden und Wasserhaushalt sollen sich mosaikartig angelegte, neue, naturnahe Lebensräume entwickeln, die eine entsprechend vielfältige Lebenswelt hervorbringen.

Eine Besonderheit unter den im Bornheimer Villewald anzutreffenden Pflanzen bildet das Haar-Klauenmoos *(Dichelyma capillaceum)*. Diese außerordentlich seltene Art kommt in Europa fast nur noch in Südschweden vor, in Deutschland ausschließlich als kleine Restpopulation im Bornheimer Villewald, im Schatten einer Winterlinde. Es ist zu befürchten, dass diese Restpopulation irgendwann Opfer von Wildschweinen wird. Das Moos findet sich an stehenden oder langsam fließenden Gewässer, die zeitweise austrocknen, so auch in der Ville, wo es einen im Sommer trockenfallenden Waldtümpel besiedelt.

THEMA Stieleichen-Hainbuchen-Winterlinden-Waldgesellschaft

▲ Blüten der Winterlinde.

In Deutschland sind zwei der insgesamt 50 über die Nordhemisphäre verbreiteten Lindenarten beheimatet, die Sommerlinde (Tilia platyphyllos) *und die Winterlinde* (Tilia cordata). *Die Winterlinde ist ein 30 bis 40 Meter hoher Baum, der offensichtlich bis zu 2 000 Jahre alt werden kann. Im Umfeld des Naturparks Rheinland steht in Wiesbaum an der oberen Ahr eine immerhin 500 Jahre alte Linde auf dem Friedhof der spätgotischen Kirche. Die Dorfbewohner meinen, sie sei zur Zeit des Kirchenbaus gepflanzt worden, und tatsächlich wurde das vermutete Alter anlässlich einer baumchirurgischen Behandlung bestätigt.*

Die Winterlinde wächst im Mittelgebirge bis in die Alpen, wobei sie nach Norden und Osten weiter als die Sommerlinde verbreitet ist. Ihre Blätter sind rundlich bis herzförmig mit 2 bis 5 Zentimeter langem Blattstiel, weich und unterseitig mit braunen Haarbüscheln, den sogenannten Domatien, versehen – was sie von der Sommerlinde unterscheidet. Die Blüten an hängenden Trugdolden sind gelb, die Kapselfrüchte 5 bis 7 Millimeter lang, kugelig und kaum gerippt. Die Herbstfärbung setzt früh ein. Die Rinde an den jungen Zweigen ist olivgrün und braunrot, ihre schwärzlich graue Borke längs gefurcht und dick gerippt.

Die mit Winterlinden durchsetzte Waldgesellschaft des Stieleichen-Hainbuchenwaldes ist in ihrer Verbreitung auf einzelne Flächen in Hessen und in der Niederrheinischen Bucht, und hier nur im nördlichen und südlichen Teil der Ville sowie im Südosten der Jülicher Börde in der Bürge begrenzt. Viele dieser Flächen sind dem Braunkohletagebau geopfert worden, weshalb den verbleibenden Standorten besondere Aufmerksamkeit zum Erhalt zukommt. In dieser Art der Waldgesellschaft bauen Traubeneichen (Quercus petraea) *und Stieleichen* (Quercus robur) *ein oberes Baumstockwerk auf, unter dem die schattenverträgliche Hainbuche* (Carpinus betulus) *ein zweites Stockwerk bildet. Solche Eichen-Hainbuchen-Wälder können sich in Mitteleuropa nur dort entwickeln, wo sie sich gegenüber der ansonsten konkurrenzstärkeren, aber nässeunverträglicheren Rotbuche* (Fagus sylvatica) *behaupten können*

Zwischen dem geschlossenen Bornheimer Waldgebiet und dem sich südlich anschließenden Waldstreifen liegt eine schmale, landwirtschaftlich genutzte Senke, in der sich die historische Anlage des Dobschleider Hofes befindet. Dessen Fachwerk- und Backsteinbauten gehen auf das 16. und 17. Jahrhundert zurück.

In dem sich bis Metternich erstreckenden Waldstreifen bilden sich in Geländesenken temporäre Gewässer. Eines davon ist die Rote Maar, das Schutzgebiet darum ist 12 Hektar groß. Unter recht extremen Lebensbedingungen hat sich dort eine ganz spezifische Lebenswelt entwickelt, mit seltenen und gefährdeten Pflanzengesellschaften sowie Rote-Liste-Tierarten, etwa dem hier vorkommenden und vom Aussterben bedrohten Springfrosch *(Rana dalmatina)*. Um die temporäre Maar befinden sich Sumpfwaldreste und Gebüsche aus Grauweiden, Moorbirken und auch dem Faulbaum *(Frangula alnus)* aus der Familie der Kreuzdorngewächse. »Faulbaum« heißt er, weil seine Rinde Fäulnisgeruch ausströmt. Aus ihr erzeugt man Abführmittel, die aus dem Faulbaum gewonnene Holzkohle wurde wegen ihres geringen Ascheanteils zur Herstellung von Schwarzpulver verwendet.

Im weiteren südlichen Verlauf des Waldstreifens steht auch die Sülsmaar unter Naturschutz. In ihrem Umfeld findet man gleichfalls Rote-Liste-Arten, darunter auch Amphibien, die hier ablaichen können. Eine Wiedervernässung ist dort dringend erforderlich. Noch weiter südlich befindet sich in der Urschmaar der Laichplatz einer großen Springfroschpopulation. Weit umfangreicher ist das 50 Hektar große, östlich von Metternich gelegene Schutzgebiet um die auch »Hellenmaar« genannte Verbrannte Maar. Seine Sumpf- und temporäre Wasserfläche ist für Libellen und Vögel von Bedeutung. Teilweise sind die Gewässer verlandet oder befinden sich durch Laubfall in Verlandung. Wie auch in den Kottenforst-Maaren bilden sich überall Kolonien aus Blauem Pfeifengras *(Molinia caerulea)*, das seinen Namen von der Jahrhunderte währenden Nutzung seiner langen, harten Halme zum Reinigen der langen Tabakpfeifen ableitet.

▲ Springfrosch.

Waldville

Zwischen Metternich und Heimerzheim liegt eine breite, überwiegend ackerbaulich genutzte Ebene, die die Wälder der Bornheimer Ville von denen der Waldville trennt. Entlang der Heimerzheimer Landstraße auf dem Weg nach Bornheim-Brenig gibt es zwei historische Hofanlagen, die Dützhöfe. Im weiteren Verlauf der Landstraße folgt rechter Hand die Golfanlage Römerhof auf dem Villerücken. Der Römerhof wurde 1852 durch den Freiherrn von Camp als Landwirtschaftsbetrieb gegründet und 1870 durch Philip von Kempis erweitert. Dessen Nachfolger gestalteten das Landwirtschaftsareal 1994 zum Golfplatz um.

INFOS

■ ***Golfanlage Römerhof:*** *53332 Bornheim-Brenig, Römerhofweg, Tel. 02222 931940, www.golfanlage-roemerhof.de. 19-Loch-Platz, 9-Loch-Platz, Driving Range, Restaurant.*

THEMA Dützhöfe

▲Wappen am Oberen Dützhof.

Die beiden Dützhöfe liegen nordöstlich von Heimerzheim, zur Kuppe der Ville hin.

Die einst von Wassergräben umgebene Hofanlage des Unteren Dützhofes geht auf das 14. Jahrhundert zurück. Sie wurde als rheinischer Vierkanthof mit Scheune, Stallungen und Schuppen im Viereck um einen großzügigen Innenhof erbaut, das Wohnhaus enthält 400 Jahre altes Eichenfachwerk. Die Gräben werden aus der Staunässe des Großen Zents gespeist, der Abfluss erfolgt über den Kriegshovener Bach. Heute sind im Unteren Dützhof eine Reihe von Firmen angesiedelt, unter anderem ein Unternehmen, das Ayurveda-Kochkunst betreibt.

Der Obere Dützhof ist um ein unregelmäßiges Viereck angelegt, im Eingangsbereich steht ein altes, gepflegtes Fachwerkhaus. In dessen äußeres Kopfende ist ein Holzbalken mit lateinischen Inschriften eingebracht, in den nachträglich noch ein Holzblock mit dem Wappen der früheren Besitzer, der Herren von Bornheim, integriert wurde.

▲ Unterer Dützhof.

INFOS

- ***Unterer Dützhof:*** *53913 Swisstal-Heimerzheim, Vorgebirgsstraße 99, darin Schnells Kostbarkeiten: Ganzheitliche Ayurveda Koch- und Esskultur, Tel. 01577 2053498, www.schnells-kostbarkeiten.de. Buffets jeweils Di., Mi. und Do., 13:00 Uhr, jeden 2. So. 18:00 Uhr.*
- ***Gestüt Oberer Dützhof:*** *53913 Swisttal-Heimerzheim, Vorgebirgsstraße 100, Tel. 02222 4082, www.duetzhof.de. Bietet gängige Sparten wie Dressur, Springen und Geländereiten.*

▼ Oberer Dützhof.

Die Waldville, die sich zwischen der Swistaue im Westen und dem Vorgebirge im Osten erstreckt, ist in verschiedener Hinsicht von großem Interesse. Dieses Waldareal ist schon in das Alleensystem des Kottenforstes einbezogen, das vom Kurfürsten Clemens August ab etwa 1720 aufgrund seiner Jagdleidenschaft angelegt wurde. Die Breite Allee durchschneidet das gesamte Gelände mittig und führt schnurstracks in Richtung des ehemaligen Jagdschlosses in Röttgen. Die Schmale Allee zweigt auf halber Strecke schräg in Richtung Bahnhof Kottenforst ab. Hier in etwa verläuft auch die Grenze zum eigentlichen, sich südwärts ausbreitenden Kottenforst. Durch die Waldville führt der Römerkanal, die von den Römern errichtete Eifelwasserleitung, bis Köln. Feuchtgebiete und Staunässe, wie einst im Großen Zent, bestimmen noch weitgehend das Erscheinungsbild der Waldville. Im Kreuzungspunkt sternförmiger Wanderwege steht der »Eiserne Mann«.

Das Erscheinungsbild der Waldville ähnelt dem der Bornheimer Villewälder und dem des Kottenforstes mit den darin enthaltenen Vernässungsstellen. Großflächige Eichenwälder und an trockenen Stellen großflächige Buchenwälder sind hier vorherrschend. Im Nordteil der Waldville bestand sogar mit dem Großen Zent eine weitläufige Senke ohne natürlichen Abfluss. Wie an anderen Stellen der Ville auch wurde dieses ausgedehnte Feuchtgebiet schon seit dem 18. Jahrhundert durch Entwässerungskanäle künstlich trockengelegt und aufgeforstet. Dieses sumpfige Wald- und Ödland auf dem Villerücken diente schon in feudaler Zeit den Anrainern als gemeinschaftliches Weideland und zur Holzgewinnung. In preußischer Zeit erfolgte die weitere Aufforstung mit nicht standortgerechten, aber schnell wachsenden Fichten. Im 20. Jahrhundert hat dann die Grundwasserabsenkung der Tagebaue in der Braunkohleville weiter zu der Austrocknung des Geländes beigetragen. Heute zeigen nur noch Randbereiche des Großen Zents die ursprüngliche Staunässe-Vegetation mit entsprechender Verarmung der Tierwelt. Im Südteil des Großen Zents unterhielt das Wehrwissenschaftliche Institut für Werk- und Betriebsstoffe der Bundeswehr bis 2009 ein Versuchs- und Forschungsgelände. Seit der Standort nicht mehr genutzt wird, verfallen die Gebäude. Gelegentlich nutzt die Bundespolizei das Areal noch zu Ausbildungszwecken.

Neben dem Großen Zent haben sich vor allem in den Nässebereichen des gesamten Nordwestens der Waldville auch Senkungsmaare ergeben, wobei die Menschen solche Tiefstellen weiter ausgearbeitet haben, um in diesen Vertiefungen Wasser zu sammeln, das dann über Kanäle aus dem Waldgebiet herausgeleitet wurde. Zudem nutzte man gesammeltes Stauwasser, um Mühlen am Villerand auch in Trockenperioden sicher mit Wasser versorgen zu können. Bei den Maaren handelt es sich um die Heckelsmaar am Ortsrand von Heimerzheim mit einer Insel in der Mitte, die Ballenmaar etwas weiter südlich auch noch in Ortsnähe, die Bocksmaar nahe der Breiten Allee, auch »Goldfischmaar« genannt, die Kottengrover Maar, die der Wasserversorgung der Burgmühle Heimerzheim über einen speziellen Mühlengraben entlang der alten Viehtrift diente, die Duvenmaar südlich des Großen Zents und nicht zuletzt die Renner Maar, die ihre Bezeichnung wohl von »Renne« bzw. »Rinne« in Verbindung mit dem früheren Abbau von Raseneisenerz ableitet. Viele dieser Maare sind über die Jahrhunderte der Verlandung anheimgegeben worden. Seit den 1980er Jahren hat der Waldbesitzer einige davon wieder vertieft, um die angestammte Amphibien- und Insektenwelt zu erhalten.

Auf dem Weg vom Großen Zent nach Alfter steht auf halber Strecke an der Alfterer Hufebahn der Kamelleboom. In feudaler Zeit markierte dieser wohl 1477 im Wald gesetzte Baum die Grenze zwischen den Herrlichkeiten Heimerzheim und Alfter. Ein Jahrhundert später passierten die Bauersfrauen aus den Swistdörfern diesen Baum auf dem Fußweg zur 1844 eröffneten Roisdorfer Station der Bonn-Cöllner Eisenbahn, um ihre Waren auf dem Kölner Markt feilzubieten. Auf dem Rückweg kamen ihnen schon ihre Kinder in Erwartung der mitgebrachten Süßigkeiten entgegen, die die Mütter im hohlen Baumstamm der damals bereits morschen Eiche versteckten. Heute steht von dieser nur noch ein Stumpf, eine neue Eiche wurde 1978 gegenüber gepflanzt.

Die Schmale Allee führt teilweise parallel zur Römischen Wasserleitung zunächst durch Laubwald, dann im weiteren Verlauf auch immer wieder durch Nadelwaldparzellen bis zu der nach Bonn führenden B56, wo sich eine Waldschänke etabliert hat, die guten Zuspruch findet. Nach dem Passieren der B56 nähert man sich rechter Hand den Quarzwerken Witterschlick, die hier Kiese und Sande im Tagebau gewinnen. Es handelt sich um hochwertige quartäre Kiese und Sande sowie um hochwertige tertiäre Quarzkiese und Quarzsande, die wegen ihrer hochreinen und weißen Beschaffenheit über die Bauwirtschaft hinaus auch in der Fertigungsindustrie Verwendung finden.

INFOS

- ***Waldschänke Im Zuschlag:** 53347 Alfter, Schmale Allee 1, Tel. 0228 8540600, www.waldschaenke-im-zuschlag.de; behindertengerecht, Biergarten, Spielplatz, Paddock für Pferde, geöffnet Mi. bis Sa. 12:00–22:30 Uhr, So. bis 21:00 Uhr.*

▲ Römerkanal bei Buschhoven.

▲ Römerkanalaufschluss, ebenfalls bei Buschhoven

Ab Buschhoven führt die antike Römische Eifelwasserleitung nordwärts mitten durch den Villewald, am Römerhof vorbei, um dann den Weg entlang der Hänge des Vorgebirges Richtung Köln fortzusetzen. Zur Überwindung des Villerückens tritt die Leitung am Forsthaus Buschhoven in den Wald ein und ist entsprechend tief verlegt. Hier bietet ein Aufschluss einen Einblick in das Innere der Leitung, deren Innenwände schon dick mit Kalk aus dem Eifelwasser belegt sind. Dieser Kalksinter wurde in mittelalterlichen Bauten wie Marmor verwendet. So ist beispielsweise die Grabplatte der heiligen Lüfthildis in der Pfarrkirche von Lüftelberg aus diesem Material gefertigt (siehe Abschnitt »Swistbachaue / Lüftelberg«, S. 207ff.). Dafür hat man schon im frühen Mittelalter die Leitung ausgehoben, um ihre Steine als Baumaterial zu verwenden. Der dabei entstandene Graben durch die Waldville ist bis heute gut zu erkennen.

Folgt man dem Weg vom Forsthaus Buschhoven durch den Wald nach Dünstekoven, so kommt man am Gedenkstein »Siebenschuss« vorbei. Hier sollen der Legende nach bei einer Treibjagd im Jahr 1881 sieben Jäger auf einen Hasen geschossen haben, ohne ihn zu treffen. Die Treiber machten sich über die Schützen lustig und ritzten einen Ha-

▲ Siebenschuss.

▲ Steife Segge.

sen in einen an diesem Platz stehenden Grenzstein. Dieser Hasenstein steht heute als Denkmal »Siebenschuss« im Hof des Forsthauses, ein neuer Stein etwa an der ursprünglichen Stelle.

Noch abenteuerlicher ist die Behauptung des präastronautischen Autors Erich von Däniken, der »Eiserne Mann« sei eine Hinterlassenschaft von Besuchern aus dem All, ein Markierungspunkt von Außerirdischen: »Das aus dem Boden ragende Stück zeigt eine leichte Oberflächenverwitterung, aber keine Spuren von Rost ...«. Prof. Klaus Grewe vom Landschaftsverband Rheinland ging auf Spurensuche. Er fand heraus, dass die nicht 28 Meter lange, sondern »nur« 2,18 Meter lange Stele, von der ein Meter in der Erde steckt, dort mit einer T-förmigen Verankerung versehen ist. Die Gusstechnik der 21 x 10 Zentimeter im Querschnitt messenden Stele deutet auf die Herstellung im späten Mittelalter und weist die für die damalige Erzeugung von Holzkohleroheisen typische Zusammensetzung aus Eisen mit Anteilen von Kohlenstoff, Silizium, Mangan, Phosphor und Schwefel auf – also nichts Außerirdisches. Eine erstmalige Erwähnung des »Eisernen Mannes« aus dem Jahr 1625 besagt, dass der »Eiser« ein Kreuz in der Erde habe. 1727 wurde er unter Kurfürst Clemens August an seine heutige Stelle versetzt, in exakter Ausrichtung der Sichtachse von Schloss Augustusburg, als Markierungspunkt bei der Anlage des Schneisensystems im Kottenforst für die vom Kurfürsten so geliebte Jagd.

Annähernd 1 000 Hektar der Fläche der Waldville stehen unter Naturschutz. Dieser weitgehend natürlich erhaltene Lebensraum mit seinen geschlossenen, alten und totholzreichen Laubbaumbeständen mit eingebetteten Wasser- und Feuchtgebieten sowie artreichen Waldwiesen beherbergt nicht nur viele Vogelarten, wie den Mittelspecht *(Dendrocopos medius)*, den Schwarzspecht *(Dryocopus martius)*, den Grauspecht *(Picus canus)*, den Rotmilan *(Milvus milvus)* und den Wespenbussard *(Pernis apivorus)*, sondern auch viele bedrohte und seltene Tier- und Pflanzenarten, wie die Wildkatze *(Felis silvestris)*, den Grünspecht *(Picus viridis)*, den Springfrosch *(Rana dalmatina)*, den Kamm-Molch *(Tri-*

▲ Grünspecht in der Waldville.

turus cristatus) sowie die Steife Segge *(Carex elata)* und die Trauben-Trespe *(Bromus racemosus)*. Auch aus kulturhistorischer Sicht hat dieses Waldareal mit Resten historischer Waldnutzungsformen des Nieder- und Mittelwaldes sowie der Trasse der römischen Wasserleitung weit überregionale Bedeutung.

Kottenforst

Der kulturhistorisch interessanteste Teil der Villewälder ist zweifelsohne der Kottenforst als Kernraum des Naturparks Rheinland. Das unter Naturschutz stehende großflächige Waldareal von 2 300 Hektar Ausdehnung auf dem weitgehend ebenen Höhenrücken der Südville mit wechselfeuchten Eichen-Hainbuchenwäldern mit Stieleiche, Hainbuche, Rotbuche und Winterlinde erstreckt sich südlich von Bonn bis zur Linie Meckenheim-Wachtberg. In dieses Waldareal sind zahlreiche wertvolle Biotope mit artenreichen Beständen heimischer Flora und Fauna, zwei Naturwaldzellen und noch sichtbarere Relikte einstiger Waldweidewirtschaft eingebettet. Mit der 2010 erfolgten weiteren Ausweisung von Wildnisentwicklungsgebieten wurde der Anteil der nutzungsfreien Waldflächen nachhaltig erweitert. Der Wald ist durchsetzt von kleinen Stillgewässern, die einerseits ganzjährig oder andererseits nur saisonal Wasser führen. Nur wenige Bachläufe, wie der Katzenlochbach und der Venner Bach, entwässern zum Rhein hin, ansonsten verbleibt das Oberflächenwasser temporär im Gelände. Die altholzreichen Baumbestände sind Lebensraum für viele seltene und gefährdete Tierarten, wie den Mittel- und Schwarzspecht *(Dendrocopos medius* und *Dryocopus martius)*, den Eisvogel *(Alcedo atthis)*, den Schwarzstorch *(Ciconia nigra)*, den Pirol *(Oriolus oriolus)*, die Nachtigall *(Luscinia megarhynchos)*, die Wildkatze *(Felis silvestris)*, die Bechstein-Fledermaus *(Myotis bechsteinii)*, Amphibien wie den Kammmolch *(Triturus cristatus)* und Insekten wie den Hirschkäfer *(Lucanus cervus)*. Die Besonderheit des Kotten-

Kottenforst: Weiher am Jägerhäuschen.

forstes besteht in seinem sternförmigen, vom ehemaligen Jagdschloss Herzogsfreude in Röttgen ausgehenden Wegenetz, das im 18. Jahrhundert für die kurfürstlichen Jagden angelegt wurde.

Als die Römer im Gebiet der Ville eintrafen, fanden sie dort ein Waldgebiet mit verstreuten keltischen Siedlungen vor, das noch wenig Nutzungsspuren aufwies. So leitet sich der Name »Kottenforst« auch vom keltischen Wort *coat* (»Wald«) ab. Mit der Erschließung der linksrheinischen Gebiete wuchs der Bedarf der Römer an Lebensmitteln, Bau- und Brennholz. Sie entnahmen den Wäldern Holz, nutzten sie als Waldweide für Ziegen, Schafe und Schweine, gründeten Gutshöfe, die *villae rusticae*, legten Militärlager im Kottenforst wie auch in anderen Teilen der Ville an und zogen Straßen durch das Gelände, deren Trassenführung teilweise bis heute beibehalten wird. Nach dem Ende der Römerzeit konnte sich der Wald mit der Abnahme der Bevölkerung und der Aufgabe der *villae rusticae* zunächst wieder erholen.

Im Zuge der fränkischen Landnahme erfolgte die allmähliche Wiederbesiedlung des Rheinlandes. Nicht oder noch nicht urbar gemachte Wälder unterstanden als herrenloses Land und Gut *(forast)* dem Herrschaftsrecht. So wurde der Kottenforst schon im 7. Jahrhundert als fränki-

Hirschkäfer.

Erdkröte.

Jungfuchs an der Schmalen Allee.

Igel, ebenfalls im Kottenforst.

Dachs im Kottenforst.

Herbstlaub mit Spinnennetz, ebenfalls an der Schmalen Allee.

sches Königsgut erwähnt, gebunden an das karolingische Königsgut Muffendorf. Man kann davon ausgehen, dass der Wald schon damals durch einen *magister forestariorum* (»Forstmeister«) verwaltet wurde, der dem Herrscher direkt unterstand. Dieser hatte auch den Vorsitz des Forstgerichts (»Waldgeding«) inne, welches sich auf die Belange des Waldes beschränkte, also auf Waldnutzungsrechte wie das Weide-, Jagd-, Laub- oder Streunutzungsrecht, wobei die Hochwildjagd ausschließlich dem König und dem Hochadel zustand. Im Kottenforst hatten die fränkischen Herrscher den Kölner Erzbischöfen das Hohe Jagdrecht eingeräumt. Dies wurde ihnen im Jahr 973 in einer von Kaiser Otto II. ausgestellten Urkunde einschließlich des Rechtes, die Erlaubnis für Rodungen zu erteilen, bestätigt. Unter Kaiser Heinrich II. ging dann sogar der Besitz am Kottenforst an den Kölner Erzbischof Anno II. über, der das Waldareal im Jahr 1075 an die von ihm gegründete Benediktinerabtei auf dem Michaelsberg in Siegburg übertrug. An die 500 Jahre blieb der Kottenforst in den Händen der Mönche. Die klösterliche Forstverwaltung hatte zusammen mit dem Waldgericht (»Kottenforstgeding«) ihren Sitz weiterhin in Muffendorf. Dort steht bis heute der Siegburger Hof, ein restauriertes Fachwerkhaus unterhalb der Muffendorfer Kirche Alt St. Martin. Am Hang des Hofes kultiviert sein heutiger Besitzer als Muffendorfer Attraktion einen Weinberg, aus dem der weithin geschätzte »Muffendorfer Klosterberg« gekeltert wird.

Im Jahr 1549 verkaufte die Abtei Michaelsberg den Kottenforst an den Erzbischof und Kurfürsten von Köln zurück. Ein Grund bestand darin, dass die Abtei die andauernden Auseinandersetzungen um Waldnutzungsrechte von Anrainern nicht mehr ertrug. Ein weiteres Motiv war jedoch die Jagdleidenschaft, der die Kurfürsten von ihrer Residenz in Brühl aus ungehindert nachgehen wollten. Im Gegensatz zu den nördlicher gelegenen Villewäldern, die schon längst vor der Braunkohleperiode durch Rodung und Übernutzung dezimiert und ausgedünnt worden waren, konnte die Geschlossenheit des Kottenforstes so weitgehend gewahrt bleiben. Doch nahm mit der Bevölkerungszunahme auch der Nutzungsdruck durch Holzeinschlag und Waldweide zu. Zudem benötigten die ortsnahen Töpfereien und Keramikbetriebe immer größere Mengen an Brennholz, die Winzer im Vorgebirge Stangenholz etc. Um diesem Bedarf an Bau-, Brenn- und Stangenholz nachzukommen, wurden die Waldbestände im Kottenforst an Buchen, Eichen, Eschen und Hasel zunehmend als Niederwald bewirtschaftet. Typisch dafür ist der Stockausschlag der Bäume, die in einem Zyklus von zehn bis dreißig Jahren gefällt wurden und so einen inhomogenen Bestand an strauchartigen Bäumen von 3 bis 10 Metern Höhe hinterließen. Solche Waldbewirt-

Kopfbuchen in der Waldau.

schaftungsformen sind partiell noch am Rand des Kottenforstes, auf dem Heiderhof bei Bonn oder bei Wachtberg-Villip zu erkennen. Restbestände aus der früher weit verbreiteten Waldweide, als Rinder, Schweine, Schafe und Ziegen die jungen Triebe und niedrigen Äste abfraßen, sieht man beispielsweise noch bei den Kopfbuchen, wie sie am Eisernen Mann oder auf dem Venusberg zu finden sind. Hier erfolgte der Holzeinschlag erst in etwa 2 Metern Höhe der Bäume, denn beim Abhieb über dem Boden hätte das Vieh den Wurzel- und Stammausschlag abgefressen und die Bäume wären zum Absterben verurteilt gewesen. Im Laufe der Zeit nahmen vor allem Buchen auf diese Weise knorrige Formen an und wurden in Zeiten des Aberglaubens als »Gespensterbuchen« bezeichnet.

Für den Kottenforst, dessen ortsnahe Randlagen durch Übernutzung verbuschten, begann mit dem Amtsantritt des Kurfürsten Clemens August eine neue Ära. Clemens August wurde im Jahr 1723 als 23-jähriger zum Erzbischof und Kurfürst ernannt und regierte bis zu seinem Tod 1761. Als typischer Vertreter seiner Zeit setzte er das barocke Verständnis von Natur, die nach dem menschlichen Willen kunstvoll zu gestalten sei, im Kottenforst um. Die im Kern dort erhaltenen Buchen- und Eichenhochwaldbestände sollten noch besser gepflegt und gesichert werden, um den gesellschaftlichen Anforderungen der Jagd zu genügen. Dazu legte der Kurfürst die Forst- und Jagdverwaltungen für den Kottenforst zusammen, neue Forsthäuser wurden in Buschhoven und mit dem Schönwaldhaus in Villiprott errichtet. Um den Wildbestand im Revier zu pflegen und gleichzeitig Verbissschäden zu vermeiden, wurden Futterstellen für die Tiere eingerichtet. Das Hauptaugenmerk galt dabei den Rothirschen. Ab 1727 ließ Clemens August den Kottenforst penibel vermessen. Der Eiserne Mann ist als einer der Vermessungspunkte, wie bereits erwähnt, noch erhalten. Für die Hetzjagd zu Pferd mit Hundemeuten ließ der Kurfürst ein sternförmiges, aufgeschüttetes Wegenetz mit seitlichen Entwässerungsgräben anlegen, um so diese Parforcejagd perfekt abhalten zu können. Die gradlinigen Wege, wie die Meckenheimer Allee, die Merler Bahn, die Breite Allee oder die Flerzheimer Allee mit dem Zentrum in Röttgen, wo Clemens August später sein Jagdschloss Herzogsfreude anlegen ließ, kennzeichnen bis heute den Kottenforst. Auch ist die alte Pferdewechselstation, das Jägerhäuschen an der Merler Bahn, noch erhalten. Und viele Wegekreuze zeugen im Kottenforst von den alten Zeiten der aristokratischen Jagdvergnügen.

Als französische Truppen 1794 das Rheinland besetzten, war es mit den Privilegien des Adels, insbesondere diesen Freuden der Jagd, vorbei. Zur Demonstration des Endes der Feudalzeit ließ der französische General Marçeau in einer Treibjagd den letzten Hirsch im Kottenforst erlegen und das Fleisch an die Bonner Bevölkerung verteilen. Der Kottenforst wurde zusammen mit dem Villewald französischer Staatswald. Im Zuge der Säkularisation löste man die Klöster im Umfeld des Kottenforstes, wie das Kloster Marienforst bei Muffendorf und Kloster Schillingscapellen bei Dünstekoven, auf, ihr Besitz wurde verkauft. Der wertvolle Holzbestand im Kottenforst diente den Franzosen zur Finanzierung ihrer Militärausgaben. Binnen kürzester Zeit waren die Buchen- und Eichenwälder devastiert.

Zum Nutzen des Militärs diente auch das Vorhaben der Franzosen, das gesamte Rheinland kartografisch zu erfassen. Dazu vermaß der französische Militärgeograf Jean Joseph Tranchot in den Jahren 1801–14 die vier neuen linksrheinischen Provinzen Frankreichs. Nach seinem Tod wurden die Arbeiten durch Karl von Müffling in preußischem Auftrag weitergeführt.

Als das Rheinland 1815 preußisch wurde, begannen die neuen Herren mit der Aufforstung der von ihnen vorgefundenen devastierten Wälder. Dies war ein Unterfangen, das sich über Jahrzehnte hinzog, eigentlich über das gesamte 19. Jahrhundert. Der Holzbedarf wuchs weiter, die sich entwickelnde Industrie benötigte alle Arten von Rohstoffen. So setzte die preußische Forstverwaltung zur Aufforstung auf feuchten Böden im Wesentlichen die schnell wachsende Fichte ein. Nach einiger Zeit waren Brach- und Heideflächen wieder bewaldet. Allerdings beließ man das Annaberger Feld, das ab 1860 als landwirtschaftliches Versuchsgelände der Universität Bonn für Obstbau diente. Der Erfolg blieb aber aus.

Mit der Erholung des Waldbestandes im Kottenforst im 19. Jahrhundert kehrte auch das Wild zurück. Vor allem Schwarzwild fühlt sich hier heimisch. Ausgesetztes Damwild wuchs schnell zu neuen Beständen heran. Erneut trat der Kottenforst in das Blickfeld der jagenden Obrigkeit. So zog er auch Kaiser Wilhelm II. und die Kronprinzen an, wenn sie in Bonn weilten. Ausgangspunkt ihrer Jagden war der 1879/80 als rustikaler Fachwerkbau errichtete Bahnhof Kottenforst, von wo der Kaiser mit der Kutsche zum eigentlichen Jagdrevier gebracht wurde.

Ein so außergewöhnlicher Wald wie der Kottenforst mit seinen vielen Facetten einschließlich seiner kulturhistorischen Bedeutung bedarf der besonderen Obhut. 2 300 Hektar seiner Fläche stehen unter Naturschutz! Dieser Wald hat mit seiner Größe und seinen Offenlandbiotopen, insbesondere Obstwiesen, Weiden, Saumbiotopen, Hochstaudenfluren, Gehölzen, naturnahen eutrophen Stillgewässern und Maaren sowie Bachläufen und sonstigen Feuchtbereichen, die zusätzliche Funktion eines überregional bedeutsamen Regenerations- und Ausbreitungszentrums.

THEMA Kreuze und Male im Kottenforst

Vielfältig sind die kleinen steinernen, eisernen und hölzernen Male und Kreuze, die von der Geschichte des Kottenforstes zeugen. Typisch sind zunächst einmal die Grenzsteine. Zeigten in alten Zeiten markante Bäume, Pfähle, Gräben oder Erdhügel Besitzgrenzen an, so wurde es ab dem 16. Jahrhundert üblich, steinerne Grenzmale zu setzen, an denen herrschaftliche Symbole die Eigentumsrechte veranschaulichten. Viele dieser Grenzsteine wurden mit der Auflösung der Feudalstaaten überflüssig. Sie wurden weggeräumt, an ganz anderer Stelle zu ganz anderen Zwecken verwendet oder zu Sammlungen zusammengeführt, wie etwa am Forsthaus Schönwaldhaus. Dort sind viele dieser Steine in die Begrenzungsmauer eingearbeitet worden. Auch in die Hofmauer des ehemaligen Forsthauses Lüftelberg an der Bonner Landstraße ist ein solcher Grenzstein eingefügt worden.

Wegekreuze ganz anderer Art sind die vom jagdfreudigen Kurfürsten Clemens August initiierten Parforcekreuze. Es gab insgesamt sechs solcher Kreuze, meist von Adeligen aus dem Hofstaat gestiftet. Das bekannteste darunter ist das Jakobskreuz an der Villiper Allee, auch »Wolffskreuz« nach dem Stifter Joseph Graf Wolff Metternich zur Gracht benannt. Das aufwändig gestaltete Kreuz mit dem Familienwappen zeigt Wolfspfoten, die scherzhaft als Hundepfoten gedeutet wurden und auf den allseits geschätzten Hundeführer Jakob hindeuten sollten. Weitere Kreuze dieser Art sind das Veritaskreuz am sogenannten Kaffeepfad südöstlich des Hirschweihers, gestiftet vom Hofbeamten Graf Marcus von Verita, oder das Dickbaumskreuz, das seinen heutigen Standort am Bahnhofsweg hat.

THEMA Marienforster Gut

Der Südrand des Kottenforstes wird vom Godesberger Bach entwässert, der das reizvolle Marienforster Tal bildet, das seinen Namen nach dem dort angesiedelten Kloster trägt. Der Bach entspringt im Adendorfer Wald, bewässert die Gräben der Burg Gudenau, schlängelt sich durch Wiesen und Felder am kleinen Ort Pech mit seinen Fachwerkhäusern vorbei und gibt unterhalb den Blick auf die Godesburg frei. Hier gründeten im frühen 13. Jahrhundert Nonnen aus dem Prämonstratenserkloster in Füssenich eine Niederlassung, die den Namen »Kloster Kottenforst« trug. Im Laufe der Zeit ließ die Disziplin der Ordensfrauen nach, aus wirtschaftlicher Not begannen sie, Ländereien zu verkaufen. Daraufhin reformierte der Kölner Erzbischof Dietrich von Köln das Kloster im Jahr 1450 und übergab es dem Birgittenorden. Dieser war von der heiligen Birgitta von Schweden (1303–73), Ehefrau des schwedischen Königs, nach dem Tod ihres Gatten gegründet worden und sah Doppelklöster für Männer und Frauen unter der Führung einer Äbtissin vor. Der nunmehr »Kloster Marienforst« genannte Konvent prosperierte und wurde um weitere Gebäude, eine Schmiede, ein Brauhaus und eine Bibliothek erweitert.

Mit der Säkularisation war auch das Ende des Klosters gekommen. 1802 mussten die Nonnen und Mönche es verlassen. Die Klosterkirche wurde abgerissen und die Gebäude begannen zu verfallen. Nachdem die Anlage in Privatbesitz übergegangen war, errichteten die neuen Eigentümer gegen Ende des 19. Jahrhunderts im ehemaligen Immunitätsgelände ein Herrenhaus. Das vormalige Kloster wird heute als Landwirtschaftsbetrieb geführt. Die Ummauerung, der Torbogen, einige Wirtschaftsgebäude und der große, parallel zu Landstraße stehende Stall sind erhalten.

THEMA Venner Ringwall

Oberhalb von Gut Marienforst befindet sich der Venner Ringwall als bedeutendes Bodendenkmal im Kottenforst. Er wurde im frühen Mittelalter als Fliehburg angelegt. Ein Graben und Wall mit einer Palisade umgaben das ovale bis rechteckige Gelände von 60 bis 70 Meter Durchmesser. Funde aus dem Inneren datieren die Nutzung auf die Zeit vom 10. bis zum 12. Jahrhundert. Hier standen einige schiefergedeckte Häuser, was darauf schließen lässt, dass die Anlage auch längerfristig benutzt wurde. Diese Annahme wird durch Hinweise auf eine landwirtschaftliche Nutzung im Umfeld untermauert.

THEMA Bahnhof Kottenforst

Im Sommer 1880 wurde die Verbindungslinie der sogenannten Voreifelbahn von Bonn nach Euskirchen eröffnet, gleichzeitig war auch der 1879/80 erbaute Bahnhof Kottenforst betriebsbereit. Während alle anderen Bahnhöfe an der Strecke in Feldbrandstein errichtet wurden, ist der Bahnhof Kottenforst ein prächtiger Fachwerkbau mit Kuppelwalmdach, Streben und weiß verputzten Gefachen. Denn er war gedacht als Schmuckstück der ganzen Strecke, schließlich kam häufig hochherrschaftlicher Besuch. Prinz Wilhelm von Preußen, der spätere Kaiser Wilhelm II., hatte jedenfalls von Oktober 1877 bis 1879 an der von seinem Urgroßvater gegründeten Rheinischen Friedrich-Wilhelms-Universität Bonn studiert und ging als Student und später als Kaiser oft und gern im Kottenforst zur Jagd. Dies taten in der Folge – natürlich nicht ohne entsprechende Begleitung – auch seine Söhne Eitel-Friedrich und Oskar, so dass der Bahnhof immer wieder als prunkvoller Startpunkt für die Jagd der hohen Herrschaften diente.

INFOS

- ***Waldgaststätte Bahnhof Kottenforst:*** *Bahnhof Kottenforst 8, 53340 Meckenheim, Tel. 02225 7322, www.kottenforst-bahnhof.de. Geöffnet Di. bis So. ab 11:00 Uhr, Mo. (im Winter auch Di.) Ruhetag, in der Regel bis 18:00 Uhr.*

THEMA Waldau / Haus der Natur – Waldinformationszentrum

1849 erwarb der Bonner Hochschullehrer Prof. Dr. Peter Kaufmann das für landwirtschaftliche Zwecke gerodete Gelände der Waldau am Rande von Bonn im Kottenforst. Bis 1882 war es durch Landzukäufe der nachfolgenden Eigentümer auf eine Fläche von 155 Hektar angewachsen. Die Landwirtschaft auf den ertragsarmen, schweren, tonhaltigen Pseudogleyböden des Kottenforstes wurde im 20. Jahrhundert immer unrentabler, so dass 1907 die Stadt Bonn das Anwesen und die zwischenzeitlich auf 27 Hektar geschrumpfte landwirtschaftliche Fläche erwarb. Die auf der Waldau eingerichtete Gastronomie jedoch erfuhr durch die infrastrukturelle Anbindung an Bonn und dessen aufstrebende Universität zunehmenden Zuspruch.

In den 1980er Jahren ließ der damalige Inhaber des Ausflugslokals einen abbruchreifen Fachwerkhof aus dem Hunsrück auf dem Gelände der Waldau wiederaufbauen und erreichte, dass die Stadt Bonn dort ein Waldinformationszentrum einrichtete. Hier wird der Kottenforst mit seiner vielfältigen Fauna und Flora beispielhaft abgebildet, ein Bienenvolk hat dort seine Heimat gefunden, ebenso wie viele Fledermäuse; auch verschiedene Tierpräparate sind zu besichtigen. Neben dem Museum wurde ein Bauerngarten eingerichtet, in dem Blumen, Kräuter, Obst und Gemüse ökologisch durch ehrenamtliche Mitarbeiter gepflegt werden. Von den städtischen Streuobstwiesen auf der Waldau wird Apfelsaft gekeltert, der im Haus der Natur für einen kleinen Betrag erworben werden kann.

Nachdem 2016 ein Verkauf der Waldau erfolgte, will die Stadt Bonn nunmehr auch das Haus der Natur – Waldinformationszentrum von Grund auf erneuern.

Folgt man von der Waldau aus der Dottendorfer Allee nordostwärts, gelangt man nach kurzem Weg durch den Kottenforst zum Wildpark Venusberg, wo eine Rotte Wildschweine, Rotwild und Damwild in Gehegen gehalten werden. Diesen gegenüber findet sich noch ein großer Bestand an Kopfbuchen.

THEMA Schönwaldhaus

Eine kurfürstliche Försterei auf dem Philiper Rötgen *hat es bereits um 1600 gegeben. Das heutige Forsthaus in Villiprott ließ Kurfürst Clemens August im Jahr 1730 errichten. Förster aus der Familie Schönewald waren hier über mehrere Generationen tätig und gaben dem Haus seinen Namen – erster Förster und reitender kurfürstlicher Jäger war Johann Heinrich Schönewald (1687–1772).*

In ihrer ursprünglichen Form entstand die Försterei als fränkische Viereckanlage um einen zentralen Hof, um den sich ein rückwärtig gelegenes Wohnhaus, eine Fachwerkscheune, ein Torhaus mit Gesindekammern und ein zur Waldseite mit Schießscharten ausgestatteter Viehstall gruppierten. Das Wohnhaus wurde entsprechend dem Baustil preußischer Förstereien 1893 erneuert und erhielt 1908 ein zusätzliches Geschoss mit Mansarddach. 1971 wurde die Försterei mit einer Umfassungsmauer aus Ziegelsteinen umgeben, in die 33 Grenz- und Gütersteine aus dem 17. bis 19. Jahrhundert eingelassen sind. Aus der Errichtungszeit der Försterei stehen heute noch die Scheune und der Viehstall.

Weiher am Jägerhäuschen im Kottenforst.

Professorenweg im Kottenforst – Herbstbild.

Frühjahr am Professorenweg im Kottenforst.

Drachenfelser Ländchen

Südlich des Kottenforstes erstreckt sich das Drachenfelser Ländchen zwischen Meckenheim im Westen und dem Bonner Ortsteil Mehlem im Osten, so benannt nach der alten kurkölnischen Burggrafschaft Drachenfels. Das Gebiet wird heute von der Gemeinde Wachtberg eingenommen. Geprägt ist die sich zum Rhein hin absenkende Landschaft einerseits durch die Rheinterrassen, in die sich die Täler des Mehlemer und des Godesberger Baches mit ihren Nebenbächen eingegraben haben, und andererseits durch Vulkankuppen, die dem Siebengebirgsvulkanismus der Zeit vor 25 Millionen Jahren entstammen. Zu den markantesten zählen der 258 Meter hohe Wachtberg zwischen Villip und Berkum, der Stumpeberg (230 m) und der Hohenberg (263 m), beide bei Berkum, sowie der Dächelsberg zwischen Oberbachem und Niederbachem. Eine Besonderheit stellt der Rodderberg bei Mehlem dar, der einer viel jüngeren Vulkanperiode entstammt und »erst« 300 000 Jahre alt ist.

▾ Agrarwirtschaftliche Intensivkulturen wie der Obstbau geben dem landschaftlichen Erscheinungsbild im Wachtberger Raum ein parkartiges Angesicht, was den Betrachter erfreut. Doch verändern die zunehmenden Hagelschutzanlagen den Blick auf die gepflegten Kulturen. Genauso ist es mit den Erdbeeranpflanzungen, die zunehmend unter Folientunnels vorgenommen werden. Um für den Betrachter einen Ausgleich zu schaffen, haben sich Landwirte, die Stiftung Rheinische Kulturlandschaft und externe Berater zusammengetan, um Möglichkeiten der Aufwertung des Landschaftsbildes zu eruieren. Als eine daraus entwickelte Maßnahme wurden von den Wachtberger Landwirten Blühstreifen an Acker- und Feldrändern angelegt, wie hier auf dem Bild zu sehen ist. Gleichzeitig werden dadurch zusätzliche und wertvolle Lebensräume zur Nahrungssuche, Fortpflanzung und Überwinterung für bestäubende Insekten geschaffen.

Nicht zuletzt sind es die vielen so schön restaurierten Fachwerkhäuser, die den ganzen Charme der Wachtberger Ortschaften ausmachen. Niederbachem und Pech, Gimmersdorf und Villip haben noch ganze Straßenzüge mit solchen Fachwerkbauten vorzuweisen, aber in den anderen Orten kann man ebenfalls noch viel historische Bausubstanz erkennen. Doch auch in der Wachtberger Feldflur gibt es viel zu entdecken. Hier sind vor allem die historischen Wegekreuze zu erwähnen, die bis heute von Anwohnern sorgsam gepflegt und mit Blumenschmuck versehen werden. Von großem forsthistorischem Interesse ist, wie bereits erwähnt, das Schönwaldhaus in Villiprott am Rand des Kottenforstes, das schon bei Regierungsbeginn des Kurfürsten Clemens August als Dienstgehöft für den jeweiligen Förster erbaut wurde.

Die sich zum Rhein erstreckenden Tallagen des Drachenfelser Ländchens stellen attraktive Siedlungsgebiete dar, in denen die Menschen schon in vorgeschichtlicher Zeit sesshaft waren, wovon unter anderem der Fund des »Fritzdorfer Bechers« zeugt. Es handelt sich dabei um ein in Goldblech getriebenes, in seiner Form einzigartiges Gefäß aus der Zeit um 1500 v. Chr., das in der Wachtberger Ortschaft Fritzdorf gefunden wurde und heute im Rheinischen Landesmuseum in Bonn ausgestellt wird.

Auch die Römer hinterließen Spuren. Sie beuteten in den ersten drei nachchristlichen Jahrhunderten den Hohenberg als Steinbruch aus, der ab dem 19. Jahrhundert als »Domsteinbruch« bekannt wurde, weil die Preußen mit dem hier vorgefundenen Trachytgestein den Kölner Dom zu Ende bauten. Nach dem Ende der Römerzeit nahmen die Franken Besitz von der Region. Einzelne von ihnen gegründete Ortschaften sind weit über 1 000 Jahre alt, wie etwa Villip, Fritzdorf, Adendorf oder Niederbachem und Oberbachem.

Im frühen Mittelalter waren weite Teile der Wachtberger Region im Besitz der Abtei Prüm. Als ihre Vögte setzten die Prümer Äbte die Grafen von Are ein. Theoderich II. von Are war ihr letzter Vertreter. Er verblieb kinderlos, das Erbe ging an die Linie Are-Hochstaden. Und weil auch dort keine erb-

Drachenfelser Ländchen – Blick auf das Siebengebirge.

▲ Burg Gudenau.

berechtigten Nachfolger vorhanden waren, an das Erzstift Köln, dem seit 1238 Konrad von Are-Hochstaden als Erzbischof vorstand. Diese 1246 vollzogene Besitzübertragung ging als Are-Hochstaden'sche Schenkung in die Geschichte ein und weitete die Machtstellung des Erzbistums weit nach Süden aus.

Schon um 1200 wurde zur Wahrung der Gebietsinteressen des Kölner Kurfürstentums mit dem Bau der Burg Gudenau begonnen. Nach der Besitzübertragung der Wachtberger Region an die Kölner Kurfürsten belehnten diese ein ortsansässiges Edelherrengeschlecht mit der Burg. Erste Erwähnung fand dieses Geschlecht 1317 bzw. 1326 mit Hermann von Gudenau als erzbischöflichem Rat. Lysa (Elisabeth) von Gudenau, Hermanns Enkelin, brachte die Burg durch Heirat am 15. November 1362 an Philipp Scherffgen († 1398), einen Patrizier aus Köln. 1372 wurde dieser mit der Burg und Herrschaft zu Gudenau belehnt, da Frauen zu dieser Zeit zwar erb-, aber nicht belehnungsfähig waren. Die älteste Tochter des Paares, Elisabeth Scherffgen, ehelichte in erster Ehe Heinrich Burggraf von Drachenfels. Nach dem Tod ihres Mannes im Jahr 1401 ging sie eine zweite Ehe mit Gerhard von Bell ein und verkaufte den als Mitgift erhaltenen Besitz Gudenau an Godart (Gotthard, Gottfried) Burggraf von Drachenfels († 18.3.1428), vermählt mit Adelheid (Aleid) von Merode, ihre Schwiegereltern aus erster Ehe. Auch hier spielte wieder die Belehnungsunfähigkeit von Frauen eine Rolle, denn durch den Verkauf konnten, wie zuvor beabsichtigt, die Burggrafen Inhaber des Lehens an der Gudenau werden. Die Belehnungsurkunde wurde am 27. Juli 1402 unterzeichnet. Nun wechselten die Burggrafen ihren Wohnsitz – Burggraf Godart zog von der unwirtlichen Höhenburg im Siebengebirge in die viel wohnlichere Burg Gudenau.

Godarts Enkel hatte nur unverheiratet gebliebene Söhne und eine Tochter namens Apollonia. Einer ihrer Brüder, Clas von Drachenfels, geriet mit dem Kölner Erzbischof in Streit. Daraufhin besetzten die Kölner die Burg Drachenfels, zogen das Lehen ein und gaben die Anlage erst 1469 wieder heraus.

▲ Sandsteinfiguren im Park von Burg Gudenau.

1477 ehelichte Apollonia Otto Waldbott von Bassenheim († 1498), der sich mit dieser Heirat Ansprüche auf die Erbburggrafschaft Drachenfels und auf Einkünfte aus dem sogenannten Drachenfelser Land erwarb. Beider Erbe, Anton Waldbott von Bassenheim († 17.2.1537), teilte seinen Besitz unter seinen drei Söhnen auf. Sein ebenfalls Otto genannter Sohn begründete die Gudenauer Linie der Waldbott von Bassenheim, die dann 1512 endgültig das Lehen an der Gudenau verbrieft bekam. Die Gudenauer Linie wurde 1659 in einer sehr komplizierten Verfahrensweise in den Reichsfreiherrenstand erhoben. Dazu erfolgte ein Gebietstausch, mit dem sie das gerade erst reichsunmittelbar gewordene Lehen Villip erwerben konnten. Unter den Waldbott von Bassenheim wurde die bis dahin bestehende Wasserburg Gudenau vom 16. bis zum 18. Jahrhundert zu einer der großartigsten Wasserburganlagen des Rheinlandes ausgebaut und mit einem schönen Renaissancegarten versehen.

Im weiteren Verlauf der Geschichte gingen mit dem Aussterben der Gudenauer Linie der Waldbott von Bassenheim Burg und reichsunmittelbare Herrschaft an eine Seitenlinie und dann 1778 durch Kauf an Clemens August von der Vorst-Lombeck. Im 19. Jahrhundert kamen die Freiherren von Felten-Guillaume in den Besitz der Burg. Heute wird sie von Henriette Gräfin Strasoldo, der kunstsinnigen Urenkelin der Familie Guillaume, bewohnt.

INFOS

- ***Rhein-Voreifel Touristik e. V.:*** *53343 Wachtberg, Rathausstraße 34, Tel. 0228 9544100, www.rhein-voreifel-touristik.de.*

Vulkanismus im Drachenfelser Ländchen

Von den Höhen des Drachenfelser Ländchens schweift der Blick über das Rheintal zum Siebengebirge. Hier bietet sich dem Betrachter ein Panorama von einmaliger Schönheit, bei dem schon Alexander von Humboldt ins Schwärmen geriet. Die »Sieben Berge« – in Wirklichkeit handelt es sich um sieben höhere und rund 30 kleinere Erhebungen – sind vulkanischen Ursprungs. Dieser Siebengebirgsvulkanismus hat keinesfalls vor dem Rheintal Halt gemacht, sondern ist bis in das Drachenfelser Ländchen aktiv gewesen. Anzumerken bleibt allerdings, dass es vor 28 bis 22 Millionen Jahren, dem Höhepunkt der vulkanischen Aktivitäten, das Rheintal überhaupt noch nicht gab. Zu dieser Zeit waren die tektonischen Bewegungen am Südende der Kölner Bucht, wo mehrere Bruchlinien des Grundgebirges zusammenliefen, besonders ausgeprägt. Verwerfungen im Faltengebirgsrumpf machten den Weg frei für Förderprodukte aus der Tiefe.

Der Siebengebirgsvulkanismus ist durch die Förderreihenfolge der Gesteine Trachyttuff, Trachyt, Latit bis hin zu Alkalibasalten gekennzeichnet. Die Tuffdecke, die den vulkanischen Aschewolken entstammte, war bis zu 200 Meter dick, wurde aber im Lauf der folgenden Jahrmillionen wieder weitgehend abgetragen. Der Hohenberg stellt das größte Trachytvorkommen im Drachenfelser Ländchen dar. Hier haben schon die Römer Steinmaterial für ihre Bauten gewonnen, auch die Fertigstellung des Kölner Doms erfolgte mit Trachyt vom Hohenberg, der diesbezügliche Steinbruch an der Nordostseite wird, wie bereits erwähnt, bis heute »Domsteinbruch« genannt.

Weitaus häufiger als Trachytkuppen sind die basaltischen Ausbruchspunkte im Drachenfelser Ländchen. Fünfzehn sol-

cher Vulkankuppen sind hier zu verzeichnen. Die markantesten werden vom Wachtberg und dem Stumpeberg gebildet. Besonders interessant ist der Dächelsberg, ein einst kegelförmiger Berg mit steilen Flanken und kraterförmiger Trichteröffnung. Sein Basaltvorkommen wurde seit 1857 als Steinbruch genutzt, der bis in die 60er Jahre des vorigen Jahrhunderts in Betrieb blieb. Seither hat sich die Grube mit Wasser gefüllt und ist zu einem typischen Steinbruchgewässer geworden. Der durch den Steinabbau entstandene Aufschluss ist sowohl für Geologen – wegen der Vielfalt der vorhandenen Gesteine wie Säulenbasalt, der sich im Innern des Schlotes gebildet hat, aber auch Tuff, Löss und Schiefer – als auch für Biologen aus der Sicht des Natur- und Artenschutzes von Interesse. Mildes Kleinklima durch den trockenen, felsigen Untergrund des alten Steinbruchs einerseits und die kalkhaltigen Lösshänge an seinem Rand andererseits schufen außergewöhnliche Biotope aus blankem Fels, trockenen Wiesen und Gebüschen um den See, so dass hier viele gefährdete Tier- und Pflanzenarten auf engem Raum anzutreffen sind. Darunter befinden sich das Tauben-Grindkraut, auch »Tauben-Skabiose« *(Scabiosa columbaria)* genannt, das Salomonssiegel, auch als »Wohlriechende Weißwurz« *(Polygonatum odoratum)* bekannt, und die Golddistel *(Carlina vulgaris)*. Unter den Tieren sind vor allem der Springfrosch *(Rana dalmatina)*, die Zauneidechse *(Lacerta agilis)*, die Schlingnatter *(Coronella austriaca)* und der Teichrohrsänger *(Acrocephalus scirpaceus)* zu erwähnen. 1984 wurde der Dächelsberg unter Naturschutz gestellt.

Im unmittelbaren Umfeld des Drachenfelser Ländchens bildet der von Tuff umkleidete Basaltblock am Rand der zum Rhein abfallenden Ostflanke des Rodderbergs die Grundlage der Burg Rolandseck. Diese sicherte im 12. Jahrhundert zusammen mit der am Rhein gegenüberliegenden Burg Drachenfels die Südflanke des Territoriums des Erzstifts Köln. Auf Veranlassung von Ferdinand Freiligrath wurde 1840 aus den basaltischen Resten der Burgruine ein Bogen aufgemauert, der heute als Rolandsbogen die Rheinsage vom Ritter Roland symbolisiert und einen der großen touristischen Anziehungspunkte der Region bildet.

Kulturhistorisch am interessantesten ist zweifelsohne der Godesberg, auf dem die Ruine der Godesburg steht. Ihr hoher Bergfried bildet das Wahrzeichen von Bad Godesberg. Die Seitenerosion des in der Vorzeit mäandrierenden Rheins hat die Ummantelung des Godesbergschlotes stellenweise freigelegt.

▼ Tauben-Skabiose.

◀ Salomonssiegel.

▲ Zauneidechse.

Einer ganz anderen Eruptionsperiode als der des Siebengebirgsvulkanismus entstammt der Rodderberg. Im Quartär setzte eine erneute Ausbruchsphase – mit dem Zentrum in der Eifel – ein, deren nordöstlichstes Ereignis am Südrand des Naturparks zum Rhein hin eintrat. Hier begann der Ausbruch vor etwa 800 000 Jahren, die letzte Eruptionsphase vollzog sich vor 300 000 bis 250 000 Jahren. Der über 50 Meter tiefe runde Sprengtrichter, dessen Schlackenring einen Durchmesser von 800 Metern aufweist, ist als Bodensenke deutlich erkennbar. Der höchste Punkt, der eigentliche Rodderberg, liegt im Südostteil des Rings. Die Kratersenke, in deren Mitte das Reitergut Broichhof liegt, ist fast 50 Meter mächtig mit angewehtem Löss gefüllt. Bei den Ausbrüchen stieg Magma auf und kam mit Grundwasser in Berührung, das explosionsartig verdampfte. Es folgte jeweils eine ruhigere Auswurftätigkeit von Aschen und Schlacken, die den Ringwall aufbauten. Noch bis Anfang des letzten Jahrhunderts wurde der Rodderberg durch Tuffabbau stark in Mitleidenschaft gezogen, wodurch aber ein Basaltschlot, der als flüssiges Magma durch eine Spalte nach oben gedrungen war, durch Abtragung des darüberliegenden Tuffs freigelegt worden ist. Um seine weitere Zerstörung zu stoppen, stellte man den Rodderberg 1927 unter Naturschutz, denn das insgesamt 73 Hektar große Gelände ist nicht nur geologisch, sondern auch wegen seiner seltenen Flora und Fauna von großem Interesse. Auf den hier anzutreffenden Wärme speichernden Tuffböden wechseln sich arten- und blütenreiche Halbtrockenrasen mit flachgründigen Trockenrasen sowie Fels- und Pionierräumen ab, auf denen über 40 Arten zu Hause sind, die auf der Roten Liste Nordrhein-Westfalens stehen. Hier haben die Violette Sommerwurz *(Orobanche purpurea)*, die Karthäusernelke *(Dianthus carthusianorum)*, die Skabiosen-Flockenblume *(Centaurea scabiosa)* oder das Gewöhnliche Sonnenröschen *(Helianthemum nummularium)* wie andere gefährdete Pflanzen einen Rückzugsraum gefunden, wo sich auch so seltene Tiere wie etwa die Blauflügelige Ödlandschrecke *(Oedipoda caerulescens)* aufhalten, die hier ihre nördliche Verbreitungsgrenze finden.

THEMA Broichhof

Inmitten des Rodderbergkraters liegt der Broichhof, der nach 1966 als Reiterhof ausgebaut wurde. Ursprünglich stand hier eine Wasserburg in Rechteckform mit einem 5 Meter tiefen Graben. Sie hatte die typische Form mittelalterlicher Adelssitze mit einer Hauptburg, die als Herrenhaus diente, und einer getrennt davon liegenden Vorburg als Wirtschaftshof. Zusätzlichen Schutz bot der sich damals nördlich anschließende Sumpf (Broich mit Dehnungs-i = »Sumpf«), der im 19. Jahrhundert trockengelegt wurde. Die Burg war schon im Spätmittelalter aufgegeben worden. Ende des 16. Jahrhunderts befanden sich die Ländereien des Broichhofs im Besitz des Kölner Stifts St. Gereon, das das Land von seinem Niederbachemer Fronhof bewirtschaften ließ. Mit der Säkularisation ging aller Klosterbesitz in Staatshand über. 1811 wurde der Broichhof an die Familie des Pächters verkauft, die ihn immer noch besitzt. Die heutige, teilweise in Basaltbruchstein vom Rodderberg errichtete Viereckanlage mit schönem Innenhof entstand im 19. Jahrhundert, genauso wie die der Schmerzhaften Mutter Gottes geweihte Kapelle am Kraterrand. Heute ist der Broichhof ein Reit- und Schulbetrieb, der auch regionale und überregionale Vielseitigkeitsturniere ausrichtet, die ihn weithin bekannt gemacht haben. Außerdem lädt eine Gastronomie Besucher zum Verweilen ein.

INFOS

- ***Landgasthaus Gut Broichhof:*** *Tel. 0179 1209002, www.gut-broichhof.de. Geöffnet Di. bis Fr. ab 16:00 Uhr, Sa., So. und feiertags ab 10:00 Uhr.*
- ***Reitschule Rodderberg:*** *53343 Wachtberg-Niederbachem, Gut Broichhof, Tel. 0228 345036, www.rodderberg.de.*
- ***Landgasthaus »Gut Broichhof«:*** *ebendort, Tel. 0179 1209002, geöffnet Di. bis Fr. ab 16:00 Uhr, Sa., So. und feiertags ab 10:00 Uhr.*

Burgen im Drachenfelser Ländchen

Die herausragendste Burganlage der Gemeinde Wachtberg ist zweifelsohne die Gudenau. Darüber hinaus gibt es als weitere Wasserburgen noch die Burgen Odenhausen und Adendorf, sowie Burg Münchhausen, heute eine der zahlreichen Reiterhofanlagen in Wachtberg, und mehr oder weniger burgähnliche Herrenhöfe, wie etwa den Sommersberger Hof.

Wo in der Talaue am Fuße Villips der Arzdorfer Bach in den Godesberger Bach übergeht, erhebt sich die **Gudenau**, eine der kulturhistorisch bedeutendsten Wasserburgen des Rheinlands. Das Zentrum der Anlage bildet der zweigeschossige, im Kern gotische Vierflügelbau, der an den Wohnturm anschließt, der später eine barocke Haube erhielt. Diese Vierflügelanlage wurde zum Herrenhaus umgestaltet, wobei der ursprüngliche Rundturm erhalten blieb, mit einer Kegelhaube und der Nordflügel mit einem Renaissanceerker versehen wurde. Östlich der Hauptburg vorgelagert ist die dreiflügelige innere Vorburg mit den Marställen und einem großen Torturm. Durch diesen gelangt man auf einer Brücke über den breiten Burggraben in die äußere Vorburg. Diese ist ein von Wassergräben umgebener dreiflügeliger, weiß verputzter Wirtschaftshof mit großer Tordurchfahrt zur vorbeiführenden Landstraße nach Arzdorf. Von der Tordurchfahrt hat man den Blick auf das Fachwerkkarree mit der Gudenauer Mühle auf dem gegenüberliegenden Hang. Zur Parkseite hin umschließen zwei kleine Seitenflügel aus dem 17. Jahrhundert eine Terrasse, die den Blick auf die ebenfalls im 17. Jahrhundert unter italienischem Einfluss entstandene Gartenanlage freigibt. Die verbindenden Achsen des regelmäßig angelegten Terrains beziehen sich auf die dünnen Vertikalen dreier Fontänen, deren mächtigste aus einem tiefen, breiten Wasserbecken entspringt. Es ist der einzige italienische Renaissancegarten im Rheinland, der noch in Privatbesitz befindlich ist.

INFOS

- ***Burg Gudenau:** 53343 Wachtberg-Villip, Burg Gudenau 1. Die Burg ist in Privatbesitz und nicht zu besichtigen, die Parkanlagen sind vom 1. März bis 20. Dez. von Mo. bis Fr. von 8:00–12:00 Uhr und von 13:00–17:00 Uhr geöffnet.*

Burg Gudenau aus der Vogelperspektive.

Das Herrenhaus von Burg Adendorf.

Burg Adendorf – Luftansicht.

Burg Adendorf wurde in der zweiten Hälfte des 14. Jahrhunderts durch Ritter Paul von Hückelhoven errichtet. Im 15. Jahrhundert gelangte die Burg an die Familie von der Leyen, die den Familienbesitz erweitern konnte und erreichte, dass die kleine Herrschaft, bestehend aus Adendorf, Münchhausen, Klein-Villip mit dem Grimmersdorfer Hof, Fritzdorf und Eckendorf, 1659 in die Reichsunmittelbarkeit erhoben wurde. Daraufhin wurde die Burg zur heutigen zweiteiligen Schlossanlage mit Herrenhaus und Vorburg ausgebaut. Sie besteht aus einem vierflügeligen Herrenhaus mit großen Fenstern und den vier Ecktürmen des Vorgängerbaus. Der nordwestliche Rundturm mit geschiefertem Kegeldach beinhaltete das Burgverlies. Die übrigen drei Ecktürme ruhen als Erker auf gotischen Konsolen, die über der Wasserlinie des breiten Grabens einsetzen. Burg und dreiflügelige Vorburg, von Wassergräben umgeben, sind weitgehend verputzt. Seit 1815 ist die Burganlage im Besitz der Familie von Loë.

Die einst von Wassergräben umwehrte **Burg Münchhausen** findet ihre erste Erwähnung als »Munichhusen« im Prümer Urbar. Dieses »Urbar« genannte Güterverzeichnis der Abtei Prüm ließ ihr Abt Regino im Jahr 893 erstellen, nachdem im Jahr zuvor marodierende Wikinger die Abtei geplündert und mit allen Unterlagen niedergebrannt hatten. Von der einstigen Burganlage steht in der Nordwestecke noch der Tuffsteinbau aus dem 12. Jahrhundert. Der westliche Rundturm mit seinen 2 Meter dicken Mauern ist nur wenig jünger. Der freistehende Turm stammt aus der Mitte des 13. Jahrhunderts. In beiden Türmen wurde im Übrigen Mauerwerk aus der nahe daran vorbeiführenden römischen Wasserleitung nach Köln verarbeitet. Das Wohnhaus der Burg wurde im 18. Jahrhundert eingefügt. Heute ist Burg Münchhausen Sitz eines weiteren der vielen Wachtberger Gestüte mit Reithalle und -ställen sowie einem Restaurant.

INFOS

- ***Burg Adendorf:*** *53343 Wachtberg-Adendorf, Burg Adendorf 1, Tel. 02225 2681, www.burgadendorf.de. Die Burgherrenfamilie arrangiert Events, Konzerte, jährlich eine Landpartie mit Ausstellern aus dem Bereich Landleben mit Begleitprogramm sowie am Tag des Offenen Denkmals eine Publikumsveranstaltung im Renaissancehof; in der Burg sind standesamtliche Trauungen möglich (Information bei der Gemeinde Wachtberg, Tel. 0228 95540).*

Burg Odenhausen liegt oberhalb von Berkum. Es handelt sich trotz ihrer Lage als Höhenburg um eine Wasserburg, deren Gräben von Quellen gespeist werden. Die Ursprünge der Anlage gehen auf eine Motte aus dem 11. Jahrhundert zurück. Erstmalige urkundliche Erwähnung fand die Burg im Jahr 1316 als Lehen der Abtei Michaelsberg in Siegburg, das die Herren von Odenhausen innehatten. Die heutige zweiteilige Renaissanceanlage wurde 1560 errichtet. Die Hauptburg liegt als zweigeschossiger Winkelbau mit großem Erker auf einer quadratischen Insel, östlich vorgelagert ist die Vorburg mit Tordurchfahrt, zu der eine Brücke über den Außengraben führt. Die Burg ist in Privatbesitz und kann nur von außen besichtigt werden.

Burg Adendorf im Frühjahr.

INFOS

- ***Burg Münchhausen:*** *53343 Wachtberg-Adendorf, Burg Münchhausen, Tel. 02225 947875 (Burg) bzw. 02225 705481 (Reitschule), www.burgmuenchhausen.de. Reitstall, Zuchtbetrieb und Pferdepension; die Burg als solche ist in Privatbesitz und nicht öffentlich zugänglich.*
- ***Restaurant Burg Münchhausen:*** *53343 Wachtberg-Adendorf, Burg Münchhausen 2, Tel. 02225 8384695, www.restaurant-burgmuenchhausen.de. Geöffnet Mi. bis Fr. 11:00–22:00 Uhr; Sa., So. und feiertags 10:00–22:00 Uhr.*

Burg Münchhausen.

Die Herren von Fritzdorf, deren Burg nicht mehr existent ist, waren auch die Herren auf dem **Sommersberger Hof** nördlich des Ortes. Seit dem 13. Jahrhundert saßen hier die Herren von Grünschottel (anderen Quellen zufolge »Rumschöttel«), im 15. Jahrhundert eine Seitenlinie der Herren von Metternich. Nach häufigen Besitzerwechseln wurde die

Sommersberger Hof.

Burg 1690 zerstört. Von der vormalig zweiteiligen Wasserburg verblieb nur die Hauptburg als Hügel mit Resten des Mauerwerks, erkennbar im Gelände ist aber der inzwischen verlandete Burggraben. Vom Vorgängerbau stammt die auf 1612 datierte Tordurchfahrt, die über eine Steinbrücke zu erreichen ist. Als 1737 Graf Franz von Hillesheim den Sommersberger Hof erwarb, muss zumindest dessen Wirtschaftsfläche bedeutend gewesen sein, was sich aus dem hohen Kaufpreis von 27 500 Talern ableiten lässt. Das im Jahr 1782 auf den Grundmauern eines Teils der Vorburg errichtete Wohnhaus ist ein achtachsiger, zweigeschossiger Bau. Die heutigen Wirtschaftsgebäude sind teils in Fachwerk, teils in Bruchstein erbaut worden, partiell unter Verwendung des Abbruchmaterials der ehemaligen Burg. An den Bruchsteinaußenwänden der Wirtschaftsgebäude sind im Erdgeschoss noch alte Schießscharten zu erkennen.

INFOS

- ***Sommersberger Hof:*** *53343 Wachtberg-Fritzdorf, Tel. 02225 5967. 50 Sorten Kürbisse im Anbau.*

Orte im Drachenfelser Ländchen

Die Gemeinde Wachtberg ist durch die Gemeindereform von 1969 künstlich geschaffen worden. Ihre dreizehn Ortschaften haben aber bis heute ihre Eigenständigkeit bewahrt, alle haben ihre eigene Geschichte, alle haben eine eigene Kirche, wobei es sich teilweise um sehr alte Bauwerke handelt.

Längst bevor der Ritter Paul von Hückelhoven eine Burg in **Adendorf** errichtete, war das Gebiet schon besiedelt. Erste Anzeichen bieten jungsteinzeitliche Werkzeugfunde, eine vorzeitliche Fluchtburg ist als Bodendenkmal erhalten. In der Tongrube Adendorf wurden Reste einer römischen *villa rustica* gefunden. Nachrömisch ist die Motte, deren Vorburg heute vom Schäferhof eingenommen wird. In fränkischer Zeit war der Hof Cumbe im Besitz der Abtei Prüm. 1520 erwarben die Herren von der Leyen Burg und Herrschaft Adendorf, die seit 1669 reichsunmittelbar war. Wenn die Herren von der Leyen ihren Sitz auch in Koblenz hatten, war ihnen doch die Armut ihrer Untertanen in Adendorf bekannt. Angesichts des Fundes einer Tongrube warben sie Westerwälder Töpfer aus dem Kannenbäcker Land an, um der Region zu wirtschaftlichem Aufschwung zu verhelfen. Die Tradition der Töpferei wird in Adendorf bis heute aufrechterhalten.

Die vormalige Ortspfarrkirche wurde von Heinrich von Hückelhoven, einem Nachfahren des Erbauers der Burg Adendorf, 1398 gestiftet. Die jetzige Kirche stammt aus dem Jahr 1515. Später hat man ihren Turm auf die Ostseite verlagert und 1900 das Kirchenschiff um zwei Joche verlängert. Zur barocken Ausstattung gehört eine Marienstatue, die »Klein-Villiper Madonna«, Maria als Himmelskönigin darstellend, die früher in der Kapelle von Klein-Villip angebetet wurde. Diese Kapelle aus dem 17. Jahrhundert musste man 1974 wegen Baufälligkeit abreißen, es konnte aber durch dörfliche Eigeninitiative 2008 eine neue errichtet werden.

Nur über einen Landwirtschaftsweg von Adendorf aus ist der Grimmersdorfer Hof zu erreichen. Der Hof mit Fachwerkwohnhaus, im Tal des Arzdorfer Baches gelegen, gehört zur Gudenau. Abseits der Landstraßen lassen sich hier ausgedehnte Spaziergänge durch den Kottenforst und die Obstgärten des Drachenfelser Ländchens unternehmen.

Adendorf ist heute weit überregional durch zwei Veranstaltungen bekannt: die »Adendorfer Töpfertage« und die »Landpartie«, eine Verkaufsmesse für Gartenzubehör und Lifestyle auf Burg Adendorf. Außerdem hat sich in Adendorf mit dem »Drehwerk« eine vielseitige Kulturwerkstatt für Kleinkunst, Theater, Literatur und Filme etabliert.

INFOS

- ***Drehwerk 17/19 Kulturbetriebs GmbH:*** *53343 Wachtberg-Adendorf, Töpferstraße 17–19, Tel. 02225 7081719, www.drehwerk-1719.de.*
- ***Landpartie Adendorf:*** *53343 Wachtberg-Adendorf, Burg Adendorf 1, Tel. 02225 2681, www.burgadendorf.de/landpartie.php. Jährlich von Christi Himmelfahrt bis zum darauffolgenden Sonntag, geöffnet 10:00–19:00 Uhr.*

Landpartie Adendorf.

THEMA Töpferdorf Adendorf

Seit Friedrich Ferdinand von der Leyen Töpfer aus dem Kannenbäcker Land nach Adendorf geholt hatte, florierte dieses Gewerbe im Ort. Hier standen guter Ton in geringer Tiefe und Holz zum Brennen aus dem angrenzenden Kottenforst zur Verfügung. Die nahen Märkte von Bonn und Köln sowie die Winzer von der Ahr und vom Rhein, die die salzglasierten Gefäße für ihren Wein und Obstsaft benötigten, sicherten den Absatz. Für den Rohstoff Salz sorgten die Adendorfer Burgherren durch ihre Beziehungen nach Holland, wo sie schon lange an einer Salzcompagnie beteiligt waren. Die heutigen Töpfer in Adendorf sind Nachfahren dieser Pioniere, die alljährlich Anfang Oktober während der »Adendorfer Töpfertage« ihr Kunsthandwerk präsentieren. Diese Tradition wird inzwischen als Martinsmarkt mit erweitertem Angebotsprogramm fortgesetzt. Nach wie vor wird dafür der auf dem Dorfplatz nach historischen Vorbildern errichtete Brennofen angefacht.

INFOS

- ***Adendorfer Töpfertage / Martinsmarkt:*** Alljährlich am 2. Wochenende im Oktober, veranstaltet vom Verein Adendorfer Gewerbetreibender, Tel. 02225 7874, www.vag-wachtberg.de.

Die Antoniuskapelle in **Arzdorf** stifteten 1743 die Grafen von der Leyen. Sie ersetzte einen ebenfalls unter Heinrich von Hückelhoven 1396 erstellten Vorgängerbau. Der berühmteste Bürger von Arzdorf ist Heinrich Welsch (1848–1935), der sich als Lehrer in Köln für benachteiligte Arbeiterkinder einsetzte und das Vorbild für das Kölner Karnevalslied »En d'r Kayjass Nummer Null« aus dem Jahr 1938 war.

THEMA Lehrer Welsch

Wer kennt nicht das Lied »En d'r Kayjass Nummer Null« von den Drei Laachduve, das später auch die Bläck Fööss im Kölner Karneval berühmt gemacht haben. Heinrich Welsch, ein Bauernsohn, dessen Elternhaus heute noch am Ortsrand von Fritzdorf steht, erhielt seine Ausbildung auf der Meckenheimer Schule der Christlichen Schulbrüder, einem im 17. Jahrhundert von Jean Baptiste de la Salle gegründeten Orden. Nach Abschluss der Schule wechselte er in das Lehrerseminar des Ordens und legte 1865 sein Lehrerexamen beim Königlich Preußischen Lehrerseminar in Brühl ab. Später wurde er in Koblenz Leiter eines Pensionats für verwaiste Jungen der Christlichen Schulbrüder, dann Hauslehrer und trat letztlich in den preußischen Schuldienst ein. Nach mehreren Lehreretappen setzte man ihn im rechtsrheinischen Kölner Ortsteil Kalk ein. Hier bereitete der industrielle Aufschwung große soziale Probleme, Kinder hatten es besonders schwer. 1905 gründete Heinrich Welsch in diesem Arbeiterviertel eine erste Hilfsschule und unterstützte nicht nur die sozial schwachen Kinder, sondern auch viele ihrer Mütter, die oft unverheiratet in ärmsten Verhältnissen lebten. Im Laufe seines Berufslebens erwarb sich Welsch einen Ruf, der weit über die Grenzen Kölns hinausreichte – und der durch das Lied gewürdigt wurde, das allerdings den Schulort an den Kölner Griechenmarkt verlegte, wo es auch eine Kaigasse gab:

En d'r Kayjass Nummero Null
steit en steinahl Schull
un do hammer dren studiert.
Unsere Lehrer, dä heess Welsch,
sproch e unverfälschtes Kölsch
un do hammer bei jeliehrt.
Joh un mer han off hin un her üvverlaat
un han för dä Lehrer jesaat:

Nä, nä, dat wesse mer nit mih, janz bestemp nit mih,
un dat hammer nit studiert.
Denn mer woren beim Lehrer Welsch en d'r Klass,
do hammer sujet nit jeliehrt.
Dreimol Null es Null es Null,
denn mer woren en d'r Kayjass en d'r Schull.
Dreimol Null es Null es Null,
denn mer woren en d'r Kayjass en d'r Schull.

Wer sich **Berkum** nähert, sieht am Horizont zunächst eine große weiße Kugel auftauchen. Es ist das Radom, ein Radarschutzdom, der die Großradaranlage der ehemaligen Forschungsgesellschaft für Angewandte Naturwissenschaften (FGAN) umkleidet. Heute wirkt hier die Fraunhofer Gesellschaft mit den beiden Instituten für Hochfrequenzphysik und Radartechnik sowie für Kommunikation, Informationsverarbeitung und Ergonomie. Die zum Weltraumbeobachtungsradar TIRA (Tracking and Imaging RAdar) ausgebaute Kugel ist das größte Experimentalsystem des Instituts und einzigartig in Europa.

Radom.

INFOS

- ***Fraunhofer Gesellschaft (FGAN):*** *53343 Wachtberg-Berkum, Fraunhoferstraße 20, Tel. 0228 9435227, www.fgan.de. Die »Kugel« kann in kleinen Gruppen nach Vereinbarung besichtigt werden.*

▲ St. Gereonskirche in Berkum.

nen hatten. Für die Vollendung des Kölner Doms durch die Kölner Dombauhütte erwarb der Baumeister Zwirner 1837 den später »Domsteinbruch« genannten Steinbruch. Hier wurde bis 1907 gearbeitet. Imposant zeigt sich das historisierende Fachwerk-Herrenhaus der Vierflügelanlage des Jesuitenhofs in Berkum am Ortsausgang in Richtung Oberbachem. An den Hängen zum Tal hin wuchs früher Wein, den die Kölner allerdings als *suren Hungk* abtaten. Gleichermaßen exponiert steht der Reiterhof Holzem nördlich von Berkum an der Landstraße nach Meckenheim. Der Vierflügelhof wurde 1911 gebaut, 1999 erfolgte der Ausbau zur Reitsportanlage mit Halle, Außenplatz und Boxen.

INFOS

- ***Reitanlage Gut Haus Holzem:*** *53343 Wachtberg-Berkum, Tel. 0228 342492, www.hausholzem.de. Reiterhof mit Service (Unterricht, Ausritte etc.).*

▲ Zu Pferde unterwegs in der Gemeinde Wachtberg.

Berkum ist heute der Hauptort der Gemeinde Wachtberg. Hier stand eine römische *villa rustica* in der Nähe der heutigen St. Gereonskirche, unter der sogar Spuren eines gallischen Matronenheiligtums entdeckt wurden. Ein weiteres Heiligtum dieser Art lag gegenüber der Burg Odenhausen. Erste Erwähnung fand der Ort im Jahr 962 in einer Schenkungsurkunde des Kölner Erzbischofs Bruno. Im 12. Jahrhundert gab es in Berkum eine Kapelle, die später zur Pfarrkirche erhoben wurde. Die heutige, 1770–1783 erbaute St. Gereonskirche ist ein Nachfolgebau derselben. Wichtiger Wirtschaftszweig war lange der Trachytabbau an den Vulkankuppen der unmittelbaren Umgebung, mit dem schon die Römer begon-

Die erste Erwähnung des Wachtberger Ortsteils **Fritzdorf** erfolgte schon im Jahr 770 als *Frigbodesdorph*. Die Burg der Herren von Fritzdorf, die später über den Ort und den Sommersberger Hof herrschten, ist nicht mehr existent. Die 1724 geweihte Ortspfarrkirche St. Georg erhielt um 1900 eine neugotische Ausstattung, von der der Figurenschmuck am Altar hervorzuheben ist. Südlich von Fritzdorf steht als Wahrzeichen des Ortes die Fritzdorfer Mühle. Sie wurde 1842 aus Steinen der Ruine des Herrenhauses des Sommersberger Hofs erbaut. Es handelt sich dabei um eine holländische Mühle mit drehbarer Haube und zwei Mahlgängen. Hier wurden Getreide und Raps gemahlen. Zum Komplex gehörte ein Wohnhaus mit Scheune, Stallungen, Backofen und Brunnen. Schon im Jahre 1895 musste die Mühle aus Wirtschaftlichkeitsgründen wieder stillgelegt werden. Die Nebengebäude wurden 1909 abgerissen. Nach Renovierung des Mühlenturms im Jahr 1978 kann die Mühle privat gemietet werden. Ein wunderbarer Weitblick bis über den Rhein und in die Eifel hinein belohnt den Besucher.

▲ Fritzdorfer Mühle.

INFOS

- ***Windmühle Fritzdorf:*** *Information und Buchung über die Gemeinde Wachtberg, Tel. 0228 95440.*

▲ Fritzdorf, Gemarkung.

THEMA Fritzdorfer Becher

Ein Landwirt fand im Jahr 1954, als er auf einem Acker etwa einen Kilometer südwestlich der Kirche eine Rübenmiete anlegte, ein goldenes Gefäß, das er zunächst einmal bei sich zu Hause auf dem Küchenschrank verwahrte. Als Heimatforscher von dem Fund erfuhren, wurde dieser ins Rheinische Landesmuseum in Bonn gebracht. Der bauchige, 12 Zentimeter hohe Becher zählt seither zu den wertvollen Exponaten des Museums. Das Alter des 221 Gramm schweren Bechers wird auf 3 500 Jahre geschätzt. Er ist aus einem Stück dünnem Blech gefertigt und besteht zu 80 Prozent aus Gold und zu 20 Prozent aus Silber mit Kupferanteilen. Der Rand ist mit zwei Reihen kleiner Punkte ver-

ziert, die Henkel sind sorgfältig mit Nieten befestigt. Es handelt sich um ein Kultgefäß, wie sie in mykenischer Zeit hergestellt wurden und auch aus Südengland und der Schweiz bekannt sind. Dieses Gefäß zeigt, wie sehr schon in der Bronzezeit die europäischen Kulturen miteinander verbunden waren. Eine Kopie befindet sich im kleinen Villiper Dorfmuseum.

Übrigens: Das Museum hatte dem Landwirt das Fundstück abgekauft. Über die Höhe des Preises ist nichts bekannt. Jedenfalls konnte sich der Landwirt danach einen neuen Lanz-Traktor kaufen. Bemerkenswert ist im Nationalparkbereich die Niederschlagsverteilung in west-östlicher Richtung. Durch die unterschiedlichen Reliefformen in den einzelnen Teilbereichen kommt es hier zu ausgeprägten Luv- und Lee-Effekten. Weiträumig betrachtet senkt sich die Niederschlagsmenge vom Hohen Venn mit 1200 Millimetern pro Jahr bis auf 550 Millimeter pro Jahr in der Zülpicher Börde im Regenschatten der Eifel ab. Auch wenn der Villerücken nur wenig über die Zülpicher Börde hinausragt, erhöhen sich dort die Niederschläge auf 700 Millimeter pro Jahr, um dann im Regenschatten des Vorgebirges im Rheintal wieder leicht auf 650 Millimeter pro Jahr abzufallen. Weiter östlich erhöht sich die Niederschlagsmenge durch die Stauwirkung von Siebengebirge und Bergischem Land wieder auf über 1000 Millimeter pro Jahr.

Gimmersdorf weist noch ein Ensemble gepflegter alter Fachwerkhäuser um die Kapelle St. Josef auf. Diese wurde 1713 erbaut. Der Altar, der vermutlich aus dem aufgelösten Kloster Marienforst bei Bad Godesberg stammt, trägt ein Ölgemälde, das als Motiv Marias Tempelgang darstellt. Seit 1659 war Gimmersdorf sogar Sitz eines Hochgerichts im Drachenfelser Ländchen. Dieses war im Gebäude neben der 1713 errichteten Kapelle ansässig, im Obergeschoss gab es auch ein Gefängnis. Der heutige Gerichtsbau stammt aus dem Jahr 1732, wie das Wappenkreuz über dem Eingang besagt.

Außergewöhnlich ist die Nepomuk-Kapelle in **Holzem**, 1744 vom berühmten Tenorsänger Anton Raaff gestiftet. Der 1714 geborene Anton Raaff war der Sohn des Gutsverwalters auf Burg Gudenau, Hofsänger bei Kurfürst Clemens August und an den großen Bühnen und Höfen Europas zu Weltruhm gelangt. Johann Christian Bach und Wolfgang Amadeus Mozart schrieben für ihn. Die Kapelle ist ein kleiner verputzter Saalbau mit dreiseitigem Schluss und Giebeldachreiter.

In **Ließem** war der ehemalige Kesselshof kirchliches Eigentum und wurde in der Zeit der Säkularisation versteigert. Erwerber war der Landwirt Anton Köllen. Die markante fränkische Fachwerk-Hofanlage aus der Mitte des 18. Jahrhunderts blieb bis 1988 im Besitz der Familie. Als sie zu verfallen drohte, erwarb die Gemeinde sie und richtete den Hof zu einem schmucken Veranstaltungsort her. Übrigens wurde die 1884–88 erbaute Marienkapelle in Ließem von Pfarrrer Gottfried Köllen gestiftet.

▾ Nepomuk-Kapelle in Holzem.

Köllenhof.

Fachwerkhaus in Ließem.

INFOS

- ***Köllenhof:*** *53343 Wachtberg-Ließem, Marienforster Weg 14, Tel. 0228 9544176. Programminformationen über die Gemeinde Wachtberg, www.wachtberg.de.*

Dass es früher im Drachenfelser Ländchen Erzbergbau gegeben hat, wird man kaum noch erkennen können, aber Bezeichnungen wie «Grube Laura« weisen darauf hin. Hier wurde schon in napoleonischer Zeit mit dem Abbau von Kupfer-, Blei-, Zink- und Eisenerzen begonnen. Bedeutung erlangten allerdings nur die Bergwerke »Laura« und »Philippine« in Oberbachem bzw. im nahe gelegenen Kürrighoven. 1804 wurden die ersten Stollen der Grube Laura im Kürrighovener Tal von Abraham Bleibtreu angelegt, um eine 8 Meter mächtige Erzader auszubeuten. 1825 folgte ein zweiter

▼ Kleingarten in Holzem.

▲ Fachwerkensemble in Niederbachem.

Kesselshof in Niederbachem. ◄

Stollen. Als 1935 ein Blitz in den Schornstein der bereits stillgelegten Grube einschlug, wurden auch die restlichen Gebäude der Anlage abgerissen. Heute hat sich auf dem Gelände ein Reiterhof etabliert, der vom Reit- und Fahrverein Oberbachem betrieben wird.

Die beiden Orte **Ober- und Niederbachem** weisen ebenfalls viele sehenswerte und hervorragend restaurierte Fachwerkhäuser auf. Das älteste darunter ist in Niederbachem die alte Wassermühle, in der heute ein Künstleratelier untergebracht ist. Die katholische Pfarrkirche St. Gereon in Niederbachem geht auf eine erste hier um das Jahr 1000 errichtete Kapelle zurück. Der Turm des heutigen Baus stammt noch aus dem 12. Jahrhundert, das Kirchenschiff aus dem 17. bis 19. Jahrhundert. In ihrem Mauerwerk wurden unter anderem römische Ziegelplatten und Teile einer römischen Fußbodenheizung entdeckt. Sehenswert ist die barocke Innenausstattung. Die katholische Pfarrkirche Heilige Drei Könige in Oberbachem ist ein Saalbau aus dem Jahr 1790. Ihre reich dekorierten Altaraufsätze sind weit über hundert Jahre älter.

INFOS

- ***Reit- und Fahrverein Oberbachem e. V.:*** *53343 Wachtberg-Oberbachem, Reithalle »Grube Laura«, Werthhovener Weg, Tel. 0228 9536710, www.reitverein-oberbachem.de.*
- ***Golf Club Bonn-Godesberg in Wachtberg e. V.:*** *53343 Wachtberg-Niederbachem, Landgrabenweg, Tel. 0228 344003, www.gc-bonn-godesberg.de. 18-Loch-Platz in hügeligem Gelände südlich von Kürrighoven zwischen Eselskopf, Irrberg und Bohnenberg mit Sicht auf das Siebengebirge, teilweise steil; bietet Schräglagen mit altem Baumbestand und dichtem Unterholz, mit spezieller Jugend- und Damenabteilung und angeschlossener Gastronomie.*

▲ Pfarrkirche Heilige Drei Könige in Oberbachem.

▲ Fachwerkhäuser an der Pecher Hauptstraße.

Der Heimatverein Niederbachem e. V. betreut in der Alten Schule in Niederbachem die sogenannte Heimatkundliche Sammlung Niederbachem. Hier werden Fundstücke aus dem Gräberfeld einer fränkischen Siedlung an der Niederbachemer Straße Im Olligsiefen aus der Zeit um 800 ausgestellt.

INFOS

- ***Heimatkundliche Sammlung Niederbachem:** 53343 Wachtberg-Niederbachem, Mehlemer Straße 3, Tel. 0228 341787, www.niederbachem-heimatverein.de. Geöffnet jeden 1. Montag im Monat von 17:00–19:00 Uhr.*

Der Name des Wachtberger Ortsteils **Pech** geht auf die römische Lagebezeichnung *pascua* (»Weide«, »Wiese«) zurück. Hier, wo sich verschiedene kleine Bachläufe zum Godesberger Bach vereinigen, war im geschützten Tal günstiges Siedlungsgebiet. In der Feudalzeit war die Muffendorfer Kommende im Ort begütert. Im Dreißigjährigen Krieg wurde der Ort allerdings zerstört. Der Wiederaufbau erfolgte als Straßendorf entlang der Hauptstraße mit wunderschönen kleinen Fachwerkhäusern, die im Sommer von ihren Bewohnern üppigen Geranienschmuck erhalten. In der Mitte steht die kleine Kapelle St. Michael. Erst in der französischen Besatzungszeit in der Wende zum 19. Jahrhundert wurde dann aus *Bech* der heutige Ortsname Pech. Dem Wahlspruch der Bewohner »Zum Glück gibt's Pech« fehlt somit die etymologische Grundlage.

Auch **Villip** kann auf eine weit zurückreichende Geschichte blicken. Die erste urkundliche Erwähnung als *Philuppa* erfolgte 873 in einer Besitzbestätigung des karolingischen Königs Ludwig des Deutschen. Von größter Bedeutung war die Erhebung der Gudenauer Linie der Waldbott von Bassenheim in den Reichsfreiherrenstand im Jahr 1559. Daraufhin erhielt Villip ein neues, mit der Kaiserkrone versehenes Gerichtssiegel. Der Sitz des Gerichts befand sich in dem Gebäude, das heute von der Gastwirtschaft Görres eingenommen wird. Die auf einer Anhöhe am Ort errichtete Ortspfarrkirche St. Simon und Judas Thaddäus geht auf ein bereits 886 als Martinskirche erwähntes Gotteshaus zurück. Das heutige Patrozinium der Apostel Simon und Judas lässt sich ab 1665 nachweisen, steht also vermutlich auch im Zusammenhang mit der Erhebung der Ortsherren in den Reichsfreiherrenstand. Der Kirchenbau setzt sich aus mehreren Elementen zusammen. Der spätgotische Chor stammt aus dem 15. Jahrhundert, das hallenartige kreuzrippengewölbte Langhaus aus dem Jahr 1713. Der Westturm wurde mit einer Schweifhaube 1749 dem Kirchenschiff vorgesetzt. Als Baumeister des Turms wird Johann Georg Leydel vermutet, der eine Werkstatt in Poppelsdorf unterhielt. Ein geschlossenes Bild gibt die Ausstattung der Villiper Kirche im Stil des ländlichen Barocks ab. Das Pfarrhaus nahebei ist ein zweigeschossiger Rokokobau aus dem Jahr 1751 mit Mittelgiebel vor einem Mansarddach.

Unterhalb von Villip, wo sich das Godesberger Tal abwärts senkt, steht die Broicher Mühle. Sie zählt zu den ältesten der gesamten Region. Durch einen Übertragungsvertrag wurde sie im Jahr 886 dem Kloster Prüm, das ohnehin schon im Ländchen begütert war, übereignet. Die Mühle nutzt die Wasserkraft aus dem oberhalb gelegenen, von drei Bächen gespeisten Mühlenteich, mit der ein oberschlächtiges Wasserrad von 5,6 Metern Durchmesser betrieben wird. Es sind drei Mahlgänge mit zwei Mühlsteinen zur Herstellung von Schrot und Mehl vorhanden. Heute sorgt ein zusätzlicher elektrischer Antrieb bei schwankenden Wasserständen für die erforderliche Drehzahlkonstanz. Die Nachkommen der früheren Pächter der Mühle sind heute die Eigentümer und beliefern seit mehr als drei Jahrhunderten Bäckereien aus dem Umland, und auch immer mehr Privatkunden kaufen hier ihr Mehl ein.

Innenansicht der Pfarrkirche in Villip.

Innenkanzel der Pfarrkirche St. Simon und Judas Thaddäus.

INFOS

- ***Broicher Mühle:*** *53343 Wachtberg-Villip, Im Bruch 32, Tel. 0228 324878, www.muehle-bedorf.de. Die Mühle bietet Roggen-, Weizen- und Dinkelvollkornschrote sowie Roggen-, Weizen- und Dinkelvollkornmehl; der Mühlenladen ist geöffnet Di., Mi. und Fr. 9:00–13:00 Uhr und 14:30–17:00 Uhr, Sa. 9:00–11:00 Uhr.*
- ***Heimatmuseum Villip:*** *Träger Heimatverein Villip e. V., 53343 Wachtberg-Villip, Quellenstraße 13, Tel. 0228 325381. Mit einer Kopie des berühmten »Fritzdorfer Bechers« und Exponaten aus der Geschichte des Ländchens; Besichtigung nach Vereinbarung.*

Broicher Mühle.

Blick von Werthoven auf das Radom in Berkum.

Jenseits der Landstraße nach Bad Godesberg, die entlang des Godesberger Baches führt, erstreckt sich **Villiprott**. Am Ende des Ortes am Rand zum Kottenforst steht das bereits erwähnte Schönwaldhaus, das eigentlich gar nicht zu Villiprott gehört, denn es liegt jenseits der Gemeindegrenze am äußersten Rand der Gemarkung Röttgen im Stadtgebiet Bonn.

St. Jakobus-Kapelle in Werthoven.

Die St. Jakobus-Kapelle in **Werthhoven** gilt als ältester Sakralbau in Wachtberg. Sie wurde im 8./9. Jahrhundert als Eigenkirche eines karolingischen Hofgutes gebaut. Auffällig ist ihr wuchtiger Schieferturm über dem kleinen, flachen Kirchenschiff. Im 8. Jahrhundert hieß der Ort *Pisinhaim*, was im 9. Jahrhundert zu *Pissunhaim* und später im rheinischen Dialekt zu *Pissenheim* wurde. 1934 wurde der Ort jedoch auf Initiative der Einwohner nach seiner ältesten Hofanlage, dem aus einem Fränkischen Gutshof entstandenen Werthers Hof, in Werthhoven umbenannt – es blieb jedoch im Ortsdialekt die liebevolle Bezeichnung *Pössem* erhalten.

Als letzte der Wachtberger Gemeinden sei noch auf **Züllighoven**, schon an der Ortsgrenze zu Remagen gelegen, eingegangen. Bis zum Ende der Feudalzeit gehörte der Ort zur Burggrafschaft Drachenfels mit Sitz in der Gudenau. Damals zählte er 16 Häuser. Die 1979 fertiggestellte St. Pius-Kapelle birgt eine Bronzebüste des Papstes Pius X. in einer Außennische über dem Portal.

Blick von Werthoven auf das Siebengebirge.

Lausbubenstatue in Villiprott.

Vorgebirge

Das Vorgebirge bildet den Abhang zwischen der Ville und der Rheinebene. Dieser erstreckt sich von Duisdorf im Süden bis Kendenich im Norden und zeichnet sich weit deutlicher ab als der westliche Abhang der Ville zur Börde hin. Zum einen ist der Höhenunterschied im Osten größer, zum anderen auch der Hangwinkel. Entsprechend haben die zum Rhein hin entwässernden Bäche tiefere Furchen im Vorgebirge hinterlassen als die Abflüsse im Westen der Ville.

Das Vorgebirge als klimatisch bevorzugter Hangstreifen der Kölner Bucht liegt im Windschatten der hier in Westdeutschland vorherrschenden Westwinde, so dass sich eine dicke Lössschicht ablagern konnte. Es zählt zu den fruchtbarsten Regionen des Rheinlands. Diese Bodenfruchtbarkeit verdankt die Hanglandschaft eiszeitlichen Vorgängen. Vor allem in den Kaltzeiten mit ausgeprägter Trockenheit und wenig Vegetation wurde viel Sediment aufgewirbelt und durch den Westwind über die Börde und die Ville zum Rhein hin getragen. Das aufgewehte, feinkörnige Material wurde weiträumiger transportiert als grobkörniger Sand und verblieb durch die Fallwinde am leeseitigen Villehang. Die Fruchtbarkeit der bis zu 10 Meter dicken Lössschicht am Villehang resultiert aus der kleinen, nicht zu feinen Korngröße der einzelnen Partikel, die den enthaltenen Mineralreichtum leicht zugänglich machen. Porenreichtum und gute Durchlüftung begünstigen die Wasserspeicherung und fördern die Entstehung tiefgründiger, leicht zu bearbeitender und ertragreicher

Gemüseanbau im Vorgebirge.

Böden. Das Vorgebirge ist deshalb durch intensiven Gemüse- und Obstanbau, früher auch durch Weinbau, gekennzeichnet.

Die günstigen Lebensvoraussetzungen auf den Lössböden haben angesichts des milden Rheinklimas die Menschen schon früh veranlasst, hier zu siedeln. Die heutigen Städte und Gemeinden, angefangen bei Alfter über Bornheim, Brühl bis Hürth, haben deshalb auch römische, teils vorrömische Wurzeln. Im 10. und 11. Jahrhundert gelangten die meisten Ansiedlungen mit ihren Ländereien am Vorgebirge als Stiftungen an Kölner und Bonner Klöster sowie an das Kölner Domkapitel. Ihre Vögte als Verwalter dieser Güter unter kurkölnischer Lehenshoheit gewannen im Laufe der Zeit zunehmend an Eigenmächtigkeit und bildeten die Stammväter der rheinischen Rittergeschlechter am Vorgebirge. Sie errichteten Burgen zum Schutz ihrer Herrschaften, die sie im Laufe der Jahrhunderte wohnlich ausbauten. Es entstanden daraus vornehme Herrenhäuser und Schlösser, von denen die meisten während der Zeit der Bauwut im Barock ihr endgültiges Aussehen bekamen.

Die wirtschaftliche Bedeutung des Vorgebirges nahm in dem Maße zu, wie die Nachfrage der wachsenden Kölner Bevölkerung nach Nahrungsmitteln stieg. Den Obst- und Gemüsebauern aus dem Vorgebirge boten sich so in nicht allzu großer Entfernung gute Verdienstmöglichkeiten. Der Begriff wurde bereits Mitte des 15. Jahrhunderts urkundlich durch eine Kölner Marktordnung belegt, die den Verkauf von Obst und Früchten *us dem Vurberge* regelte. Für die Kölner war eben der Weg nach Aachen oder Trier mit der Überquerung des Höhenrückens der Ville verbunden – das Vorgebirge lag »davor«!

THEMA Obst und Gemüse aus dem Vorgebirge

Von jeher waren die Alfterer Ortschaften – und auch die sich nördlich anschließenden Ortschaften Bornheims – vom Gartenbau geprägt. Rund die Hälfte des Gemeindegebiets ist landwirtschaftliche Nutzfläche. Der Gemüse- wie auch der Obstbau profitieren von dem fruchtbaren Boden und dem milden Klima. Schon in römischer Zeit hatte sich der Weinbau ebenfalls am Vorgebirgshang verbreitet und hier wurde noch bis zum Ende des 19. Jahrhunderts hauptsächlich Spätburgunder kultiviert. Heute werden großflächig die unterschiedlichsten Salat- und Kohlsorten angebaut, hierher kommen Feingemüse wie Bohnen, Tomaten und Gurken, von denen Letztere später als Cornichons im Glas angeboten werden. Erdbeeren gewinnen zunehmend an Marktbedeutung. Alfterer Spargel ist weit über die Grenzen der Region hinaus beliebt, das Rebellenblut als kulinarisches Markenzeichen seit Generationen nicht nur bei Bonner Studenten bekannt. Es handelt sich dabei um eine süffige Fruchtweinspezialität, die aus der Sandbrombeerensorte Theodor Reimers gekeltert wird und schon manchen dicken Kopf hinterlassen hat, weil Rebellenblut eben so gut schmeckt …

◄ Grüner Spargel.

INFOS

- ***Spargel Weber:*** *53347 Alfter, Knipsgasse 24, Tel. 02222 2279, www.spargelweber.de. Renommiertestes Gasthaus in der Vorgebirgs-Spargelregion, geöffnet Mo. bis So. 17:00–24:00 Uhr, Sa. und So. auch 10:00–15:00 Uhr.*
- ***Brombeerweinkellerei Rebellenblut:*** *Dieter Schwadorf, 53347 Alfter, Weberstraße 164, Tel. 02222 3330, www.rebellenblut.de.*

Alfter und Bornheim

Alfter

Die Siedlungsgeschichte von Alfter ist typisch für das Vorgebirge. Archäologische Funde aus der Jungsteinzeit, der Bronze- und der Römerzeit weisen auf die frühe Besiedlung der Ortslage hin. Die erste schriftliche Erwähnung Alfters stammt allerdings erst aus dem Jahr 1067 aus einer Besitzurkunde des Stifts St. Georg zu Köln, in der auch die Weinbergsbezeichnungen *Aluetra* oder *Alwetra* aufgeführt sind. Die heutige Gemeinde Alfter entstand aus der kommunalen Gebietsreform des Jahres 1969 mit den Ortschaften Alfter selbst und seinen Ortsteilen Birrekoven und Olsdorf sowie mit Gielsdorf, Oedekoven, Impekoven mit Ramelshoven und Nettekoven sowie Witterschlick mit Volmershoven und Heidgen.

Die in Alfter ansässigen und 1116 erstmals bezeugten Herren von Halechtre hatten seit dem Jahr 1188 das mit der Burg Alfter verbundene Amt des Erbmarschalls des Kölner Erzbistums inne. Die Burgherren hatten sich oberhalb am Villerand eine Erdwallanlage als Fliehburg angelegt, ihre Überreste sind noch im Wald am Buchholzweg zu sehen. Im Jahre 1445 kam die Herrlichkeit Alfter durch Heirat an die Grafen und späteren Fürsten von Salm-Reifferscheidt. Als der Erbmarschall im Truchsessischen Krieg, einer Ende des 16. Jahrhunderts im Erzbistum Köln um die letztendli-

INFOS

- ***Gemeinde Alfter:*** *53347 Alfter, Am Rathaus 7, Tel. 0228 64840, www.alfter.de.*
- ***Rhein-Voreifel Touristik:*** *53343 Wachtberg, Rathausstraße 34, Tel. 0228 9544100, www.rhein-voreifel-touristik.de.*

Schloss Alfter.

che Glaubensrichtung ausgefochtenen Auseinandersetzung, dem zum protestantischen Glauben übergetretenen Kurfürsten beistand, wurde die Burg 1583 durch bayerische Truppen zerstört und zunächst nur notdürftig wieder aufgebaut. Im Jahre 1721 erfolgte der Um- und Neubau der Burg Alfter zu einem Barockschloss als unregelmäßig geschlossene Rechteckanlage mit hufeisenförmigem Herrenhaus unter hohen Walmdächern und dreiflügeligem Wirtschaftshof. Mit dem Tod von Franz Josef XI. Fürst und Altgraf zu Salm-Reifferscheidt-Krautheim und Dyck erlosch dieses Geschlecht im Jahre 1958. Seine Tochter Marie Christine, verheiratete Wolff-Metternich, folgte im Besitz von Schloss Alfter. Heutiger Eigentümer ist ihr Sohn Simeon Reichsgraf Wolff Metternich zur Gracht. Nachdem die Alanus Hochschule aus dem Schloss ausgezogen war, stand es lange Zeit leer. Zwischenzeitlich hatte die Gemeinde Alfter die Gebäude zur Unterbringung von Flüchtlingen angemietet.

Das Schlossareal betritt man durch ein Tor im Hauptflügel der an der rückwärtigen Seite gelegenen Vorburg. Die Vorderfront des gelb gestrichenen dreiflügeligen Herrenhauses wird von den beiderseits angebrachten turmartigen Eckrisaliten dominiert, die die Flügelbauten um ein Geschoss überragen. Im Kellergeschoss des nordwestlichen Eckbaus ist übrigens noch Mauerwerk aus dem 12. Jahrhundert vorhanden.

Auf dem kurzen Weg vom Schloss zum Hertersplatz kommt man an einem wilhelminischen Kriegerdenkmal vorbei. Etwas zurück versetzt erhebt sich die katholische Pfarrkirche St. Matthäus in Alfter. Die 1791 als Backsteinsaalbau mit abgeschrägten Ecken und Ostturm errichtete Kirche wurde 1900 durch das Querschiff und den Westchor ergänzt. Zur Ausstattung gehören im südlichen Seitenaltar die Holzplastik der Heiligen Anna Selbdritt aus dem 16. Jahrhundert und ein aus Holz geschnitztes Antependium über dem barocken Taufbecken. Reizvoll ist der erhöht angelegte Kirchplatz mit seiner Bebauung und einem Gedenkkreuz. Am Fachwerkeckhaus Hertersplatz Nr. 13 sind zwei Gefache unter einem Doppelfenster des ersten Stockwerks offen gelegt. Diese Offenlegung offenbart die Herkunft des Wortes »Wand« (von »wenden«, »winden«), was gut sichtbar wird an der Leinwandbindung der Weideruten, an denen der (mit Stroh vermengte) Lehm haftet.

THEMA Alanus Hochschule

Weit über Alfter hinaus ist die anthroposophisch ausgerichtete Alanus Hochschule bekannt, die seit 1973 ihren Sitz im Johannishof, einer Gründung des Johanniterordens, hat und dazu bis 2008 das Schloss Alfter für studentische Werkstätten und Unterkünfte sowie für Ateliers für Architekten und Bildhauer angemietet hatte, um dann den neuen Campus an der Bonn-Brühler Straße zu beziehen. Die Alanus Hochschule bildet in freier Trägerschaft Menschen aus, die sich mit Mitteln der Kunst den gesellschaftlichen Aufgaben stellen wollen. Inzwischen bietet sie Bachelor- und Master-Studiengänge in den Bereichen Kunst, Pädagogik, Therapie, Architektur und Wirtschaft an und hat das Promotionsrecht für den Fachbereich Bildungswissenschaft.

In ihrer Philosophie beruft sich die Hochschule auf Alanus ab Insulis (ca. 1114 bis 1203), den mittelalterlichen Vertreter einer humanistischen Bildung, die durch Interdisziplinarität über reine Fachstudien hinausgeht. Es ist das Anliegen der Alanus-Ausbildung, die Bedeutung und Aktualität der Künste für die gesellschaftliche wie die individuelle Entwicklung herauszustellen. So bietet das Studienangebot der Hochschule den Dialog und die gegenseitige Inspiration zwischen den unterschiedlichen Fachrichtungen in interdisziplinären Projekten. Einen Schwerpunkt bildet dabei das Studium Generale *mit Vorlesungen und Seminaren zu Philosophie, Ästhetik, Kunstgeschichte, Literaturwissenschaft, Pädagogik sowie Sozialwissenschaften. Gleichermaßen Wert wird auf die praxisbezogene Ausbildung gelegt und man will den Studierenden die Möglichkeit eröffnen, sich für sozialkünstlerische Berufe zu qualifizieren.*

INFOS

- ***Alanus Hochschule für Kunst und Gesellschaft:*** *53347 Alfter, Villestraße 3, Tel. 02222 93210, www.alanus.edu.*

THEMA Freizeit: Jakob-Wahlen-Park

Großes Spielvergnügen gibt es oberhalb von Alfter im Jakob-Wahlen-Park am Hirnsberg. Auf der Straße Am Domplatz gelangt man zu diesem Freizeitgelände, das nach seinem Initiator, dem ehemaligen Vorsitzenden des Alfterer Heimatvereins, benannt ist. Vor über hundert Jahren war der Platz schon ein beliebter Treffpunkt, als man bei gutem Wetter noch bis zum Kölner Dom sehen konnte – heute versperren groß gewordene Bäume den Weitblick. Talwärts öffnet sich das Gelände zu einem Freiplatz mit großem Sandkasten, Spielgeräten, einer Hängebrücke, Schaukeln und Grillplatz. Die höheren Klettergerüste sind vor allem für etwas ältere Kinder interessant. Am Rand stehen drei Hütten den Besuchern zur Verfügung.

Gielsdorf

Südlich an den Alfterer Ortskern schließt sich die Ortschaft Gielsdorf an, die im 11. Jahrhundert als *Givvaldesdorp* im Besitz des Pfalzgrafengeschlechts der Ezzonen war. Diese versahen den Ort mit einer Höhenburg, von der noch der Wehrturm als heutiger Turm der alten katholischen Pfarrkirche St. Jakobus steht – nicht umsonst wurde diese dem Winzerpatron geweiht, denn hier war im Mittelalter der Weinbau weit verbreitet. Später kam Gielsdorf an das Kurfürstentum Köln, wo der Ort bis zur napoleonischen Zeit verblieb.

Im Ursprung war die Pfarrkirche die Burgkapelle, ein gewölbter romanischer Saalbau aus der Mitte des 12. Jahrhunderts. Zunächst bestand keine Verbindung zum Wehrturm.

Freskenzyklus in der Gielsdorfer Pfarrkirche St. Jakobus.

Diese erfolgte erst 1490 bei Baumaßnahmen, in deren Rahmen auch der fünfseitig geschlossene Chor angebaut und innen mit einem zweiteiligen Freskenzyklus versehen wurde. Ein Teil der Fresken auf der Nordseite der Apsis fiel dem Anbau einer Sakristei im Jahre 1682 zum Opfer. Die kunstgeschichtlich außerordentlich interessanten Fresken bestehen aus drei Zyklen: Acht Abbildungen im Chorabschluss zeigen die Leidensgeschichte und Auferstehung Christi, zwölf Szenen an der linken, nördlichen Wand das Leben des Pfarrpatrons Jakobus d. Ä. und zwölf zur Rechten das Leben und Martyrium der Nebenpatronin Margarete. Im Zuge des Bevölkerungsanstiegs im Vorgebirgsraum wurde die alte Kapelle zu klein. Quer zum Turm wurde daher 1879–84 eine größere, neugotische zweischiffige Kirche zugebaut, für die das Kirchenschiff der Kapelle als Vorraum dient.

Reizvoll ist der Ortskern von Gielsdorf mit vielen alten, bestens restaurierten Fachwerkhäusern. Imposant ist das 1840 vom Architekten und Dombaumeister Ernst Friedrich Zwirner (1802–61) entworfene Haus an der Kirche, ein zweigeschossiger spätklassizistischer Bau, dessen Seitentrakte in der Folge aufgestockt wurden und der ursprünglich ein Zehnthof des Bonner Cassiusstifts war.

Auch der sich unmittelbar an Gielsdorf anschließende Ortsteil Oedekoven weist noch eine Reihe reizvoller Fachwerkhöfe auf. Die Ortskirche St. Mariä Himmelfahrt schmiegt sich unterhalb der Kapelle Mariä Vermählung an den oberen Teil des Vorgebirgshanges an. Ihr Dach trägt einen kleinen Glockenreiter.

Impekoven

Der Ortsname von Impekoven taucht in verschiedenen Urkunden des 12. und 13. Jahrhunderts auf. Schriftliche Unterlagen belegen auch hier den intensiven mittelalterlichen Weinbau. Die Ortschaft blieb klein, hatte zu Beginn der napoleonischen Ära kaum 200 Einwohner. Eine Fachwerkkapelle wurde um 1650 erbaut. Deren erste urkundliche Erwähnung ist aber erst für 1826 belegt. Eine neue neogotische Kapelle entstand 1887 am gleichen Standort. Als diese nach dem Zweiten Weltkrieg nicht nur zu klein, sondern auch baufällig geworden war, wurde hier 1968 nach Plänen von Gottfried Böhm ein neuer Sakralbau errichtet, ganz der Betonarchitektur eines »kristallklaren Monolithen« verhaftet – also in einem Baukörper aus einem Stück, der auch ganzheitlich gesehen werden soll und die Kirchenbesucher in den Mittelpunkt dieses Bauwerkes stellt.

Der Impekovener Ortsteil Nettekoven, in dem heute das örtliche Gewerbegebiet liegt, wurde 1217 als *Nettinchhoven* erstmals urkundlich erwähnt.

Der weiter oberhalb gelegene Ortsteil Ramelshoven fand erstmals 1405 Erwähnung – diese Urkunde bezeugt die Vermählung des Dietrich von Ramelshoven mit Lisbeth von der Balen, der Tochter von Johann von der Balen, dem Besitzer des Burghofs Ramelshoven. Das heutige Gehöft Burghof Ramelshoven ist ein schmuckes Fachwerkgeviert, in einem Hofladen kann man landwirtschaftliche Produkte kaufen.

INFOS

- ***Hofladen Frizen Burg Ramelshoven:*** *53347 Alfter-Ramelshoven, Burgstraße 28, Tel. 0228 641172. Geöffnet Mo. bis Fr. 14:00–18:00 Uhr (vormittags Selbstbedienung), Sa. 9:00–12:00 Uhr, bietet u.a. Qualitätsfleisch der Rinderrasse Blonde d'Aquitaine.*

Witterschlick

Ton und Kies bilden die Bodenschätze von Witterschlick, dem südlichsten, am Hardtbach gelegenen Ortsteil von Alfter. Der Name dieser Ansiedlung wurde erstmals in einer Urkunde aus dem Jahr 965 erwähnt und leitet sich wohl von der Bezeichnung *witer schlick* (»weißer Schlick«) für die hier vorkommenden Tonarten ab. Heute sind es vor allem hochwertige quartäre Sande, Kiese und Quarzsande, die durch die Quarzwerke Witterschlick in einem 45 Hektar großen Tagebau abgebaut und aufbereitet werden. Der hochreine, fast weiße Quarzsand und -kies weist durch seine Beschaffenheit eine besonders hohe Qualität auf. Der Fund des wertvollen Blautons wurde 1880 eher zufällig gemacht und bietet heute die Grundlage der keramischen Industrie im Ort.

In der katholischen Ortspfarrkirche St. Lambertus aus dem Jahr 1875 befindet sich noch der romanische Taufstein aus der früheren Dorfkirche. Ein paar schöne Fachwerkhäuser aus dem 19. Jahrhundert stehen an der Buschhovener und der Hauptstraße. Das schönste Gebäude des Ortes ist Haus Kessenich, ein um 1800 von der Landwirtsfamilie Kessenich errichteter denkmalgeschützter zweigeschossiger Fachwerkhof mit verputztem Sockel, der heute im Besitz der Gemeinde Alfter ist und für kulturelle Zwecke genutzt wird. Am Anbau mit dem daran gemauerten runden Backes ist ein Arma-Christi-Kreuz aus der Mitte des 19. Jahrhunderts angebracht – auf diesem Passionskreuz wird die Kreuzigungsgeschichte anhand der Passionssymbole dokumentiert.

Auf dem weiteren Weg das Hardtbachtal aufwärts gelangt man zum Witterschlicker Ortsteil Volmershoven, wo in der zum Bach führenden Straße noch einige reizvolle Fachwerkhäuser stehen. Der wie so viele andere auf die Endung -hoven oder -koven lautende Ortsname weist auf die fränkische Besiedlung hin – Volmershoven steht für *Volkmareshoven* (»Hof des Folkmar«). Überquert man die Bahnlinie nach Meckenheim/Euskirchen, gelangt man nach Heidgen, den zweiten Witterschlicker Ortsteil. Oberhalb davon erstreckten sich früher die Allmenden, die Gemeindeflur, die wegen ihres weniger fruchtbaren Bodens mit dem Wort *»Heide«* bezeichnet wurden, wovon sich der rheinisch *Heidchen* ausgesprochene Ortsname ableitet.

Bornheim

Die Stadt Bornheim entstand wie die Gemeinde Alfter in ihrer heutigen Form durch die 1969 erfolgte kommunale Neugliederung des Bonner Raums. Die einzelnen Ortsteile reichen vom Villerücken im Westen bis zum Rhein im Osten. Den höchsten Punkt weist Bornheim mit dem Hennesenberg im Ortsteil Brenig mit 164,8 Metern über dem Meeresspiegel auf, den niedrigsten am Leinpfad bei Widdig mit 46,6 Metern Höhe. Der Tiefebene mit den teilweise sandigen Böden aus vormaligen Rheinablagerungen entstammt der Bornheimer Spargel, nicht weniger berühmt als der aus Alfter.

Wie eine Perlenkette ziehen sich die hangseitigen Ortsteile Bornheims von Roisdorf im Süden bis Walberberg im Norden am Vorgebirge entlang. Die meisten dieser Orte haben vorgeschichtliche Wurzeln, wie an vielen Siedlungsspuren und Hügelgräbern mit Beigaben und Steinwerkzeugen zwischen Bornheim und Sechtem nachgewiesen werden konnte. Dazu fand man zwei vorrömische Fliehburgen, so die noch in ihren einstigen Ringwallstrukturen erkennbare Alteburg im Walberberger Wald und den Abschnittswall auf dem Stromberg im Süden des Rösberger Waldes nahe dem Dobschleider Hof. Fast 500 Jahre herrschten und siedelten dann die Römer im Gebiet. Reste der Römischen Wasserleitung nach Köln, Kult- und Weihestätten sowie Fundamente verschiedener Villen sind noch vorhanden. Nach den Römern zogen die Franken in das Gebiet ein. Merowingische Siedlungsplätze sind – wie Bornheim – an ihren Ortsnamen mit Endungen auf -heim zu erkennen. In einer Urkunde aus dem Jahr 945 wurde Bornheim noch als *Brunheim* unter der Herrschaft des Grafen Ehrenfried bezeichnet. So wie fast alle anderen Ansiedlungen mit ihren Ländereien am Vorgebirge als Stiftungen an Kölner und Bonner Klöster sowie an das Kölner Domkapitel kamen, wurde auch Bornheim Teil des Kölner Erzbistums.

Wichtigstes Bauwerk des Kernortes Bornheim ist das Schloss, das in seiner heutigen Form zwischen 1728 und 1732 nach Plänen von J. C. Schlaun im Auftrag von Johann Jakob von Waldbott-Bassenheim errichtet wurde. Diese Anlage geht auf eine 1147 erstmals erwähnte Burg zurück. Hier hatten die Herren von Bornheim als Kölner Lehensträger ihren Sitz. Als erster Vertreter dieses niederadeligen Geschlechts wurde Johannes de Brunheim genannt. 1371 erhielt Floirkin von Dersdorf das *castrum bornhem* als kölnisches Lehen. Im Truchsessischen Krieg wurde die Burg 1583 zerstört und später wieder hergestellt. Weitere Besitzer waren die Scheiffard von Merode und dann die Beissel von Gymnich, die 1629 Vogtei und Herrlichkeit Bornheim an Johann Wilhelm Freiherrn Waldbott von Bassenheim veräußerten. Dessen Nachkommen wiederum veräußerten das anstelle der Burg errichtete Schloss 1859 an Heinrich Graf von Boos-Waldeck. 1872 befand sich die Anlage dann im Besitz des Kommerzienrats Heinrich von Diergardt, dessen Nachfahren noch heute die Eigentümer sind.

Der anstelle der Burg errichtete Schlossneubau war eine dreiflügelige Anlage mit einer Vorburg. Vom Herrenhaus unter Mansarddach und Mittelrisalit ist noch der barocke Corps de Logis erhalten, auf den im 19. Jahrhundert Putz aufgetragen wurde. Von der Vorburg mit barockem Torbau und bekrönender Laterne blieben zwei Trakte erhalten. Der Landschaftspark am Schloss wurde 1902 angelegt. Die heutigen Besitzer von Schloss Bornheim lassen dort eine Therapieeinrichtung betreiben. Gegenüber der Schlossmauer steht noch die Portalwand des alten Waldbottschen Gerichtshauses mit dem Waldbottschen Wappen über dem Eingang. Die Mauer ist heute als Front in das angrenzende Schulgebäude integriert.

Zwei Sakralbauten im Kernort Bornheim sind erwähnenswert. In der Königstraße steht die klassizistische alte evangelische Kirche, 1863 als roter Backstein-Saalbau mit runder Apsis und vorgesetztem Westturm errichtet. Die katholische Pfarrkirche St. Servatius wurde etwas später in neugotischer Form gebaut und schon kurz darauf um zwei Seitenschiffe erweitert. Zu ihrer Ausstattung gehören eine barocke Statue des heiligen Servatius aus Eichenholz, eine dreiteilige Darstellung der heiligen Anna mit Maria und dem Kind, wohl 1505 in Köln entstanden, und ein Vesperbild süddeutscher Herkunft aus dem frühen 18. Jahrhundert.

Durch die Lage Bornheims an der Villekante ergeben sich auch einige interessante geografische Aspekte. So dicht das Gebiet auch besiedelt ist, gibt es sogar Bereiche, die unter Naturschutz gestellt wurden. So ist die durch einen vom Villerücken herabfließenden Bach gebildete Wolfsschlucht zu erwähnen, ein Kerbtal, das insbesondere für höhlenbrütende Vögel von Bedeutung ist. Gleichermaßen wertvoll für Vö-

▲ Schloss Bornheim.

gel ist das nahebei gelegene Naturschutzgebiet Maibroich mit seinem alten Linden-Eichen-Buchen-Mittelwaldrest in der Hanglage. Östlich davon steht ein tiefes Muldental am Kreuzbroich unter Schutz mit einem kleinen Gewässer, einem nicht mehr in Benutzung befindlichen ehemaligen Stauteich für die Bewässerung der Obstanlagen. Die oberhalb liegende und geschützte ehemalige Quarzsandgrube beherbergt mit ihren Steilwänden eine reiche Vogelwelt und viele Insekten. Ebenso bedeutsam ist die gleich anschließende, nach Roisdorf herüberreichende Hufebahn am Blutpfad mit ihrem vielseitigen Mosaik an alten Obstbrachen, Gehölzen und Gebüschen, Brachwiesen, Weideland sowie noch bewirtschafteten Obstkulturen auf meist kiesigem Untergrund des Villerückens. Nicht zuletzt ist auch die schon lange nicht mehr genutzte Kiesgrube am Blutpfad mit ihrer vegetationsarmen Kiessteilwand unter Schutz. In der Sohle der Grube ist unter anderem der Grasfrosch *(Rana temporaria)* zu Hause.

Roisdorf

Roisdorf, südöstlich von Bornheim am Villehang gelegen, ist durch seinen Mineralbrunnen bekannt. Funde von Münzen aus dem 1. Jahrhundert n. Chr. belegen, dass schon die Römer das Brunnenwasser zu schätzen wussten. Im Mittelalter vertraten hier die Ritter von *Rusdorf* als Teil der Herrlichkeit Alfter den Landesherren, den Erzbischof von Köln. Einer aus ihrem Geschlecht, Paul von Rusdorf (1385–1441), brachte es immerhin bis zum Hochmeister des Deutschen Ritterordens. Die erstmalige Erwähnung von Roisdorf im Jahr 1113 als *Ruchestorp* bezieht sich auf einen Hof im Roisdorfer Oberdorf, das das Bonner Frauenkloster Dietkirchen hier besaß. Dieser Hof diente dem Weinanbau für das Kloster. Die Reste des 1603 erbauten und längst ruinös gewordenen Dietkirchener Hofes wurden Mitte der 1990er Jahre abgerissen.

Andere herrschaftliche Bauten in Roisdorf existieren noch. An erster Stelle ist die nach ihren Besitzern im 15. Jahr-

▲ Grasfrosch.

hundert benannte Wolfsburg am Siefenfeldchen zu erwähnen, ein vormals von Gräben umgebener Backsteinbau in der Senke der Gumme, eines alten Rheinarms. 1626 erhielt das im Kern mittelalterliche zweigeschossige Backsteinhaupthaus seine heutige Form mit frühbarocken Giebeln. Die Vorburg stammt aus dem 18. Jahrhundert. Über dem Portal des Haupthauses hängen die Wappen der nachfolgenden Besitzer Wolff-Metternich und Walbott-Bassenheim. Spätere Eigentümer waren Heinrich von Wittgenstein und Wilhelm Rech, dessen Familie das Schloss bis heute gehört.

Das Landhaus Wittgenstein am Ehrental ist ein klassizistischer Putzbau, 1844/45 vom Dombaumeister Ernst Friedrich Zwirner für den Kölner Unternehmer Heinrich von Wittgenstein mit dreigeschossigem übergiebeltem Mittelbau errichtet. Von 1984 bis 1995 war Haus Wittgenstein Tagungsstätte und Bundesgeschäftsstelle der Partei »Bündnis 90 / Die Grünen«, seither dient es als Sitz einer freikirchlichen Gemeinschaft.

Haus Wrede am Siefenfeldchen wurde 1872 in Anlehnung an französische Schlossbauten des 17. Jahrhunderts gegenüber der Wolfsburg am Villehang errichtet und später an den Freiherrn von Wrede verkauft. Heute ist hier eine Therapie-Klinik untergebracht.

Haus Custor ist das reizvolle Fachwerkhaus im Gelände der Roisdorfer Mineralquellen GmbH. Es diente dem ersten Pächter Wilhelm Custor ab 1876 als Kontorhaus. Er füllte das Mineralwasser sowohl in Tonkrüge als auch in Glasflaschen ab. Die Flaschen erhielten eine Zupressung von Kohlensäure und beinhalteten somit eine doppelkohlensaure Füllung.

Brenig

Folgt man der einen nordwestlichen Bogen vollziehenden Kante des Vorgebirges, so gelangt man nach dem Kernort Bornheim zu dem in oberer Hanglage befindlichen Brenig. Im Jahr 941 beurkundete der Kölner Erzbischof Wichfried

▲ Wolfsburg am Siebenfeldchen.

die Übertragung der Kirche und des Zehnten von Brenig an das St. Cäcilienstift in Köln. Nur zehn Jahre später übertrug Erzbischof Bruno I. die Reliquien des heiligen Bischofs Evergislus aus Tongern an die Breniger Kirche, die damit bis zum Ende der Feudalzeit Ziel von Wallfahrten war. Bekanntestes Bauwerk des Ortes ist Haus Rankenberg, vormals als Sommersitz und Weingut der Dersdorfer Burg zugehörig, woher auch der Name »Rankenberg« stammt. Zum Ende des 16. Jahrhunderts befand sich der Hof im Besitz der Bornheimer Burgherren. Im Jahre 1862 kaufte Philipp von Kempis zu Kendenich das Rankenberger Gut für seinen Sohn. Dieser ließ die Hofanlage und das barocke Herrenhaus 1897 abreißen und auf den Fundamenten nach den Plänen des Architekten Hermann Ritzefeld ein Gebäude im französischen Landhausstil errichten, das 1898 fertiggestellt wurde. Darein integriert ist ein viergeschossiger Turm, dessen barocke Zwiebelhaube an die Burg Kendenich erinnert. Im Park gibt es eine Teichanlage und einen Springbrunnen, die aus der Zeit des Vorgängerbaus stammen.

Merten

Über den unterhalb von Brenig gelegenen Ortsteil Dersdorf, in dem – wie auch im benachbarten Waldorf – einige Straßenzüge noch schöne Fachwerkhäuser aufweisen, gelangt man über Kardorf nach Merten. Hier lohnt ein Weg auf den Friedhof in der Martinstraße. Man betritt ihn durch ein farbig abgesetztes Rundportal aus dem Jahr 1160/70. Die unmittelbar nach dem Zweiten Weltkrieg romanisch nachempfundene Friedhofskapelle weist noch die romanische Apsis des alten Kirchenbaus aus der Zeit von Erzbischof Philipp von Heinsberg (1167–91) auf. Die alte Kirche war schon 1867 abgebrochen worden. Auf dem Friedhof befindet sich übrigens das Grab des Schriftstellers und Nobelpreisträgers Heinrich Böll.

Hemmerich

Auf der Höhe über Kardorf steht in Hemmerich das einzige ruinöse Schloss des Vorgebirges. Hier fand man einen römischen Weihestein vom Anfang des 3. Jahrhunderts. Von der alten Kirche, heute die Friedhofskapelle, ist noch der romanische Chor erhalten. Die Burg im Ort geht auf einen 1210 erwähnten Ritter Albero von Hemberg zurück. Die Anlage wurde 1729–33 im Stil des rheinischen Rokoko völlig neu gestaltet und 1870 nach einem Brand erneuert. 1906 traf sie eine weitere Feuersbrunst. Daraufhin wurde das dabei zerstörte Herrenhaus auf dem alten Grundriss villenartig im Stil der Neo-Renaissance wieder aufgebaut. Einem dritten Brand fiel die Burg nach dem Zweiten Weltkrieg zum Opfer, als marodierende Trupps ehemaliger Fremdarbeiter sie anzündeten. Sie ist bis heute ruinös geblieben. Hoch ragen die Außenmauern empor, man blickt durch leere Fenster. Interessant sind noch das Torhaus und der restaurierte Gartenpavillon.

Die Kerb- bzw. Muldentäler beiderseits von Hemmerich der zum Rhein hin entwässernden Bäche aus dem Villerücken sind wie andernorts auch für die Tier- und Pflanzenwelt von besonderer Bedeutung. Das strukturreiche Muldental, das Hemmerich von Rösberg trennt, wird an seiner nordexponierten Steilkante mit brachgefallenen Magerwiesen und Feuchtfluren, Obst- und Ackerbrachen von seltenen Heuschreckenarten besiedelt. Das tiefe Kerbtal des Waldorfer Schulwaldes, das Hemmerich südwärts begrenzt, ist wegen seiner Vogelpopulation in den dort vorhandenen Relikten von Bacheschen- und Hainbuchenwald unter Schutz gestellt worden.

Rösberg

Setzt man den Weg auf der Höhe fort, so gelangt man oberhalb von Merten nach Rösberg. Münzfunde mit den Abbildungen der Kaiser Claudius und Gratian dokumentieren eine römische Besiedlung vom 1. bis zum 4. Jahrhundert in Rösberg. Auch wurden Baumaterialien aus dieser Zeit für den Bau der Kirche und der Burg im Ort verwendet. Der mittelalterliche Ortskern, bestehend aus Kirche, Pfarrhaus und Kirchhof, war auch der Standort des alten Burghauses, in dem die Herren von *Ruethenesbergh* ab dem späten 14. Jahrhundert ihren Sitz als Lehensnehmer einer Unterherrschaft des kurkölnischen Amtes Brühl hatten. Burghaus und Kirche bildeten eine Einheit, die katholische Pfarrkirche St. Markus in Rösberg ist in ihrem Ursprung die Burgkapelle gewesen. Die Fundamente ihres Turmes stammen noch aus dem 14. Jahrhundert und waren wohl Teil der Burg. Die heutige Kirche entstand 1707 als tonnengewölbter verputzter Saalbau mit eingebautem Westturm und halbrunder Apsis. Ihre Rundbogenfenster sind mit Wappendarstellungen in Kabinettmalerei versehen. Sehenswert sind der Hochaltar, eine geschnitzte Betbank, ein Vesperbild, das Orgelgehäuse und eine fein geschnitzte Figur der heiligen Ursula aus dem 15. Jahrhundert.

Am Villerand von Rösberg erstrahlt eines der schmucken Herrenhäuser des Vorgebirges in neuem Glanz. Die ersten urkundlich erwähnten Besitzer von *Ruethenesbergh* waren die Herren von Rodesberg. Bis zum 16. Jahrhundert, als die Burg niedergebrannt wurde, hatten sie ihren Sitz im Ortskern. Als der letzte Herr von Rösberg ohne männliche Nachkommen starb, fiel die Herrlichkeit an das Kurfürstentum Köln. 1629 übertrug Kurfürst Ferdinand von Bayern sie seinem herbeorderten Obrist-Jägermeister Gaudenz von und zu Weichs, den Kaiser Ferdinand II. 1636 in den Freiherrenstand erhob. Ferdinand Joseph Freiherr von und zu Weichs errichtete 1727–31 dann am seitlichen Ende des Ortes das neue Herrenhaus Rösberg, wobei teilweise Materialien der alten Burg zum Einsatz kamen. Als Oberjägermeister der Kurfürsten konnte er für die Pläne seines Neubaus deren Hofbaumeister Johann Conrad Schlaun gewinnen, der eine zweigeschossige *Maison de plaisance* errichtete, eine regelmäßige Anlage mit abgerundeten Ecken und Mittelrisalit sowie entsprechenden Wirtschaftsgebäuden. Eine geradlinig verlaufende Allee führt als Zugang zum Schlossbereich, mit Blick zum Rhein schließt sich hinten ein kleiner Barockgarten an. 1941 wurde das Herrenhaus durch eine Fliegerbombe zerstört, nach dem Krieg aber wieder aufgebaut. Als letzter Erbe der Freiherren verkaufte Prinz zu Sayn Wittgenstein in den 1990er Jahren das Herrenhaus. Nach umfangreicher Renovierung entstanden private Eigentumswohnungen. Hier wohnt der Schauspieler Günter Lamprecht, der sich ehrenamtlich für karitative Zwecke und Umweltbelange einsetzt.

Walberberg

Auf der Anhöhe des Vorgebirges beim heutigen Ort Walberberg existierte eine frühmittelalterliche, durch einen Ringwall bewehrte Siedlung. An der Hangkante erhebt sich heute der Hexenturm als Rest einer befestigten Hofanlage aus dem 12. Jahrhundert. Der ehemalige Wohn- und Wehrturm war von einem Wassergraben umgeben, seine Bezeichnung als »Hexenturm« entstammt der Rheinromantik des 19. Jahrhunderts. Übrigens wurde der Turm unter Verwendung von Material der römischen Wasserleitung erbaut, seine massiven Umfassungsmauern waren bis zu 2,20 Meter dick. Die Burgherren erwarben die von Erzbischof Anno II (1065–75) aus Eichstädt überführten Reliquien der heiligen Walburga. An der Burg befand sich seit dem 8. Jahrhundert eine Eigen-

Rheindorfer Burg in Walberberg.

kirche, in der die Reliquien untergebracht und bald Ziel von Wallfahrten wurden. Im Zuge dieser Entwicklung erfolgte die Umbenennung des 1118 erstmals erwähnten Ortes in *Mons sanctae Walburgis*.

Oberhalb davon gab es eine weitere Burg, die Rheindorfer Burg, erstmals 1140 genannt als Sitz eines Christian von Richedorrp, Dienstmann des Grafen und späteren Domvogts Adolf von Saffenberg. Ihr Turm entstand an der Wende vom 11. zum 12. Jahrhundert und sicherte hangseitig die quadratische Wasserburg, die aus einem Burghaus mit Innenhof und kleinem Brunnen in der Mitte sowie einer dreiflügeligen Vorburg bestand. Später sind die Herren von Quad als Burgbesitzer erwähnt, die sie 1683 an die Jesuiten veräußerten. 1924 erwarben die Dominikaner die Anlage und nutzten sie nach Entkernung und Umbau für ihre Bildungsarbeit – bis 2008, dann mussten sie sie wegen zu hoher Bewirtschaftungskosten veräußern. Neuer Eigner ist eine Hotelgesellschaft, die den Bau in ein Tagungshotel und Wellness-Tempel mit einem schönen Innenhof umgestaltet hat.

Übrigens wurden im Zeitraum vom 30. Juni bis 2. Februar 1945 im Walberberger Dominikanerkloster die sogenannten »Kölner Leitsätze« formuliert, die die Basis für das erste Parteiprogramm der CDU Deutschlands bildeten.

INFOS

- ***Schlosshotel Domäne Walberberg:*** *53332 Bornheim, Rheindorfer Burg, Tel. 02227 85200, www.domaene-walberberg.de.*

Mit der Kitzburg am südlichen Ortsrand findet man in Walberberg noch eine Burg in einem streng geometrisch angelegten Park. Das Herrenhaus wurde am Ende des 17. Jahrhunderts für Graf Franz Egon von Fürstenberg unter Verwendung von Teilen eines Vorgängerbaus angelegt und im 18. und nochmals im 19. Jahrhundert zu seiner heutigen Form umgebaut. Eine lange Heckenallee mit Tor und Bogenbrücke führt auf das Haus zu.

Bedeutendstes Bauwerk in Walberberg ist die katholische Pfarrkirche St. Walburga. Die hier bereits seit dem 8. Jahrhundert existierende Kapelle war dem Heiligen Jodokus geweiht. Im 11. Jahrhundert trug man diese Saalkirche bis auf ihre Fundamente ab. Gräfin Alveradis, in erster Ehe mit Graf Wilhelm von Jülich verheiratet, die dem Erzbischof die finanziellen Mittel zum Erwerb der Reliquien der Walburga zur Verfügung gestellt hatte, errichtete anstelle des Vorgängerbaus eine neue Saalkirche zu deren Unterbringung. Ort und Kirche nahmen nunmehr den Namen der Heiligen an. Im Jahr 1197 gründete Erzbischof Adolf (1193–1205) dann in Walberberg ein Zisterzienserinnenkloster zur Betreuung der Wallfahrtsstätte, dem die Pfarrkirche St. Walburga inkorporiert wurde. Als ab dem 13. Jahrhundert in Deutschland der Niedergang des Ordenswesens einsetzte, wurde das Kloster zunächst in ein Stift umgewandelt. 1591 übernahm dann das Jesuitenkolleg in Köln die Betreuung der Wallfahrtsstätte.

Heute stellt sich die Pfarrkirche St. Walburga nach vielen Umbauten, Einstürzen und schweren Zerstörungen im letzten Krieg als dreischiffige Pfeilerbasilika mit quadratischem Chorhaus und halbrund geschlossener Apsis dar. Als Besonderheit weist sie westlich in Breite des Mittelschiffs eine vorgelagerte ehemalige Nonnenempore auf. Am Ende des südlichen Seitenschiffs wurde die zweigeschossige Jodokuskapelle errichtet. Bei einer letzten Renovierung 1962, mit der die Kirche auch ihre ursprüngliche Farbgebung erhielt, wurde nördlich des Altarraums ein Turm mit achteckiger Pyramidenspitze errichtet. Zur Ausstattung der Kirche gehört ein pokalförmiger Taufstein aus dem 13. Jahrhundert, der auf sechs schlanken Säulen ruht. Im südlichen Seitenschiff ist der obere Teil des Grabsteins der seligen Margarethe, einer Klosteräbtissin aus dem 13. Jahrhundert, eingemauert. Die Kirche verfügt darüber hinaus über ein hölzernes Kruzifix auf erneuertem Kreuz, eine wertvolle Arbeit aus der Zeit um 1400, über vier spätgotische Holzskulpturen und eine Standfigur der heiligen Walburgis in der Jodokuskapelle aus der Zeit um 1700. An die ursprüngliche Klosteranlage erinnern nur noch Mauern, für deren Errichtung auch römisches Baumaterial aus der Wasserleitung nach Köln verwendet worden war.

Bei aller kulturgeschichtlichen Bedeutung von Walberberg kommt die Natur aber nicht zu kurz. Das Gelände um den frühmittelalterlichen Ringwall steht mit einem von der Höhe herabführenden Kerbtal unter Naturschutz. Das schluchtartige Tal ist durch Altholzbestand mit Ilex-Eichen-Buchenwald mit artenreicher Krautschicht aus Perlgras *(Melica)*, Maiglöckchen *(Convallaria majalis)*, Goldnessel *(Lamium galeobdolon)*, Waldveilchen *(Viola reichenbachiana)* und Wald-Sanikel *(Sanicula europaea)* gekennzeichnet. In Hangmulden finden sich Quellbereiche mit Waldmorastresten. Unter den hier anzutreffenden Tierarten sind vor allem die Erdkröte *(Bufo bufo)*, der Gebänderte Feuersalamander *(Salamandra salamandra terrestris)* – eine etwas größere Unterart des Salamanders –, der Grasfrosch *(Rana temporaria)* und der Schwarzspecht *(Dryocopus martius)* zu nennen.

Ein weiterer Lösshohlweg in der Nähe des Ringwalls, nur vom Spitzbachtal getrennt, bildet den Kern des Naturschutz-

Maiglöckchen.

Goldnessel..

Waldveilchen..

▲ Gebänderter Feuersalamander.

gebietes Auf dem Schneeberge. Die Steilwände sind für höhlenbrütende Vögel und Insekten von Interesse. Gleichermaßen interessant ist hier der Bestand des alten Eichen-Hainbuchen-Hochwaldes mit reicher Naturverjüngung und gut ausgebildeter Krautschicht, der einen der wenigen intakten Waldreste des Vorgebirges bildet. Ähnliches gilt auch für das südostwärts gelegene Trippelsbacher Bachtälchen.

Brühler Vorgebirgsorte

Das Zentrum von Brühl erstreckt sich auf der Mittelterrasse des Rheins. Eine Kette von Stadtteilen zieht sich am Vorgebirge von Badorf nordwärts über Pingsdorf, Heide und Kierberg bis Vochem entlang.

Badorf

Das Zentrum der merowingischen Keramikherstelleung im Vorgebirge zwischen Walberberg und Frechen lag in Badorf. »Badorfer Keramik« ist seither der prägende Begriff für diese Töpferwaren. Die Grundlage für die Ansiedlung der Handwerker boten die Ton- und Sandschichten der rheinischen Hauptterrasse, die in nur geringer Tiefe lagerten und in sogenannten Tonkaulen leicht abbaubar waren. Wasser lieferten die vom Villerücken zum Rhein hin abfließenden Bäche. Holz kam aus den Wäldern der Ville. Köln lag als Absatzmarkt nah und war gleichzeitig als internationaler Handelsplatz für den überregionalen Vertrieb geeignet. Badorfer Keramik war wegen ihrer hohen Qualität sehr gefragt, denn durch verbesserte Ofentechnik konnte die Brenntemperatur gesteigert und damit die Dichte der Produkte erhöht werden. Das Töpferhandwerk wurde im Vorgebirge bis weit über

▲ St. Pantaleonskirche in Badorf.

das 15. Jahrhundert hinaus betrieben. Dann verlagerte sich die Produktion zunehmend nach Brühl, das schon 1285 Stadtrechte zugesprochen bekommen hatte.

Der Kölner Erzbischof Brun (925–65) hatte dem von ihm gegründeten Kloster St. Pantaleon testamentarisch die Grundherrschaft Badorf übereignet. Die erste Nennung Badorfs erfolgte im Jahr 965, dem Todesjahr des Erzbischofs. Der Hof Badorf zählte seither zu den Tafelgütern des Klosters. Seit 1225 ist auch Weinbau in Badorf dokumentiert. Das Kloster ließ Mitte des 15. Jahrhunderts an seinem Badorfer Hof eine der heiligen Muttergottes geweihte Kapelle errichten. Die 1633 durch Feuer zerstörte Kapelle wurde 1725 an naher Stelle erneuert und der heiligen Anna geweiht. Nach der Säkularisation, die auch zum Verkauf des Badorfer Hofs als Klostergut führte, nutzten die Bewohner die Kapelle als Kirche, bis 1895–97 auf exponiertem Standort auf einer Kuppe des Vorgebirges die große neugotische St. Pantaleonskirche als Pfarrkirche des Ortes errichtet wurde und als »Dom des Vorgebirges« weithin sichtbar ist. Längst hatte sich die Einwohnerzahl des Ortes durch den Braunkohleabbau vergrößert, so dass auch der Kirchenneubau erforderlich geworden war. Der Abbau wurde zunächst in einer Vielzahl von Einzelkonzessionen betrieben, die dann im Lauf des 19. Jahrhunderts zu den großen Gruben zusammengefasst wurden.

Pingsdorf

Ebenso wie in Badorf gehörte der Fronhof in Pingsdorf zum Gründungsgut des Klosters St. Pantaleon in Köln. Neben Badorf war Pingsdorf ein weiteres Zentrum des Keramikhandwerks am Villerand. »Pingsdorfer Keramik« entstand zwischen dem 9. und dem 13. Jahrhundert und unterschied sich

▲ Kruzifix im Kirchhof von St. Pantaleon in Pingsdorf.

von der Badorfer Ware durch ihre sandpapierartige Oberfläche. Der viel fettere Ton in Pingsdorf wurde nämlich mit Sand gemagert, um die Brenneigenschaften zu verbessern. Auch in Pingsdorf wurde in vielen einzelnen oberflächennahen Flözen Braunkohle zunächst händisch abgebaut. Mit der Industrialisierung von Abbau und Verarbeitung gingen dann die Einzelkonzessionen in die Großgruben ein.

Von Bedeutung im Ort ist die Pfarrkirche St. Pantaleon, deren mittelalterlicher Vorgängerbau im 18. Jahrhundert wegen Baufälligkeit abgerissen werden musste. Der Neubau erfolgte 1746–63 mit Unterstützung von Kurfürst Clemens August, der im nahen Brühler Schloss residierte. Es handelt sich um einen verputzten Saalbau mit abgerundeten Ecken und dreiseitigem Chor, der 1931 einen Erweiterungsbau erhielt. Bei der Renovierung im Jahr 1960 konnte die Stuckdecke des ursprünglichen Sakralbaus erneuert werden. Die reiche Barockausstattung ist sicherlich dem Kurfürsten zu verdanken. Das wertvollste Ausstattungsstück ist eine romanische Madonnenfigur, die um 1170 entstand. Das Original befindet sich heute wegen seiner kunstgeschichtlichen Bedeutung im Kölner Diözesanmuseum.

Heide

Im Jahr 1207 gründete Margaretha von Hersell das Zisterzienserinnenkloster Maria in den Benden am Vorgebirgshang *(Conventus in prato beatae Mariae Virginis)*. Hier bestand damals die von den Zisterziensern gewünschte Abgeschiedenheit. Im Gegensatz zu städtischen Klosteranlagen gab es Zugang zu klarem Wasser, die Lössschicht am Vorgebirge bot günstige Voraussetzungen für die Landwirtschaft. Auch erhielt das Kloster von Anbeginn an Zuwendungen von adeligen Familien, die ihre unverheirateten Töchter hier unterbrachten. Doch unterbrachen Brände und kriegerische Ereignisse immer wieder die weitere Entwicklung des Klosters, zwischenzeitlich blieb es auch ruinös. Zu Beginn des 17. Jahrhunderts wurde es gar als »armes Klösterchen« bezeichnet. Im 18. Jahrhundert verbesserten sich die wirtschaftlichen Bedingungen, das Kloster konnte erneut aufgebaut werden. 1766 erteilte es Johann Adam Braun, dem Pächter des klostereigenen Rodderhofes, die Erlaubnis, auf dem Gelände eine Klüttenkaule einzurichten, ein Werk zur Herstellung von handgeformten Briketts. Dies ist der Ursprung der Braunkohle- und Brikettfabrik Roddergrube. Nach der Säkularisation geriet das Kloster in private Hände. Die neuen Besitzer rissen die Anlage bis auf das Äbtissinnenhaus und einige Wirtschaftsgebäude ab. 1889 erhielt der Eckturm eine barocke Haube und der Torbau wurde hinzugefügt. Heute dient die Anlage, die noch weitgehend ummauert ist, Wohnzwecken.

Kierberg

Im 7. Jahrhundert bekam der Kölner Erzbischof Kunibert den merowingischen Königshof *Merreche* am Vorgebirgsrand übereignet. Auf dem Hof saßen die Herren von Merreche. Hermann von Merreche erwähnt 1231 in einer Urkunde das nahegelegene Kloster Marienbende (Kloster Benden). 1304 wird von einer Kapelle in *Merreche* gesprochen, die der Mutterkirche in Kendenich zugeordnet ist. Als mit der Stadtrechteverleihung im Jahr 1285 an Brühl dort auch eine Stadtmauer entstand, zogen die Bewohner von Merreche aus Sicherheitsgründen dorthin. Einzig die Kapelle blieb bestehen. Diese wurde 1696 als einschiffiger Backsteinbau mit

Chor und Sakristei erneuert, 1900 abgebrochen und 1903 durch eine neugotische Kirche ersetzt. Seinen Ortsnamen hat Kierdorf im Übrigen erst mit der preußischen Katasteraufnahme erhalten.

Mit dem Bau der Eifelbahn, der Zugverbindung von Köln nach Trier, bekam der Ort einen Kaiserbahnhof. Dieses repräsentative Gebäude wurde für Kaiser Wilhelm I. angelegt, entstieg er doch hier seinem Zug, um alljährlich am Eifelmanöver seiner Truppen teilzunehmen. 1891 wurde vom Bahnhof Kierberg eine Gleisverbindung zu den Gruhlwerken gelegt, einer neuen Brikettfabrik, die 1892 die Produktion aufnahm.

Hürther Vorgebirgsorte

Das Vorgebirge setzt sich über den Brühler Bereich nordwärts bis zu den Hürther Vororten fort und läuft über Fischenich bei Kendenich aus.

Fischenich

Aus einer im Jahr 696 ausgestellten Urkunde geht hervor, dass der Merowingerherrscher Pippin der Mittlere und seine Gemahlin Plektrudis dem von ihnen begründeten Damenstift St. Maria im Kapitol in Köln unter anderem Güter in *Pisceniacum* übereigneten. Inwieweit der Ortsname von Fischenich auf eine *piscina limaria*, einen Sammelteich der römischen Eifelwasserleitung, zurückzuführen ist, bleibt umstritten. In einer weiteren Urkunde des Kölner Erzbischofs Philipp I. von Heinsberg aus dem Jahr 1189 wird ein *Otto de Viskenich* als Zeuge benannt. Die niederadeligen Herren von Fischenich waren es dann auch, die drei Jahrhunderte lang von ihrer Burg aus die Herrschaft über den Ort ausübten. 1502 wurde die Anlage an Albert von Zweifel vererbt, der sich die Belehnung noch vom Stift St. Maria im Kapitol bestätigen ließ. 1584 wurde sie während des Truchsessischen Kriegs zerstört und verblieb seither als Ruine. Nach vielen Veräußerungen kam das Burggelände 1906 an die Cellitinnen, die in dessen Vorfeld ein Kloster errichteten. 1983 wurden diese Bauten abgerissen und das Gelände in ein Wohngebiet umgewandelt.

Von der ehemaligen Wasserburg Fischenich ist nicht viel erhalten. Es handelte sich um eine Niederungsburg, bestehend aus Vor- und Hauptburg. Von der Vorburg zeugen nur noch Grabenreste. Die Hauptburg war oval angelegt und hatte eine Umfassungsmauer mit vier Türmen. Als Baumaterial der Ringmauer kamen auch Steine aus der römischen Wasserleitung zum Einsatz.

Typisch für den immer noch dörflich geprägten Ortskern sind die alten Höfe. Den Ortsmittelpunkt bildete der Fronhofverband des Stifts St. Maria im Kapitol. Das Herrenhaus des Fronhofs stammt aus dem Jahr 1770. Neben der Pfarrkirche steht noch ein Fachwerkhof aus dem 18. Jahrhundert, der den Kölner Kartäusern gehörte. Zwei weitere Fachwerkhäuser zählten als Gesindehäuser auch zu diesem Hof. Die kleineren Kotten der Bergleute, die sich hier im 19. Jahrhundert ansiedelten, erstrecken sich bis zur Villehöhe.

Von besonderem Interesse ist der Weilerhof, dessen Gelände schon überwiegend auf dem Gelände des Brühler Ortsteils Vochem liegt. Seine Besiedelung reicht offensichtlich bis in die Römerzeit zurück. 1961 wurde in den Wirtschaftsgebäuden des Hofes eine Kölsch-Brauerei und eine Restauration mit Biergarten eingerichtet (siehe »Vochem«, S. 119).

Kendenich

Burg Kendenich ist der Ursprung des heutigen Hürther Ortsteiles. Auf dem Burggelände hat man römische Spuren gefunden, Mauer- und Pflasterreste sowie Münzen mit dem Abbild römischer Kaiser. Das mittelalterliche Kendenich wurde erstmals in einer Urkunde des Jahres 941 des Kölner Erzbischofs Wichfrid erwähnt, mit der er dem Kölner Cäcilienstift den Zehnten des Herrenhofs in *Cantenich* schenkte. Vor Ort vertraten Gefolgsleute des Kurfürsten die Interessen Kölns. Seit dem 13. Jahrhundert nannten sich diese Gefolgsleute, die inzwischen auch eine Burg errichtet hatten, nach dem Ort. Sie traten als niederadelige Herren von Kendenich als Lehensleute des Kölner St. Ursula-Stifts auf. Als Heinrich von Kendenich 1374 mit der Herrschaft, Gerichtsbarkeit und Burg belehnt wird, wird diese schon als *castrum* bezeichnet. 1475 gelangte das Lehen in die Hand des Kölner Patriziers Matthias Walraven zu Kendenich. Im 16. Jahrhundert kamen Herrschaft und Burg durch Verkäufe, Vererbungen und durch Einheirat an die Freiherren Raitz von Frentz, die fortan den Zusatz »zu Kendenich« annahmen. Johann Sigismund Raitz von Frentz ließ 1660–64 das bis heute erhaltene barocke Herrenhaus errichten. Mit Johann Sigismund Freiherr Raitz von Frentz, der im Jahr 1659 mit Kendenich belehnt worden war, starb dieses Freiherrengeschlecht aus. Nach mehrfachen Besitzerwechseln fiel die Burg schließlich im Tausch an die Stadt Hürth, die die Flächen des Anwesens als Gemeindeerweiterungsgebiet vorsah. Die schon in schlechtem Zustand befindliche Anlage gelangte später an einen Investor, der sie sanierte und zu Wohnzwecken ausbaute.

Heute betritt man Burg Kendenich, die inmitten eines weitläufigen englischen Landschaftsgartens liegt, durch den Torbau der dreiflügeligen, in Backsteinbauweise errichteten Vorburg mit vier Ecktürmen. Ihr Nord- und ihr Westflügel wurden im 18. und 19. Jahrhundert erbaut, der Ostflügel stammt noch aus dem Jahr 1667. Der Innenhof ist gärtnerisch gestaltet. Das Herrenhaus ist immer noch von einem Wassergraben umgeben, erreicht wird es über eine Bogenbrücke. Es ist ein dreigeschossiger, annähernd quadratischer Bau, der nach Westen sechs und nach den übrigen Seiten fünf Fensterachsen aufweist. Das mächtige geschwungene Zeltdach gipfelt in einer Zwiebelhaube, die mit den kleineren Zwiebelhauben auf den Ecktürmen der Vorburg korrespondiert.

Die Kendenicher Pfarrkirche St. Johann Baptist war gemäß einer Urkunde des Jahres 1159 dem Stift St. Ursula in Köln inkorporiert. Ihr massiver Turm stammt aus dem Jahr 1682. In den 1950er Jahren fiel das neoromanische Kirchenschiff weitgehend einem Erweiterungsbau zum Opfer. Zu den Ausstattungsstücken zählen ein gotisches Gabelkreuz aus dem 14. Jahrhundert in der ehemaligen Apsis der alten Kirche sowie zwei Holztafeln eines Marienaltars aus dem 16. Jahrhundert. Am Gebäude findet man noch restaurierte alte Grabkreuze aus dem 17. und 18. Jahrhundert.

Kaiserbahnhof in Kendenich.

Burg Kendenich.

Schloss Augustusburg in Brühl, Gartenparterre.

Rheinebene

Die Gestaltbildung des Rheins in der Köln-Bonner Bucht ist ein langwieriger Prozess und im Wesentlichen auf die Ereignisse der Eiszeit und der vor etwa 12 000 Jahren einsetzenden Warmzeit zurückzuführen. Die aktuelle Eiszeit, das geologische Zeitalter des Pleistozän, setzte vor 2,5 Millionen Jahren ein und ist durch eine Abfolge von Kaltzeiten und Warmzeiten charakterisiert. Der Meeresspiegel lag in den Kaltzeiten mehr als 100 Meter tiefer als heute, was den Flusstälern ein größeres Gefälle gab. Mit den einsetzenden Warmzeiten nahm die Wasserführung zu, so dass der Rhein große Schottermengen mit sich führen konnte. So bildete sich die Hauptterrasse des Flusses. Geotektonische Hebungs- und Senkungsprozesse führten dazu, dass er sich tiefer in das Plateau der Hauptterrasse einschnitt. Dadurch, dass der Villerücken als Horst bestehen blieb, wurde der weitere Ablagerungsraum des Rheins im Bereich der Kölner Bucht auf den Beckenteil östlich der Ville beschränkt. Im weiteren Verlauf schnitt sich der Fluss weiter in den Untergrund ein und schotterte die Ältere und Jüngere Niederterrasse auf. Auch die vor 12 000 Jahren einsetzende Warmzeit ist nicht gleichmäßig verlaufen, sondern durch erhebliche Klimaschwankungen gekennzeichnet, so dass der Rhein sowohl warmzeitlich mäandrierende als auch kaltzeitlich verwilderte Verläufe nahm. Flussbettverlagerungen, Flugsande und Dünen prägen seither das weitere Geschehen. Angewehte Feinsande, die sich auf den Rheinschottern auflagerten, sorgten großflächig für fruchtbare Böden in weiten Bereichen der Köln-Bonner Bucht. Vor allem der Bereich um Pulheim profitiert als südlicher Teil der Rommerskirchener Lössplatte von dieser Privilegierung durch die Natur. Mit Beginn der Flussbegradigungen im 19. Jahrhundert sind übrigens die meisten der zwischen den Flussarmen entstandenen Inseln verschwunden, im Areal des Naturparks Rheinland blieb einzig das Herseler Werth erhalten.

Entlang des Leinpfads

In vorindustrieller Zeit, als noch keine Dampfmaschinen und Dieselmotoren die Schiffe bewegten, wurden sie von Land aus gezogen. Zu diesem Zweck legte man am Flussufer Arbeitswege an, von denen aus Zugtiere oder auch Menschen

Lössplatte. Reiterland am Chorbusch.

die früher hölzernen Frachtschiffe flussaufwärts an Leinen zogen. Ein solcher Leinpfad, der heute als attraktive Uferpromenade einen beliebten Rad- und Wanderweg darstellt, war auch am Bornheimer Rheinufer angelegt. Im Bornheimer Bereich des Naturparks Rheinland reihen sich die Orte Hersel, Uedorf, Widdig und Urfeld am Leinpfad entlang.

Hersel

Die Ursprünge Hersels gehen auf eine Kapelle zurück, die der Kölner Erzbischof Bruno II. (1131–37) dem Bonner Cassiusstift übertrug. So jedenfalls ist es in einer Urkunde aus dem Jahr 1149 bestätigt worden. Dieses gilt auch als Gründungsjahr der Kirchengemeinde von Hersel. Die baufällig gewordene Kirche wurde 1747 durch den Kölner Baumeister Johann Georg Leydel als einfacher barocker Saal mit dreiseitigem Chorschluss und Ostturm errichtet. Die Westfassade weist eine Lisenengliederung und einen geschweiften Giebel auf. Für die zunehmende Einwohnerzahl wurde 1901 eine größere, neugotische Kirche gebaut. Das alte Gotteshaus diente bis 2006 als Ägidiussaal der Gemeinde als Pfarrsaal und wurde dann der erzbischöflichen Ursulinenschule übereignet.

An den früheren Weinbau in der Region erinnert das 1867 anstelle eines Vorgängerbaus im Stil eines fränkischen Vierkanthofs mit klassizistischem Herrenhaus errichtete Weingut Marienhof. Der Name des Hofs bezieht sich auf die früher in der Nähe gelegenen Weingärten des Klosters Mariengraden in Köln, das von den Ortsbewohnern als *Mariagarten* bezeichnet wurde.

Gegenüber von Hersel liegt das Herseler Werth im Rhein – die Insel ist inzwischen Naturschutzgebiet.

THEMA Herseler Werth

Die Rheininsel Herseler Werth, zwischen Rheinkilometer 660 und 662 gelegen, verdankt ihre Entstehung einer Flutkatastrophe. Zu Beginn des 14. Jahrhunderts gab es ein gewaltiges Hochwasser, durch das sich das Rheinbett nach Westen verlagerte. Die Römerstraße am Rhein wurde weggeschwemmt, der alte Ortskern von Hersel musste an den neuen, höheren Uferrand verlegt werden.

Herseler Werth.

Das knapp zwei Kilometer lange Werth vor Hersel misst eine Fläche von 14,8 Hektar. Erst im Laufe der Zeit erhielt es sein derzeitiges Aussehen. Offensichtlich war die Insel zunächst nur halb so lang wie heute. Durch die Jahrhunderte währenden Sedimentablagerungen aus Rhein und Sieg erhielt das Herseler Werth seine langgestreckte Form. Heute ist die Insel mit Pappeln bewachsen, die nach dem Zweiten Weltkrieg angepflanzt wurden.

Das Herseler Werth wurde 1993 als Naturschutzgebiet ausgewiesen. Seither ist das Betreten der Insel verboten. Hier siedeln viele bedrohte Arten, vor allem haben bodenbrütende Vögel einen ungestörten Lebensraum bekommen. Auf der Insel werden insgesamt 119 Vogelarten als Brut- oder Gastvögel gezählt, darunter so seltene und interessante wie die Nachtigall (Luscinia megarhynchos), *der Pirol* (Oriolus oriolus) *und der Kormoran* (Phalacrocorax carbo) *– viele von ihnen stehen auf der Roten Liste der gefährdeten Tierarten.*

Auch die Pflanzenwelt des Herseler Werths ist einzigartig, denn einen solch kalkreichen Boden wie auf dieser Insel gibt es in der Umgebung nicht. Regelmäßige Überschwemmungen stellen eine weitere Herausforderung für den Pflanzenwuchs dar, schrecken aber gleichzeitig auch Kaninchen als »Fressfeinde« ab. 145 verschiedene Pflanzenarten wurden auf der Insel gezählt, darunter Ackerlöwenmaul (Misopates orontium), *Osterluzei* (Aristolochia clematitis), *der auch »Taubenkopf« genannte Hühnerbiss* (Silene baccifera) *und Eisenkraut* (Verbena officinalis).

Uedorf

Nördlich am Rhein liegt Uedorf, ein Bornheimer Ortsteil, der auf römischen Wurzeln ruht. Hier fand man einen Matronenstein und hier soll ein römischer Wachturm gestanden haben. Im Mittelalter waren dort unter anderem die Klöster Nonnenwerth, Schillingscapellen, Altenberg und Brauweiler mit Land und Weingärten begütert. Die Flutwelle des Rheins, die im 14. Jahrhundert das Herseler Werth schuf, riss auch Teile von Alt-Uedorf mit. Eine Mühle wurde erstmals im 14. Jahrhundert erwähnt – wohl an der Stelle, an der früher der römische Wachturm stand. Die Mühle war bis Ende des 19. Jahrhunderts in Betrieb, dann diente ihr Rumpf als Aussichtsturm, heute ist sie in Privatbesitz. Die Geschichte der Uedorfer Burg liegt im Dunkeln. Sie soll dem Freiherrn von Diergardt gehört haben, der auf Burg Bornheim residierte. Ihr aus alten Zeichnungen belegtes Rokoko-Herrenhaus fiel 1942 einer Fliegerbombe zum Opfer. Das heutige Geviert des Uedorfer Hofguts entstand nach dem Krieg und beherbergt das Caféhäuschen Uedorf.

INFOS

- ***Caféhäuschen Uedorf:*** *53332 Bornheim-Uedorf, Rheinuferweg 80, Tel. 02222 978601. Ausflugslokal am Rhein mit Terrasse und schönem Blick auf den Fluss, geöffnet Mi. bis Sa. 14:00–18:00 Uhr, So. 13:00–18:00 Uhr.*

Widdig

Der nächste Ort am Leinpfad ist Widdig. Der Ortsname leitet sich aus der römischen Bezeichnung *Vettiacum* (»Gut des Vettius«) ab und erscheint dann als *Witheich* in einer Schenkungsurkunde aus dem Jahr 898. Reizvoll erhebt sich die katholische Ortspfarrkirche am Rheinufer, die 1928 als Ersatz für eine vom Hochwasser weggerissene Kapelle errichtet wurde. Rheinaufwärts findet man die Rheinterrassen als beliebtes Ausflugslokal unmittelbar am Ufer.

INFOS

- ***Rheinterrassen:*** *53332 Bornheim-Widdig, Römerstraße 99, Tel. 02236 922020, www.hotel-rheinterrassen.de. Hotel, Restaurant und Café mit Terrasse in einmaliger Lage über dem Rheinufer, Familienunternehmen seit 1645.*

Urfeld

In Urfeld existierte schon eine steinzeitliche Siedlung aus dem 5. Jahrtausend v. Chr. Aus der Römerzeit ist der Rest einer *villa rustica* erhalten. Die Franken, die die Nachfolge der Römer im Gebiet antraten, setzten bei Urfeld über den Rhein. Sie nannten den Ort *Oruare* (»ein Platz, wo man überfährt«). Wie andere Orte am Rhein litt Urfeld stark unter den Kriegen des ausgehenden Mittelalters – und unter Überschwemmungen des Flusses. Heute prägt der Turm der katholischen Pfarrkirche St. Thomas Apostel das Bild des beschaulichen Ortes Urfeld mit seinem neu angelegten Dorfplatz.

Eichenkamp

Westlich der Leinpfadorte und jenseits der Autobahn erstreckt sich leicht erhöht auf der Niederterrasse zwischen Sechtem und Hersel der Eichenkamp als ein naturnahes Laubwaldgebiet. Es handelt sich um den zwischen zwei ehemaligen Altrheinarmen gelegenen Rest der ehemals verbreiteten Perlgras-Buchenwälder in der Rheinebene. Heute ist der Eichenkamp als Landschafts- und Wasserschutzgebiet besonders ausgewiesen.

Weißer Rheinbogen

Der Leinpfad setzt sich über Wesseling hinaus am Rheinufer flussabwärts weiter fort. In einem weit ostwärts ausholenden Bogen liegt der kleine Ort Weiß, erstmals urkundlich 1130 erwähnt. Eine weitere Urkunde aus dem Jahr 1238 besagt, dass der Kanoniker Bertolfus des Kölner Stifts Sankt Gereon diesem eine Menge Wein aus *Wise* (»Weiß«) zusprach. Der Weinbau spielte im Übrigen bis zum Ende der Feudalzeit im Weißer Rheinbogen eine Rolle. Häufige Überschwemmungen bereiteten aber den geistlichen Grundeigentümern immer wieder Probleme. Durch Anpflanzung von Weiden auf dem sandigen Ufersaum versuchte man, die Schäden zu begrenzen.

In den 1960er Jahren beschloss die Stadt Köln, das Landschaftsschutzgebiet des Weißer Rheinbogens zum Naherholungsgebiet auszubauen. Auf den vormaligen Äckern wurde ein Wald angepflanzt, der wegen der häufigen Überschwemmungen als naturnaher Auenwald konzipiert wurde. Entsprechend den jeweiligen Gegebenheiten wurden auf westlichen, vom Rhein entfernten Standorten Buchen, Eichen, Eschen, Ahorn und Vogelkirschen angepflanzt, im östlichen, rheinnahen Bereich vorwiegend Hybridpappeln. Zwischen den Baumanpflanzungen wurden Flächen für Streuobstwiesen mit Hecken und Sträuchern freigehalten, vor allem um einer vielseitigen Tierwelt Lebensraum zu bieten.

Sechtem

Wie so viele andere Orte im Rheinland kann auch Sechtem auf antike Wurzeln zurückblicken. Hier führten etwas zurückversetzt vom Rhein auf der Mittelterrasse Römerstraßen entlang, hier gab es ein römisches Kastell, auf dessen Fundamenten im Mittelalter die Nikolauskapelle errichtet wurde. Die zwei Burgen im Ort waren kurkölnische Lehen, der Ort im 13. Jahrhundert Mittelpunkt eines kurkölnischen Gerichtsbezirks und Fronhofverbandes, der Ort selbst dem Bonner Dietkirchenstift gegenüber zehntpflichtig.

Als Gründer der Grauen Burg in Sechtem im 12. Jahrhundert gelten die Grafen von Saffenburg, die hier begütert waren. Zu der von einem Graben umgebenen Anlage gehört ein Herrenhaus, das nach einem Brand 1770 nach Plänen von Johann Georg Leydel dreigeschossig mit Mittelrisalit neu errichtet wurde. Seit 2013 ist die Anlage in Privatbesitz. Sie wurde im Einvernehmen mit der Denkmalbehörde in eine Mehrgenerationen-Wohnanlage umgebaut.

Über die Gründung der Weißen Burg in Sechtem liegen keine Erkenntnisse vor. Schriftliche Quellen über die Anlage gibt es erstmals aus dem Jahr 1472. Anstelle der alten Burg trat in nachmittelalterlicher Zeit ein Herrenhaus, das Mitte des 19. Jahrhunderts im klassizistischen Stil italienischer Landhäuser umgestaltet wurde. Von der alten Burg ist noch der Eingangstrakt des Wirtschaftshofs mit fünfgeschossigem Torturm verblieben.

Auf einem Hügel im Ort erhebt sich mit weithin sichtbarem hohem Turm die katholische Pfarrkirche SS. Gervasius und Protasius. Die spätklassizistische backsteinerne Saalkirche mit Halbkreisapsis entstand 1846–48 nach Plänen von Peter Josef Leydel. Hochaltar und Kanzel entstammen der neugotischen Kölner Dombauhütte. In einem neugotischen Filialenaufbau steht in einer Nische die hochgotische Marmorfigur der Maria aus dem 14. Jahrhundert. Außerdem verfügt die Kirche noch über ein romanisches Taufbecken und zwei hölzerne Barockfiguren.

Unmittelbar neben der Pfarrkirche steht die Nikolauskapelle, ein Kleinod frühklassizistischer Sakralbaukunst, dem Baumeister Johann Georg Leydel zugeschrieben. Der Saalbau mit flacher Decke entstand 1772–75. Der Ursprungsbau aus dem 11. Jahrhundert war als Kapelle der Burgherren der Grauen Burg errichtet worden.

Keldenich

Landesherrlich gehörte Keldenich seit dem Mittelalter zum Kurfürstentum Köln. Im Ort steht der Dikopshof, eine der ältesten nachweisbaren Hofanlagen im Kölner Raum. Eine erste schriftliche Erwähnung stammt aus dem Jahr 1213. Die ursprünglichen Gebäude wurden in der Mitte des 19. Jahrhunderts nach einem Brand durch Neubauten ersetzt. Das Wohnhaus an der Südostecke zeigt noch die Jahreszahl 1681. Östlich an der Hofanlage steht die 1716 erneuerte Kapelle Zum Heiligen Kreuz mit einem schönen Wegekreuz.

THEMA Entenfang

Ein ehemaliger Altrheinarm zwischen Keldenich und Berzdorf an der Kante der Mittelterrasse zur Niederterrasse, die sich heute noch im Gelände sichtbar abhebt, wurde – als Feuchtgebiet mit wechselnden Wasserständen – seit dem 17. Jahrhundert zum Entenfang genutzt. Der jagd- und tafelfreudige Kurfürst Clemens August ließ das Gewässer ausbauen, um seinen Gästen bei Tisch jederzeit Entenfleisch anbieten zu können. Heute ist das 75 Hektar große Gelände Naherholungsgebiet für die umliegenden Bewohner, die hier Obstwiesen, Alleen, Hecken, Pferdeweiden, Park- und Sportanlagen vorfinden. Das Teichgelände selbst steht wegen seiner Bedeutung für rastende und durchziehende Watvögel, aber auch, weil es das einzig erhaltene Gewässer dieser Art im weiten Umkreis ist, seit 1969 unter Naturschutz. Röhrichtähnlicher Randbewuchs erfolgt durch verschiedene Kalmus-Arten und Rohrkolbengewächse (Typhaceae). *Hier findet übrigens die Europäische Sumpfschildkröte* (Emys orbicularis) *noch Lebensraum.*

▲ Sumpfschildkröte.

Berzdorf

Berzdorf liegt in einem nordwestlichen Ausläufer des Naturparks Rheinland. Die Geschichte dieses von Kiesgruben umgebenen Wesselinger Ortsteils reicht in das 12. Jahrhundert zurück. Die Herrlichkeit Berzdorf im Besitz des Kölner St. Gereonstifts unterstand bis zum Ende der Feudalzeit dem kurkölnischen Amt Brühl. Sehenswert im Ort sind das Jagdschloss Entenfang und die Godorfer Burg.

Das Jagdschloss Entenfang diente den Pröpsten des Gereonstifts als Sommersitz. Im Laufe des 18. Jahrhunderts gelangte es offensichtlich in den Besitz von Kurfürst Clemens August. Um 1900 ließen private Eigentümer das längst säkularisierte Schloss zum Herrenhaus eines Gutes ausbauen. Aus dieser Zeit stammt wohl der östliche Teil des Gebäudes mit neobarocken Anbauten, den Türmchen, der Freitreppe und dem im Winkel angebauten Terrassenaufbau. Heute ist im Schlösschen der kommunale Kindergarten Entenfang-Schlösschen untergebracht.

Der Ursprung der Godorfer Burg geht auf den Godorfer Hof zurück, der gemäß einer Urkunde aus dem Jahr 1173 durch Graf Arnold von Wied dem freiadeligen Damenstift Schwarzrheindorf übertragen wurde. Die eigentliche Burg wurde auf einem an den Hof angrenzenden Areal errichtet. Die Schwarzrheindorfer Damen ließen den Hof durch Pächter bewirtschaften. Im Zuge der Säkularisation wurde das Damenstift aufgehoben, die Godorfer Burg verkauft. Nachdem der preußische Freiherr von Steffens in den Besitz der Anlage kam, wurde sie durch Kabinettsorder 1868 zum Rittergut erklärt. Steffens vergrößerte das Anwesen 1870 um ein schlossartiges Herrenhaus und ließ einen Park anlegen. 2014 baute es der jetzige Besitzer zu einer Wohnanlage um.

Schwadorf

Der heutige, schon auf der Mittelterrasse gelegene Brühler Ortsteil Schwadorf wurde erstmals 1109 unter dem Namen *Suaventhorp* erwähnt. Im Ort waren das Kölner Kanonikerstift Sankt Severin mit den Grundherrschaften Comarhof und Strauchshof sowie das St. Kunibertstift mit dem Weiherhof begütert. Die romanische, dem heiligen Severin geweihte Ortskirche stammt aus dem 12. Jahrhundert. Die teilweise baufällige und zu klein gewordene Kirche wurde 1875 durch den heute noch bestehenden, mit hohem Turm versehenen neugotischen Bau ersetzt. Nach einer *Landes-Description* aus dem Jahr 1670 gab es in Schwadorf drei Gutshöfe, die Schallenburg, den Weyerhof und den Kruffts-hof. Dieser letztgenannte Hof gehörte einem Kölner Canonicus gleichen Namens, der ihn an Gerhard Strugh verpachtete, was der Anlage ihren Namen als »Strauchshof« einbrachte. Der renovierte Bau ist heute als Wohnanlage ausgestaltet.

Bei der Schallenburg handelt es sich um eine Niederungsburg, deren Ursprünge in das 12. Jahrhundert zurückreichen. Die spätgotische Anlage wurde im 15. Jahrhundert durch die Familie Schall von Bell erbaut. Der Hauptflügel mit seinen zwei dreigeschossigen runden Ecktürmen stammt im Kern noch aus dem 16. Jahrhundert. 1694 erfolgte der barocke Anbau an der dem Wirtschaftshof zugewandten Seite des Hauptflügels. Der Park und die Wirtschaftsgebäude wurden im 19. Jahrhundert angelegt. Die Burganlage wird heute privat bewohnt.

Brühl

Der bedeutendste Ort im Rheinebenengebiet des Naturparks Rheinland ist Brühl mit seinem als Weltkulturerbe ausgewiesenen Schlosskomplex – und es ist zudem die Geburtsstadt des international renommierten Künstlers Max Ernst (1891–1976). Hier im Bereich der Mittelterrasse besaßen die Kölner Kurfürsten eine als Wildpark genutzte Flur. Der bei diesem Tiergarten gelegene Ort Brühl diente ihnen seit dem 12. Jahrhundert als Amtssitz für ihre Besitzungen zwischen Bonn, Köln und Euskirchen. Am Tiergartengelände errichtete der Kölner Kurfürst Siegfried von Westerburg 1284 angesichts der Spannungen mit der Kölner Bürgerschaft eine Wasserburg, um der Durchsetzung seiner landesherrlichen Rechte gegenüber der Domstadt Nachdruck zu verleihen. Siegfried konnte seinen Willen aber nicht gegen die Kölner behaupten – er unterlag ihnen nur vier Jahre später in der Schlacht bei Worringen. Sein Nachfolger, Kurfürst Widbold von Holte, vollendete die Wasserburg, die im 14. und 16. Jahrhundert zu einer stattlichen Befestigung um einen rechteckigen Innenhof mit Türmen und Bastionen ausgebaut wurde.

Schon 1285 hatte der Kurfürst Brühl die Stadtrechte verliehen. Der Ort entwickelte sich im Schutz der Burg mit der St. Margaretakirche, die 1304 zur Pfarrkirche erhoben wurde. Im 17. Jahrhundert siedelten die Töpfer aus den Villerandorten Badorf, Pingsdorf und Walberberg nach Brühl über, was der Stadt einen nachhaltigen Entwicklungsschub brachte. Nach der Zerstörung der Burg durch französische Truppen im Jahr 1689 ließ Kurfürst Clemens August im 18. Jahrhundert in Brühl eine der grandiosesten Schlossanlagen, bestehend aus Schloss Augustusburg, Jagdschloss Falkenlust sowie den umgebenden Parkanlagen, errichten.

Schloss Augustusburg

Zunächst war es Kurfürst Joseph Clemens (1688–1723), der sich dem Wiederaufbau der durch französische Truppen zerstörten Wasserburg widmete. Er wollte die Burganlage ganz im Sinne moderner französischer Architektur neu errichten und ließ sich vom Pariser Hofarchitekten Robert de Cotte entsprechende Pläne fertigen – immerhin hatte Joseph Clemens am Spanischen Erbfolgekrieg auf französischer Seite teilgenommen und deshalb für einige Zeit nach Frankreich ins Exil gehen müssen, von wo er vom französischen Baustil tief beeindruckt zurückkehrte. Einen neuen Haupttrakt und zwei neue Seitenflügel sowie einen Stichkanal zum Rhein und eine Baumallee nach Bonn sollte die Brühler Anlage erhalten. Doch verursachte dieser Ausbauplan zu hohe Kosten. Vor allem aber gefiel Joseph Clemens´ Neffen und Nachfolger Clemens August (1723–61) die französisch-klassizistische Formensprache des Architekten Robert de Cotte nicht. So beauftragte er den westfälischen Baumeister Johann Conrad Schlaun mit der Überarbeitung der Entwürfe.

Nach Schlauns Vorstellungen sollte unter Nutzung vorhandener Baureste der Brühler Burganlage ein dreiflügeliges, nach Osten geöffnetes barockes Schloss entstehen. Schlaun übernahm auch den schweren Rundturm an der Nordwestecke und wollte einen gleichartigen an der Südwestecke als Kapellenturm errichten. Auch sollte dem Schloss der Wassergraben erhalten bleiben. 1725 legte Clemens August den Grundstein und 1728 war der Rohbau schon fertig.

Clemens August war inzwischen weit über die Kur- und Bischofswürde hinausgewachsen – so war er auch zum Bischof von Hildesheim und Osnabrück ernannt worden und hatte zusätzlich die Herrschaft über zahlreiche Grafschaften und Herzogtümer inne. Nicht zuletzt wurde ihm 1732 auch das mit hohen Einkünften verbundene Hochmeisteramt des Deutschen Ritterordens übertragen. Vielleicht war es aber auch die Kritik seines Bruders Karl Albrecht, des kunstsinnigen bayerischen Kurfürsten, die ihn veranlasste, von den etwas zu altertümlichen Bauplänen Schlauns Abstand zu nehmen. Karl Albrecht entsandte seinen Hofarchitekten François de Cuvilliés und den Gartenarchitekten Dominique Girard zu Clemens August – sie gestalteten den Schlaunschen Rohbau zu einer ganzheitlichen Barockanlage mit neuer Innenraumdisposition und auch neuer gärtnerischer Anlage um. Erforderlich wurde ein neuer Wirtschaftstrakt westlich des Schlosses. 1730 wurde die Gartenterrasse angelegt und 1735 ließ Cuvilliés den Wassergraben zuschütten und die beiden Rundtürme abbrechen – nichts erinnert seither mehr an die alte Wasserburg.

Im Zuge der Neugestaltung der Innenraumfolge verlegte Cuvilliés das Treppenhaus auf die Nordseite der Durchfahrt durch den Querflügel. Zur Gestaltung dieses Treppenhauses konnte der fränkische Baumeister Balthasar Neumann gewonnen werden, der hier eines seiner Meisterwerke schuf. Die Deckenfresken stammen von Carlo Carlone, der auch die anschließenden Säle sowie die Nepomukkapelle ausmalte. Kurz nach 1750 entstanden die Stukkaturen des Gartensaals.

Clemens August starb im August 1761. Die Arbeiten am Schloss waren in der Hauptraumfolge noch in vollem Gange. Kurfürst Max Friedrich von Königsegg-Rothenfels (1761–84) ließ diese Räume nach den Plänen seines Vorgängers vollenden. Die Fertigstellung des Brühler Schlosses erfolgte 1768 nach mehr als 40-jähriger Bauzeit mit der Aufstellung der beiden Wachhäuschen an der Hauptzufahrtsbrücke.

Falkenlust

Zum Ensemble des Schlosses Augustusburg zählen noch die Schlosskirche, eine ehemalige Franziskaner-Klosterkirche, die Clemens August barock umgestalten und durch einen zweigeschossigen Orangerietrakt an das Schloss anbinden ließ, sowie Schloss Falkenlust, mit dem Stern des Schlossparks von Augustusburg durch eine lange Baumallee verbunden, die heute allerdings von der Eisenbahnlinie Köln-Bonn durchschnitten wird.

Der Hauptbau von Jagdschloss Falkenlust ist ein zweigeschossiger Rechteckbau mit nobler Fassade ganz in der französischen Tradition einer *Maison de plaisance* nach Plänen von Cuvilliés zwischen 1729 und 1740 errichtet. Architektonisch verwandt ist übrigens die gleichfalls von Cuvilliés geschaffene Amalienburg im Nymphenburger Park in München. Dem Hauptgebäude von Falkenlust mit dem krönenden Belvedere als Aussichtsplatz auf dem Dach ist ein von niedrigen Seitentrakten eingefasster Ehrenhof vorgelagert. Ein

Blick auf das Ensemble von Schloss Augustusburg.

Schloss Augustusburg – Parklandschaft.

Schloss Augustusburg – Palnersdorfer Bach im Schlosspark.

schmiedeeisernes Gitter mit den Initialen des Kurfürsten *CA* schließt diesen *Cour d'honneur* ab.

Im Park von Schloss Falkenlust steht noch eine 1730 errichtete Kapelle. Dieser achteckige Zentralbau mit Mansarddach ist innen mit reicher Muscheldekoration ausgeschmückt – eine wahre Zierde des Parks!

Pirol.

Der Brühler Schlosspark

Zum Weltkulturerbe der Brühler Schlossanlagen zählt auch der Schlosspark, der seit 1954 unter Naturschutz steht. Das Naturschutzgebiet umfasst die Parkanlagen des Residenzschlosses Augustusburg und die angrenzenden Laubwälder. Der Schutz gilt insbesondere dem Erhalt der alten, naturnahen Baumbestände und Teiche als Lebensraum für Vögel, Fledermäuse, Insekten und Amphibien. Gleichermaßen schutzbedürftig ist der kulturhistorische Wert der Parkanlagen mit der seltenen Altersstruktur der Baumbestände. Und letztlich soll der Park als siedlungsnaher Freiraum wegen seiner Klima- und Erholungsfunktionen geschützt werden.

Die Parkanlagen wurden im Erbauungszeitraum als Jagd- und Wildpark angelegt und in Teilbereichen als englischer Landschaftsgarten mit breiten Alleen aus Linden, Rosskastanien und Buchen sowie schmalen Waldpfaden umgestaltet. Die Laubwälder, überwiegend feuchter Eichen-Hainbuchenwald und daneben Maiglöckchen-Perlgrasbuchenwald, besitzen dichte, artenreiche Kraut- und Strauchschichten. Es handelt sich überwiegend um alte Bäume, zum Teil mit Baumhöhlen insbesondere in Eichen. Die Parkteiche im Gebiet weisen große Erdkrötenvorkommen auf. Unter der Parkfauna sind vor allem der Grasfrosch *(Rana temporaria)*, der Grauspecht *(Picus canus)*, der Kleinspecht *(Dryobates minor)*, die Nachtigall *(Luscinia megarhynchos)*, der Pirol *(Oriolus oriolus)* und die Waldohreule *(Asio otus)* zu nennen.

Waldohreule.

Die Stadt

Rund um den Markt von Brühl stehen noch einige alte, sehenswerte Gebäude. Das zweigeschossige, verputzte, mit einem Mansarddach eingedeckte Haus Zum Schwan (Markt 1) wurde 1749 von Gerhard Kadusch, Mitarbeiter Schlauns beim Bau des Schlosses und späterer Kurfürstlicher Baumeister, als eigenes Wohnhaus errichtet. Haus Nr. 17 ist ein kleiner Putzbau aus dem 18. Jahrhundert mit Madonnenfigur in einer Muschelnische. Schon 1530 wurde Haus Zum Stern (Markt 28) als dreigeschossiger Giebelbau mit vorkragendem Fachwerkobergeschoss errichtet.

Auf halbem Weg vom Schloss zum Markt steht die ehemalige, 1491 geweihte Franziskanerklosterkirche, heute Pfarrkirche St. Maria zu den Engeln. 1735 wurde der spätgotische kreuzrippengewölbte verputzte Bau zur Schlosskirche ausgebaut und mit einem zweigeschossigen Oratorium als Anschluss zur Orangerie versehen. Im Zuge dieser Ausbauten erhielt das Kirchendach über dem Chor einen Dachreiter. 1755 erfolgte der westliche Anbau einer Vorhalle. Gleichzeitig wurde der Vorhof geschlossen. Kontrastreich zum schlichten Äußeren zeigt sich der prachtvolle barocke Innenausbau.

Schloss Augustusburg, Orangerie und Gartenanlagen.

Schloss Augustusburg – Fromtansicht.

Schloss Augustusburg – Rückansicht

Jagdschloss Falkenlust.

Den berühmten Hochaltar schuf Balthasar Neumann 1745, die Verkündigungsgruppe J. W. van der Auwera, die Nepomuk-Statue auf dem Vorplatz wurde 1734 von Kurfürst Clemens August gestiftet. Die dreigeschossigen Klosterbauten unter Walmdach um den Kreuzgang an der Südseite der Kirche wurden anstelle der mittelalterlichen Vorgängerbauten in den 1720er Jahren errichtet und dienen heute als Rathaus.

INFOS

- ***Touristik-Info:*** *50321 Brühl, Uhlstraße 1, Tel. 02232 79345, www.bruehl.de.*
- ***Schloss Augustusburg:*** *50321 Brühl, Parkplatz Max-Ernst-Allee, Tel. 02232 44000, www.schloss-bruehl.de. Führungen Di. bis Fr. 9:00–12:00 Uhr und 13:30–16:00 Uhr (letzter Einlass), Sa., So. und feiertags 10:00–17:00 Uhr (letzter Einlass).*
- ***Jagdschloss Falkenlust:*** *50321 Brühl, An Schloss Falkenlust, Tel. 02232 44000, www.schlossbruehl.de. Geöffnet wie Schloss Augustusburg, Führungen nur auf Anfrage, mehrsprachige Audio-Guides.*
- ***Schlosspark:*** *tagsüber geöffnet.*
- ***Brühler Schlosskonzerte:*** *Tel. 022332 941884, www.schlosskonzerte.de. Jeweils im August mit Abschlusskonzert und Feuerwerk am letzten Sa. und So. im August, dazu Sonderkonzerte ab Mai.*
- ***Max Ernst Museum:*** *50321 Brühl, Comesstraße 42 / Max-Ernst-Allee 1, Tel. 02232 57930, www.maxernstmuseum.lvr.de. Mit Museumscafé und -shop, geöffnet Di. bis So. 11:00–18:00 Uhr.*
- ***Brühler Keramikmuseum:*** *50321 Brühl, Kempishofstraße 10, in der alten Stellmacherei, www.bruehler-museumsinsel.de. Mit Café und Bistro, Museum und Museumscafé; geöffnet So. 14:00–18:00 Uhr und nach Anfrage, Museumscafé So. 14:00–18:00 Uhr, Bistro Di. bis Fr. ab 18:00 Uhr (www. bistro-im-keramikmuseum.de).*
- ***Museum für Alltagsgeschichte:*** *50321 Brühl, Kempishofstraße 15, Tel. 02232 45540, www.bruehler-museumsinsel.de. Das »soziale« Gegenstück zum Museum Falkenlust in einem originalgetreu wiederhergestellten Fachwerkhaus aus dem Jahr 1744; geöffnet Mi., Sa. und So. 15:00–17:00 Uhr, So. zusätzlich 11:00–13:00 Uhr.*

Vochem

Am Westrand der Rheinebene unterhalb der Vorgebirgsorte Kierberg und Fischenich gelegen hat der heutige Brühler Ortsteil genau wie Kierberg merowingische Wurzeln. 1067 wurde Vochem als *Vochema* erstmals urkundlich erwähnt. Vier Besitztümer waren bestimmend für die Entwicklung des Ortes in der Feudalzeit. Erst in preußischer Zeit begann mit dem einsetzenden Braunkohlebergbau und dem Anschluss an die Eisenbahn die Entwicklung zum heutigen Stadtteil.

Der Frohnhof der Kölner Kirche wurde als Lehen vom Kölner Adelsgeschlecht der Herren von Aldenroide bewirtschaftet. Sie nannten sich später nach ihrem Besitz »von Vochem«. Ebenfalls kurkölnisches Lehen war »Die Burg« Eigentum der Herren von Hersel zu Vochem. Während des Dreißigjährigen Krieges wurde sie zerstört und der Besitz danach als Gut weitergeführt. Die Herren von Hersel blieben aber im Ritterstand. Neben der Burg stand ein weiteres, »Herrenhaus« genanntes adeliges Haus, ein Lehensgut des Stifts Villich. Das größte Anwesen war der Weilerhof der Karthäuser zu Köln. Auf dessen Gelände hatten schon die Römer gesiedelt. Im 14. Jahrhundert standen hier mehrere Gehöfte um ein Herrenhaus, das den Urkunden nach Sitz eines Godescalcus de Wilre war. Interessant war, dass Teile des Anwesens auch auf angrenzendem Jülicher Gebiet lagen. Mit der Säkularisation wurde der Weilerhof veräußert und kam nach mehreren Eigentümerwechseln in die Hand der Familie Bischoff, die bis heute den Hof besitzt. Sie übernahm die bestehende Vierkantanlage aus dem Jahr 1911 mit dem schon 1896 errichteten historisierenden Herrenhaus. Unter einer Lindengruppe am Weilerhof steht ein kunstvolles Wegekreuz aus dem Jahr 1730. Die Vorderseite trägt eine Inschrift mit den Insignien der Kartäuser. In den 1960er Jahren entstand in einem Hofteil eine Brauerei, die bis heute Kölsch auf ehemals Kölner Boden produziert. Eine Brauhaus-Gaststätte besteht seit dieser Zeit.

INFOS

- ***Brauhaus-Gaststätte Weilerhof:*** *Privatbrauerei Bischoff, 50321 Brühl-Vochem, Weilerhof, Tel. 02232 922702, www.bischoff-koelsch.de. Gastronomie geöffnet Di. bis Fr. 17:00–23:00 Uhr, Sa. 15:00–23:00 Uhr, So. 11:00–22:00 Uhr, in den Wintermonaten Mo. und Di. Ruhetag, ab März Mo. Ruhetag.*

Alt-Hürth

Nördlich von Hürth setzt sich das Gebiet des Naturparks Rheinland am Westrand der Rheinebene in einem großen Bogen fort, schließt Alt-Hürth mit ein und spart Frechen aus. Hier reihen sich einige alte Burgorte wie Perlen aneinander, darunter vor allem Gleuel und Bachem. Nördlich der Autobahn A4 weitet sich der Naturpark dann bis zur Pulheimer Lössebene aus.

Schon die Römer nutzten das Frischwasser aus der Ville, um es aus dem Hürther Tälchen in einem Aquädukt nach Köln zu führen. Auf dem Kummet am oberen Ende des Hürther Tälchens wurden die Reste einer *villa rustica* ausgegraben. Gräberfunde im Umfeld deuten auf eine intensive antike Besiedlung hin. In nachantiker Zeit teilte sich das Gebiet von Hürth in einen Jülicher und einen Kölner Teil auf. Der Ortsteil Alt-Hürth lag dazwischen und gehörte zur Herrschaft Valkenburg im Herzogtum Brabant und damit später zu den Spanischen und dann zu den Österreichischen Niederlanden. Die Brabantische Herrschaft über Alt-Hürth wurde aber vom Kölner Erzbistum nie anerkannt, was später im 16. und 17. Jahrhundert zu nicht enden wollenden Prozessen vor dem Reichskammergericht führte, denn in einer Urkunde des Erzbischofs Philipp, in der eine Stiftung der Freifrau von Heinsberg bestätigt wird, wird der Zehnte von *Hurten* erwähnt. In dieser schwierigen Situation mussten sich die Burgherren von Alt-Hürth über Jahrhunderte behaupten. Eine der heiligen Katharina geweihte Pfarrkirche wurde erstmals am Ende des 13. Jahrhunderts im *Liber valoris*, dem Kölner Kirchengüterverzeichnis, als Eigenkirche der Hürther Burgherren erwähnt. Somit ist davon auszugehen, dass der erste Kirchenbau die Burgkapelle war. Ein späterer Bau entstand in frühgotischer Zeit, wobei der romanische Turmunterbau aus Tuffstein weiter genutzt wurde. Ende des 17. Jahrhunderts war die Kirche baufällig geworden. Die Kirchengemeinde errichtete eine neue Katharinenkirche, die 1696 durch den Abt von Groß St. Martin geweiht wurde. Der Unterbau des Kirchturms war offenbar noch so intakt, dass er bei der Erneuerung der Kirche erhalten blieb und der neue Turm darauf aufgemauert werden konnte.

In der Neuzeit prägte der Braunkohleabbau die weitere Entwicklung von Hürth. Schon 1685 gab es eine erste Klüttengrube. Tagebaue, Industrieanlagen, Verkehrsflächen, Werkswohnungen und neue Ortsviertel bestimmten zunehmend das Erscheinungsbild von Hürth. Die alte Katharinenkirche war längst zu klein geworden, als 1895 die neue Katharinenkirche im neoromanischen Stil fertiggestellt wurde. Danach diente Alt St. Katharina von 1914 bis 1984 den Missionsschwestern vom Heiligsten Herzen Jesu als Kloster, später als Kindergarten, Näh- und Musikschule. Als Konzertraum zieht sie heute Zuhörer von nah und fern an. Eine Reihe der alten Fachwerkhäuser steht noch in Alt-Hürth. Repräsentativ ist der Löhrerhof aus den 1830er Jahren, eine dreiseitige Hofanlage mit links stehendem zweistöckigem Wohnhaus, die seit 1986 in städtischem Besitz ist und als Kultur- und Veranstaltungszentrum genutzt wird. Des Weiteren stehen auch noch einige kleinere giebelständige Fachwerkhäuser der früheren Nebenerwerbslandwirte im Ort.

Gleuel

König Zwentigold von Lotharingien aus dem Geschlecht der Karolinger übertrug im Jahr 898 den Saalhof (Fronhof) mit Kirche in *Gloulo* (»Gleuel«) und weiteren Ländereien an das Stift Essen. Der Hof und die dem heiligen Dionysius geweihte Kirche waren spätestens im 12. Jahrhundert im Besitz des Kölner Domkapitels. Die Kölner belehnten ein niederadeliges Geschlecht mit dem Besitz, das sich später nach der an der Kirche errichteten Burg *von Gluele* nannte. Als erster seines Geschlechts wurde 1260 Gerhard von Glue-le urkundlich genannt, der allerdings mit der Kölner Bürgerschaft gegen den Kölner Erzbischof Konrad von Hochstaden paktierte.

Schon im 12. Jahrhundert wurde die St. Dionysiuskirche durch einen romanischen Neubau ersetzt. Während des gesamten Mittelalters war dieser Station auf dem Wallfahrtsweg nach Walberberg zur heiligen Walburga. Unter der Kirche befanden sich die Begräbnisstätten für die verstorbenen Besitzer der Burgen und Herrensitze im Umfeld sowie für die Äbtissinnen des Klosters Burbach. Die heutige Kirche mit 67 Meter hohem Turm wurde 1893 im neogotischen Stil anstelle des Vorgängerbaus errichtet. Nach Kriegszerstörungen erfolgte 1987–93 die Restaurierung, bei der die Gewölbe gesichert bzw. neu konstruiert und der Altarbereich neu gebaut wurde. Kurioserweise zieht sich die Grenze des Naturparks Rheinland genau durch das Kirchenschiff.

Schriftliche Hinweise auf eine Burg in Gleuel gibt es seit dem 12. Jahrhundert. Bis zum 16. Jahrhundert war die Burg im Besitz der Herren von Gluel. Dann starb ihr Geschlecht aus und das Kölner Domkapitel belehnte zunächst den Ritter Schall von Bell, später auch andere rheinische Adelige mit dem Gleueler Besitz. Als der Ritter Johann von Cöllen Lehensnehmer der Burg war, ließ er 1632 im Burgareal ein barockes Herrenhaus errichten. Der Hof und die umgebenen Ökonomiegebäude stammen aus dem 18. und 19. Jahrhundert. Am Ende der Feudalzeit fiel der Gleueler Besitz nochmals an das Domkapitel zurück mit der Folge, dass die Anlage mitsamt den Ländereien säkularisiert wurde und in Privathände kam. Der letzte Eigentümer ließ seit den 1970er Jahren die Burganlage restaurieren, funktionierte die Nebengebäude in eine

▲ St. Dionysoskirche in Gleuel.

Wohnanlage um und bewohnt die Burg selbst. Den Zugang zum Anwesen, wie es sich heute darstellt, bildet eine über eine Brücke erreichbare Toreinfahrt im Nordosten. Man gelangt in den fast geschlossenen, hufeisenförmigen Innenhof mit dem winkelförmigen zweigeschossigen Herrenhaus, in geschlemmter Backsteinbauweise errichtet. Der sechsachsige Hauptflügel schließt mit einem Treppengiebel ab.

Die Corrensmühle, die letzte von einst sechs Mühlen im Ort, angetrieben vom Gleueler Bach, wurde 1773 erstmals urkundlich erwähnt und war bis 1954 in Betrieb. Die aus dem 18. und 19. Jahrhundert stammenden Fachwerk- und Ziegelgebäude wurden seit 1988 von der neuen Besitzerfamilie fachgerecht restauriert und in Wohnungen umgebaut. Dabei konnte das alte Mahlwerk in einer Wohnung erhalten werden. Das Wasserrad fehlt allerdings.

INFOS

- ***Correns-Mühle:*** *50394 Hürth-Gleuel, Ernst-Reuter-Straße 91, Tel. 02233 31612. Besichtigung möglich, wenn das Hoftor offen steht bzw. nach Vorabsprache; für Schulklassen jeweils Fr. nach Vorabsprache.*

▼ Burg Gleuel.

Bachem

Das *Prümer Urbar* aus dem Jahr 893, das Güterverzeichnis der Abtei Prüm, verzeichnet auch Besitz in *Bach Heim*. Dies ist die erste urkundliche Erwähnung von Bachem. Wie im näheren Umfeld auch, war Bachem im Mittelalter in zwei Herrschaftsbereiche geteilt. Oberbachem mit Burg Bachem gehörte zu Jülich, Unterbachem mit Hemmerich zu Kurköln. Von Burg Hemmerich sind nur noch wenige Reste im Park des Gutes Neu-Hemmerich verblieben. Dieses Gut ist heute einer

INFOS

- ***Gut Neu-Hemmerich:*** *50226 Frechen-Bachem, Bachemer Straße 6, Tel. 02234 58023, www.gut-neu-hemmerich.de. Kartoffel-Hofladen geöffnet Mo. bis Fr. 7:00–17:00 Uhr, Sa. 9:00–12:00 Uhr.*

der großen Kartoffelanbaubetriebe der Lössregion und hat einen eigenen Hofladen.

Als drittes befestigtes Haus steht in der Ortsmitte von Bachem Haus Bitz, das seinen Ursprung wohl in einem 866 an das Kloster Prüm übertragenen Hof hat. Von der wasserumwehrten Anlage des 18. Jahrhunderts ist noch das Herrenhaus erhalten, ein zweigeschossiger Ziegelbau unter Mansarddach und Hausteinfensterrahmungen. Der Hauptzugang zur trapezförmigen Insel liegt auf der Nordseite. Eine steinerne Brücke führt zu einem Gittertor, an dessen Westseite ein Halfenhaus (Pächterhaus) und zwei Wachhäuschen seitlich der Zufahrt stehen. Die ergänzenden Bauteile stammen aus den 1990er Jahren. Zum Areal gehört neben früheren Wirtschaftsgebäuden ein Park, der ebenfalls in dieser Zeit wieder hergerichtet wurde.

Die Baugeschichte der Burg Bachem verliert sich im 13. Jahrhundert. Als ältester Teil wurden bei Renovierungsarbeiten die Fundamente eines aus Baumaterial der römischen Wasserleitung errichteten Wohnturms aus der Zeit um 1250 freigelegt. In den Kriegen des 16. und 17. Jahrhunderts wurde die Burg zerstört, aber immer wieder aufgebaut. Heute stellt sie sich als ehemals zweiteilige wasserumwehrte Anlage dar, bei der die Gräben der Vorburg zugeschüttet sind. Auf einer eigenen Insel steht das als Winkelbau mit einem Rundturm an der Außenecke errichtete Herrenhaus. Der vordere Teil des Winkelbaus wurde nach dem Dreißigjährigen Krieg in Backsteinbauweise neu errichtet, der Nordflügel stammt aus dem Jahr 1705. Die aus zwei Backsteintrakten bestehende, 1786 gebaute Vorburg erhebt sich beiderseits der Zufahrtsachse.

▾ Burg Bachem.

Hücheln

Nördlich von Bachem schließt sich der nicht mehr auf dem Gebiet des Naturparks befindliche Frechener Innenstadtbereich an. Der nördlich davon gelegene Vorort Hücheln ist vor allem wegen des dort hergestellten *Hüchelner Urstoffs* bekannt, einer hefetrüben Bierspezialität, die in einer im Ort seit dem Mittelalter existierenden Brauerei gebraut wurde, die inzwischen allerdings leider hat schließen müssen.

Sehenswert im Ort ist die Ägidiuskapelle auf dem sogenannten Bergmannshof. Es ist ein kleiner romanischer Bruchsteinsaal mit später eingezogenem gotischem Chor. Der Bau wurde 1697 erneuert und erhielt einen Dachreiter. Ein Beichtfenster an der Nordseite des Chors blieb dabei erhalten. Beachtenswert ist auch der Keramikfußboden in der Kapelle, der im 17. Jahrhundert im Kirchenschiff gelegt wurde.

Buschbell

Den ersten Hinweis auf den heutigen Frechener Ortsteil Buschbell liefert eine Urkunde des Kölner Erzbischofs Anno II., in der der Waldzehnt zu *Belle* (»Buschbell«) behandelt wird. Ein Kapellenbau ist in Form einer kleinen Saalkirche aus dem 13. Jahrhundert nachgewiesen. Die ehemalige katholische Pfarrkirche St. Ulrich wurde an diesem Standort 1741–42 als kreuzgratgewölbter Backsteinsaal mit dreiseitigem Schluss und vorgesetztem Turm, der eine Schieferpyramide trägt, errichtet. Nach dem Zweiten Weltkrieg wurden einige Fenster von Georg Meistermann eingebaut. Bis 1964 diente sie der katholischen Gemeinde, dann fasste sie die Kirchgänger des größer gewordenen Ortes nicht mehr. 1984 übernahm die Evangelische Kirchengemeinde Frechen das Kirchengebäude, sanierte es und gliederte Gemeinderäume an. Später wurde es mit dem angrenzenden Gemeindehaus von der Gold-Kraemer-Stiftung gekauft. Seit 2009 werden hier sowohl evangelische als auch katholische Gottesdienste abgehalten und die Gebäude dienen als Integratives Begegnungszentrum.

Königsdorf

Jenseits der Autobahn und der Eisenbahnlinie nach Aachen erstreckt sich der heutige Frechener Ortsteil Königsdorf. Zwischen dem Ort und den westlich aufgeschütteten Halden aus dem Braunkohletagebau, der Glessener Höhe, der Fischbach- und der Röttgenhöhe erstreckt sich der Königsdorfer Forst. Der Ort selbst, der sich aus den Teilen Großkönigsdorf, Kleinkönigsdorf, Neubuschbell und Neufreimersdorf zusammensetzt, ist durch die Verkehrsanbindung viel eher nach Köln als nach Frechen orientiert. Den Kern des Ortes bildet das ehemalige Straßendorf Großkönigsdorf, das seinen ersten Wachstumsimpuls aus dem Eisenbahnbau nach Aachen erhielt und sich längst zu einem Wohnvorort von Köln entwickelt.

Doch auch in Großkönigsdorf findet man antike Wurzeln. Die Straßentrasse von Köln folgt weitgehend der *Via Belgica*, der später sogenannten Römerstraße, die von Köln bis zum Atlantik führte. Keimzelle des mittelalterlichen Ortes war ein Benediktinerkloster, über das erstmals eine 1136 ausgestellte Urkunde des Kölner Erzbischofs Bruno II. Auskunft gibt. Das Kloster bestand bis zur Säkularisation, dann fielen die Kirche und große Teile der Gebäude den Flammen zum Opfer. Nur wenige Baureste sind von dem Kloster noch erhalten, vor allem aber eine Kreuzigungsgruppe, die um 1493 von Meister Tilmann aus Lindenholz geschnitzt worden war. Die Dreiergruppe war im 19. Jahrhundert getrennt worden, die beiden Frauenfiguren befinden sich heute im Budapester Kunstmuseum. Zur Vervollständigung hat man dem Kruzifix in Königsdorf zwei Assistenzfiguren aus dem 18. Jahrhundert beigegeben. Diese ergänzte Dreiergruppe ist heute in dem 1973–76 neu errichteten St. Hildeboldis-Pfarrzentrum zu sehen.

THEMA Königsdorfer Forst

Zwischen Großkönigsdorf und den Halden des Braunkohletagebaus erstreckt sich das Naturschutzgebiet Königsdorfer Forst, ein 330 Hektar großes unverritztes Waldgelände, also ein vom Tagebau ausgespartes Waldareal. Durchzogen von einem dichten Wegenetz bietet das ehemals kurfürstliche Jagdgebiet viele Einblicke in abwechslungsreiche Waldgesellschaften. Hier gibt es den Stieleichen-Hainbuchenwald, den Waldmeister-Buchenwald, alte bodensaure Eichenwälder auf Sandebenen, den Hainsimsen-Buchenwald – alle zusammen mit viel Totholz. Insgesamt stellt der Königsdorfer Forst ein Relikt ehemals weit verbreiteter Waldgesellschaften in der Niederrheinischen Bucht dar.

Die Alte Aachener Straße, eine Allee aus Linden, Birken, Ahorn, Robinien und Eschen, bildet den eindrucksvollen östlichen Zugang zum Wald. Aus alter Zeit stammen die Klosterteiche im Wald, die ehemals den Menschen zur Deckung des Eigenbedarfs an Fischen dienten und sich zu artenreichen Laichgewässern für Libellen und Amphibien entwickelt haben, unter denen sich seltene Arten wie der Springfrosch (Rana dalmatina) *und der Kammmolch* (Triturus cristatus) *befinden. Teils verlanden sie und beherbergen ausgedehnte Seggenbestände* (Carex).

Königsdorfer Forst. ▶

Begünstigt durch den staunassen Boden des Waldgeländes steht auch an weiteren Stellen das Wasser und bildet Feuchtstellen mit interessanter Vegetation.

Das vielseitige landschaftliche Erscheinungsbild des Königsdorfer Forstes bietet auch einer gleichermaßen vielfältigen Artenwelt Lebensvoraussetzungen. Allen voran sind neben den bereits genannten Arten die Vögel zu nennen, der Mittelspecht (Dendrocopos medius), *der Schwarzspecht* (Dryocopus martius), *der Grauspecht* (Picus canus), *der*

▲ Mittelspecht.

▲ Hirschkäfer.

Wespenbussard (Pernis apivorus), *die Nachtigall* (Luscinia megarhynchos) *und nicht zuletzt die Waldschnepfe* (Scolopax rusticola), *darüber hinaus der Hirschkäfer* (Lucanus cervus) *und der Feuersalamander* (Salamandra salamandra). *Im pflanzlichen Bereich sind es neben den Seggen der Teichschachtelhalm* (Equisetum fluviatile), *die Wasserfeder* (Hottonia palustris), *die Sumpf-Schwertlilie* (Iris pseudacorus), *die Zwiebeltragende Zahnwurz* (Cardamine bulbifera), *die Einbeere* (Paris quadrifolia), *der Gefleckte Aronstab* (Arum maculatum) *und die Europäische Stechpalme* (Ilex aquifolium).

Brauweiler

Fährt man von Köln westwärts durch die Rheinebene auf Brauweiler zu, erblickt man schon von Weitem die majestätischen Türme der ehemaligen Benediktinerabteikirche St. Nikolaus und St. Medardus über dem Höhenzug der Ville. In römischer Zeit stand hier eine *villa rustica*, an deren Stelle der fränkische Edelmann Brun eine Holzkapelle für die von ihm beschafften Reliquien des 561 als Bischof von Noyon verstorbenen heiligen Medardus errichtete. Seit der zweiten Hälfte des 10. Jahrhunderts übten hier die Pfalzgrafen die Grundherrschaft über das Hofgut mit der inzwischen verfallenen Kapelle aus. Pfalzgraf Heinrich I. ließ die Kapelle neu erbauen. Als sein Sohn Ehrenfried (genannt Ezzo) im Jahr 991

Mathilde, Tochter Kaiser Ottos II. und seiner byzantinischen Gemahlin Theophanu, ehelichte, übergab ihnen Heinrich das Anwesen als Morgengabe. Ezzo und Mathilde stifteten im Jahr 1024 die Abtei Brauweiler und errichteten das inzwischen zerstörte Hofgut neu – dies wurde zum Ausgangspunkt des Ortes Brauweiler. In einer um 1080 von einem Brauweiler begonnen. Die Kapelle wurde in die Klosterbauten integriert, der Kirchenneubau entstand 25 Meter nördlich auf dem höchsten Punkt des Areals. Der Kölner Erzbischof Pilgrim konnte schon am 8. November 1028 die neue Kirche zu Ehren des ottonischen Familienheiligen Nikolaus und des alten Kapellenheiligen Medardus einweihen.

▲ Abteikirche in Brauweiler, Detail.

Mönch verfassten Geschichte der Gründerfamilie der Ezzonen wurde im Titel auf die Klosterstiftung Bezug genommen: *Brunwilarensis monasterii fundatorum actus* (»Über die Gründer des Klosters Brauweiler«). Mit der Organisation wurde der Reformabt Poppo von Stablo, Abt der Reichsabtei St. Maximin in Trier, beauftragt, der auch sieben Mönche zur Gründung entsandte. Mit dem Bau des Klosters wurde umgehend

Mathilde war bereits im November 1025 verstorben. Ihre und Ezzos Tochter Richeza setzte aber das Werk fort. Sie erneuerte den Kirchenbau in den Jahren 1048 bis 1061. Dabei wurden vom Vorgängerbau die Vierungspfeiler, die südliche Querschiffswand und die Ostteile der Seitenschiffwände sowie große Teile der Krypta übernommen. Es entstand eine dreischiffige Pfeilerbasilika im gebundenen System mit Quer-

▲ Abtei Brauweiler: Kreuzgang.

▲ Abtei Brauweiler: Außenansicht.

schiff, relativ kurzem Schiff und dreiteiligem Chor, die von dem mächtigen Westbau, bestehend aus einem fünfgeschossigen Westturm auf quadratischem Grundriss sowie zwei flankierenden Treppentürmen, überragt wird. Als architektonisches Vorbild diente dabei die Kölner Klosterkirche St. Maria im Kapitol, wo Richezas Schwester Ida Äbtissin war. Die heutigen Formen der spätgotischen Galerie stammen aus dem Jahr 1515, der spitze Turmhelm kam erst 1629 auf den Mittelturm. Die spätgotische Neueinwölbung mit Einbau von Maßwerkfenstern im Obergaden, wobei auch das ursprüngliche Kreuzgratgewölbe des Langhauses ersetzt wurde, erfolgte im Jahr 1514. Die ursprünglich geplanten Chorflankentürme und der achteckige Vierungsturm wurden endgültig erst 1866 bis 1877 errichtet.

▲ Inschrift in der Krypta.

Die Abteigebäude gruppieren sich um Innenhöfe. Der Marienhof wird vom Kreuzgang umschlossen, von dem der Süd- und der Ostflügel aus dem 12. Jahrhundert mit dem zweischiffigen Kapitelsaal einschließlich der Wand- und Gewölbemalereien sowie die dreischiffige Benediktuskapelle erhalten sind. Die Deckenmalerei des Brauweiler Kapitelsaals steht im Übrigen in unmittelbarem Zusammenhang mit der wenig später erfolgten Ausmalung der Unterkirche von Schwarzrheindorf in Bonn. Um den Prälaturhof gruppieren sich die repräsentativen Barockgebäude mit reicher Fassadengliederung. Sie entstanden in den 1780er Jahren zusammen mit der Vorhalle der Abteikirche. Als dritter Hof schließt sich im Süden der Wirtschaftshof an. Der weitläufige Abteipark erstreckt sich innerhalb des alten Immunitätsbezirks. Hier steht noch ein alter Maulbeerbaum, in dessen Schatten der Legende nach Mathilde die Vision von der Gründung des Klosters gehabt haben soll.

Die Säkularisation bedeutete auch das Ende der Abtei Brauweiler. Die Abteikirche dient seither der neu gegrün-

▲ Abtei Brauweiler: Orgel.

INFOS

- **Abtei Brauweiler:** *50259 Pulheim, Ehrenfriedstraße 19, Tel. 02234 9854240, www.abtei-brauweiler.de. Abteikirche geöffnet Di., Do. 10:00–12:00 Uhr, Sa. 9:00–12:00 und 14:00–18:30 Uhr, So. 14:00–19:00 Uhr, Abteihöfe täglich 10:00–19:00 Uhr, zugänglich sind der Prälaturhof der barocken Anlage, der Marienhof im mittelalterlichen Gebäudeteil sowie der Wirtschaftshof aus dem 19. Jahrhundert; die Innenräume sind nur im Rahmen von Führungen zu besichtigen, der Abteipark ist durchgängig ge-öffnet.*
- **Classic Nights:** *www.abtei-brauweiler.de bzw. www.classicnights.de. Höhepunkt der Kulturprogramme der Abtei Brauweiler, Musikfestival jeweils an Wochenenden in den Sommerferien mit musikalischen Open-Air-Darbietungen der besonderen Art, von Klassik bis Jazz, im Marienhof im Inneren des romanischen Kreuzgangs.*

deten Pfarrei St. Nikolaus Brauweiler als Pfarrkirche. 1809 bestimmte die französische Verwaltung, die leer stehenden Abteigebäude in eine Bettleranstalt umzufunktionieren. Die folgende preußische Verwaltung nutzte die Gebäude dann als Arbeitsanstalt. Die Nazis richteten darin ein Konzentrationslager ein, in dem 1944/45 auch Konrad Adenauer inhaftiert war. Nach dem Krieg war in den alten Klostergebäuden ein Landeskrankenhaus untergebracht, das man 1978 aber schloss. Danach überließ man die historischen Abteigebäude der Kulturverwaltung des Landschaftsverbandes Rheinland zur Nutzung. Seither hat sich die Abtei Brauweiler einen weitreichenden Ruf als Kulturzentrum erworben, dessen Konzerte und Ausstellungen weit über Köln hinaus Besucher anziehen.

Im Zuge der Restaurierung der Schäden aus dem Zweiten Weltkrieg erhielt das Kircheninnere auch seine ursprüngliche Farbgebung wieder, wobei der romanische Farbwechsel nicht den vorhandenen Fugen folgt und somit im Kontrast zur gotischen Rankenmalerei im Gewölbe steht. Die Pfeiler des Langhauses tragen monumentale Gemälde von Heiligenfiguren. Wertvollste Stücke der Innenausstattung sind ein steinernes Marienretabel – eine Kölner Arbeit aus dem 12. Jahrhundert –, der Antoniusaltar aus dem Jahr 1552 im südlichen Querschiff hinter der schmiedeeisernen Gitterabtrennung aus dem 17. Jahrhundert sowie der Michaelsaltar von 1561 im Nordarm des Querschiffs. Das zweireihige Chorgestühl entstand um 1700, die Orgelbühne stammt mit dem Orgelprospekt aus dem Jahr 1769.

Die Brauweiler Windmühle steht außerhalb des Ortes auf erhobenem Platz. Hier befand sich einst die Bockwindmühle des Brauweiler Benediktinerklosters. Der heutige Bau entstand nach der Aufhebung des Mühlenregals 1810 als sogenannter Wallholländer mit konisch rundem Turm. Die Mauerwerksstärke beträgt am Fuß der Mühle 1,50 Meter und an oberster Stelle 0,80 Meter. Der vorhandene Mühlenwall (Erdwall) ist trocken. An der Nordwestseite der Mühle befindet sich ein Torbogen aus Feldbrandziegeln mit einem zweiflügeligen Tor, durch das die Getreidewagen in die Mühle geschoben wurden. Gegenüber befand sich einst eine Tür zum eigentlichen Gehöft. Die Windmühlenflügel fehlen heute. Bis 1952 lief das Mühlrad noch täglich, danach drohte die Mühle zu verfallen. Erst 1987 wurde der Mühlenturm im Rahmen einer Mauerwerkssanierung mit einer stabilen Abdeckung versehen und vor weiterem Verfall geschützt.

Freimersdorf

Freimersdorf auf dem Weg von Brauweiler nach Lövenich, noch auf dem Gebiet des Naturparks, gelegen wurde erstmals im Jahr 1028 als *Vremerstorp* in einer Liste von Gütern genannt, die Pfalzgraf Ezzo der von ihm und seiner Gemahlin gegründeten Abtei Brauweiler übereigneten. Heute bestimmen fünf Höfe das immer noch ländlich geprägte Bild des Ortes. Neben dem eigentlichen Fronhof wurden drei weitere davon schon im 13. Jahrhundert urkundlich erwähnt. Diese Höfe litten unter den Brandschatzungen der Kriege des 16. und 17. Jahrhunderts, so vor allem dem Truchsessischen und dem Dreißigjährigen Krieg, wurden aber nachfolgend immer wieder aufgebaut.

▲ Wappen am Fronhof in Freimersdorf.

Am südlichen Siedlungsrand von Freimersdorf liegt der Fronhof der Abtei. Sein Herrenhaus stammt aus dem Jahr 1761: ein zweigeschossiger siebenachsiger Putzbau unter Mansarddach auf schmalrechteckigem Grundriss. Links neben dem Eingang steht ein großes barockes Mariendenkmal, eine Figurengruppe bestehend aus der Madonna und dem Kind, flankiert von zwei Engeln. Über dem Eingangstor ist das Wappen und das auf »A H A B« lautende Monogramm des Bauherrn Amandus Herriger, *Abbas Brauweilerensis* (»Abt von Brauweiler«) angebracht. Der Kistenmacherhof stammt aus dem Jahr 1741, entsprechend einer Gravur im Eisenanker. Der Bergerhof weist einen Eisenanker an der Gartenseite aus dem Jahr 1748 auf. Zum benachbarten Neuenhof gehört ein fünfachsiges klassizistisches Wohnhaus, dessen Eisenanker als Baujahr 1847 angibt. Das weiß verputzte und traufseitig zur Straße stehende Herrenhaus des Peter-Jan-Hofs trägt das aus Eisenankern gebildete Datum 1761.

Gut Lüningerhof, einer der historischen Höfe in Freimersdorf.

Glessen

Unterhalb der Glessener Höhe, der über 200 Meter hohen Abraumhalde aus dem Braunkohletagebau, entspringt beim Gut Neuhof der Pulheimer Bach, der hier noch Glessener Bach genannt wird. In vorindustrieller Zeit trieb er Mühlen an. Heute steht das Quellgebiet des Glessener Baches unter Naturschutz. Hier gibt es naturnahe Bestände des Eichen-Hainbuchenwaldes, der am Nordrand durch eine reiche Krautflora geprägt ist. Auch hat sich dort die ansonsten eher seltene Grüne Nieswurz *(Helleborus viridis)* auf dem frischen bis feuchten Lösshang stark ausgebreitet.

Gut Neuhof ist eine befestigte Viereckanlage, ihre Wassergräben sind heute weitgehend ausgetrocknet. Seit 1292 fand sich der Hof nachweislich im Besitz der Jülicher Grafen. Über die Jahrhunderte wechselte diese vierflügelige Hofanlage immer wieder ihre Besitzer. Die letzten Veränderungen erfuhr sie im 19. Jahrhundert. Die damaligen Eigentümer errichteten 1856 anstelle eines älteren Fachwerkhauses gegenüber dem Torbau ein neues zweieinhalbgeschossiges Herrenhaus in Backsteinbauweise unter Walmdach fast in der Mitte des Ost-

Grüne Nieswurz.

flügels. 1885 wurde der aus dem 15. und 16. Jahrhundert stammende Torbau restauriert, der von zwei gedrungenen Rundtürmen aus Backstein mit sechsseitigen Hauben und Schießscharten flankiert wird.

Sinthern

Östlich des heute zu Bergheim und historisch zu Jülich gehörenden Ortes Glessen liegt Sinthern, das schon immer kurkölnisch war. Zusammen mit Geyen und Stommeln wurde der Ort erstmals im Jahr 962 in einer Urkunde des Erzbischofs Bruno I. genannt. Sinthern entstand offensichtlich aus zwei Ortsteilen. Der höher auf einem ostwärts gerichteten Sporn der Ville befindliche Teil hatte die Ortspfarrkirche als Zentrum, der tiefer gelegene den Fronhof der Abtei Brauweiler.

Die dem heiligen Martin geweihte Kirche war ursprünglich im 11. Jahrhundert als *Oratorium*, als kleine Saalkirche mit Rechteckchor, errichtet worden. Im 12. Jahrhundert ersetzte man den Bau durch eine dreischiffige Pfeilerbasilika, deren Turm anlässlich einer Fehde zwischen Kurköln und Jülich im Jahr 1267 zerstört wurde. Umbauten mit Einwölbung erfolgten im 14. Jahrhundert. Im Zuge erneuter Umbauten im 17. Jahrhundert mussten die maroden Gewölbe wieder entfernt werden. Das neue Dach wurde über dem Mittelschiff und den niedrigeren Seitenschiffen tief heruntergezogen, so dass die Fenster den Obergaden der Mittelschiffwände überdeckten und kein Licht mehr in das Mittelschiff ließen. Anstelle des zerstörten Turms besitzt die Kirche heute einen Dachreiter.

Kreuzigungsgruppe im Pfarrhof der Kirche St. Martinus in Sinthern.

Der Fronhof von Sinthern, dessen Ursprünge bis Ende des 11. Jahrhunderts zurückreichen, stellt sich als geschlossene Rechteckanlage in Backsteinbauweise dar. Teile der ihn umgebenden Wassergräben sind noch vorhanden. Der Zugang zur Anlage führt durch ein Bogentor. Der Schlussstein gibt die Jahreszahl 1789 an. Die gleiche Jahreszahl trägt das traufseitig zum Hof errichtete Herrenhaus.

▲ Fronhof in Sinthern.

Geyen

In der von Erzbischof Bruno I. 962 ausgestellten Urkunde, in der auch Stommeln und Sinthern genannt werden, erscheint Geyen als *Villa Gegina*. Wenn auch Geyen als Exklave inmitten kurkölnischen Gebietes dem Amt Bergheim im Herzogtum Jülich zugehörig war, erwarb das Kölner Erzstift 1279 umfangreichen Grundbesitz in Geyen und zudem das Patronat der Ortskirche. Vier Jahre später wurden auch die Einkünfte aus der Geyener Kirche dem Erzstift übertragen. Die Landeshoheit blieb aber bei Jülich. Die das Ortsbild prägende katholische Pfarrkirche St. Cornelius wurde 1893 anstelle eines mittelalterlichen Vorgängerbaus im neugotischen Stil erbaut.

Am Nordostrand von Geyen an der Grenze zum Kurkölner Gebiet stand seit dem Mittelalter der *Tollhof* (»Zollhof«), der 1443 vom lokalen Adelsgeschlecht, den Rittern von Geyen, an das Kölner Patriziergeschlecht von Judde verkauft wurde. Dieses Geschlecht war schon mit dem Canishof in Geyen begütert. Nach dem Abriss des Tollhofes wurde der Canishof von den Herren von Judde zur wehrhaften Burg ausgebaut. Es handelte sich weiterhin um ein kurkölnisches Lehen, das von verschiedenen Nachfolgefamilien derer von Judde verwaltet wurde und der Bevölkerung in Notzeiten als Fluchtburg diente. Die Anlage war von Wassergräben umgeben, die der Pulheimer Bach speiste und die man bis heute auf einer steinernen Brücke überqueren muss, will man in

Burg Geyen.

das Innere der Burg gelangen. Nach einem Brand im Jahre 1664 wurde die Anlage in Ziegelbauweise im barocken Stil erneuert. Seit dem 18. Jahrhundert ließen die Besitzerfamilien die Burg durch Halfen (»Pächter«) bewirtschaften. Man betritt das Burginnere durch das rundbogige Tor des zweigeschossigen fünfachsigen Herrenhauses, einen von neueren Wirtschaftsgebäuden umschlossenen viereckigen Hof. Links und rechts des Herrenhauses erheben sich flankierende Türme, von denen der linke schräg über Eck gestellt, der rechte halbrund ausgebildet ist. Heute ist Burg Geyen in Privatbesitz und nur am Tag des Offenen Denkmals zu besichtigen. Im Dezember findet ein weithin bekannter Weihnachtsmarkt statt.

Burg Geyen.

INFOS

- ***Weihnachtsmarkt Junkerburg Geyen:*** *50259 Pulheim-Geyen, Manstedener Straße. Immer am 3. Adventswochenende, geöffnet Fr. und Sa. 14:00–19:00 Uhr, So. 11:00–19:00 Uhr.*

Pulheim

Am Rand eines Altarms des Rheins im Übergang der Niederterrasse zur Mittelterrasse liegt Pulheim. Der im Oberlauf Glessener Bach genannte Pulheimer Bach durchfließt die Stadt, um am Ostrand in der Niederung des Altrheinarms zu versickern. Das durch seine Lössböden landwirtschaftlich begünstigte Gebiet war schon in der Steinzeit besiedelt. Auch die Römer nutzten es, wie die Funde mehrerer *villae rusticae* zeigen. In fränkischer Zeit gab es eine doppelte Besiedlung – Fronhof und Kirche erstreckten sich im Nordwesten, der Marktplatz lag in der heutigen Ortsmitte. Der Ort selbst wird erstmals als *Polhem* in einer Urkunde erwähnt, die der Kölner Erzbischof Anno II. für das von ihm gegründete Stift St. Georg ausstellen ließ. Im gesamten Bereich von Pulheim war geistliche Grundherrschaft prägend. Der Fronhof war im Besitz des Cäcilienstifts und ging dann 1067 an das Kölner St. Georgstift über. Seit dem Ende des 15. Jahrhunderts übte Jülich die Landesherrschaft aus. Kriege, wie der Truchsessische und der Dreißigjährige Krieg, Hungersnöte und Krankheiten wie die Pest stellten schwere Belastungen für Pulheim dar. Erst die beginnende Industrialisierung und seine Funktion als Vorstadt von Köln machten es zur Stadt, die heute weit über 50000 Einwohner hat.

Die Pfarrkirche St. Kosmas und Damian ging aus der Eigenkirche des Pulheimer Fronhofs hervor. Um das Jahr 1000 bestand sie als karolingische Saalkirche, von der Bauteile noch im romanischen Kirchenschiff erhalten sind. Dieser romanische Bau entstand im 12./13. Jahrhundert mit dem massiven Westturm. Anfang des 15. Jahrhunderts erhielt die Kirche ihre Seitenschiffe und das reich gegliederte vierte Turmgeschoss. Im 16. Jahrhundert wurde die Kirche eingewölbt. 1885 musste das romanische Langhaus einem neoromanischen Erweiterungsbau weichen, für den der Chor abgerissen und dem Langschiff ein breites Querhaus und ein neuer Chor mit Rundapsis vorgelagert wurden. Diesen Erweiterungsbau ersetzte man 1970 durch einen schlichten Bau, der sich im Inneren gut in die romanischen Bauteile einfügt.

Ein sakrales Kleinod ist die Barbarakapelle in Pulheim am Paul-Decker-Platz. Sie wurde 1687 als barocker Achteckbau errichtet. Mehrere Legenden ranken sich um die Barbara-Verehrung im Rheinland. Am Gedenktag der Heiligen am 4. Dezember begann im Rheinland die Weihnachtsgeschenkesaison – am Vorabend stellten die Kinder einen Schuh auf, der dann mit Schokolade, Gebäck, Äpfeln und Süßigkeiten gefüllt wurde. Dieser Brauch geriet allerdings nach dem Zweiten Weltkrieg in Vergessenheit. Am wichtigs-

Kirche St. Kosmas und Damian in Pulheim.

ten für die Pulheimer ist aber die Funktion der heiligen Barbara als Schutzpatronin der Bergleute, was sie angesichts des Braunkohleabbaus in der nahen Ville besonders bedeutsam machte. Insofern findet auch der alljährliche Barbaramarkt am 4. Dezember regen Zuspruch.

Das zwischen Pulheim und Köln-Auweiler an der Kante des Rheinaltarms gelegene Haus Orr, ein ehemaliges Rittergut, wurde erstmals im 13. Jahrhundert urkundlich erwähnt. Der als *Urre* bezeichnete Platz diente als Grenzfeste zwischen den meist in Auseinandersetzung befindlichen Territorien des Erzbistums Köln und des Herzogtums Jülich. Als Besitzer von Gut Orr sind noch im 13. Jahrhundert ein Johann Friedrich von Gyltling dokumentiert, im 14. Jahrhundert ein Gobelinus von Udenkoven. Die entscheidende Veränderung erfuhr Haus Orr dann erst im 19. Jahrhundert. Inzwischen war der Kölner Bankier Peter Daniel Koch im Besitz des Anwesens und ließ das heutige Herrenhaus Orr nach Plänen des Kölner Dombaumeisters Zwirner errichten. Es gilt als eines der frühesten Beispiele neogotischer Profanarchitektur im Rheinland. Der zweigeschossige Rechteckbau aus Backstein mit Werksteinrahmungen ist mit einem gotischen Zinnenkranz und zinnenbekrönten Eckpfeilern versehen. Das niedrige Walmdach weicht optisch hinter den Zinnen zurück. An der südwestlichen Gartenseite befindet sich ein Mittelrisalit, der die mittleren drei Achsen der insgesamt fünfachsigen Fassade umfasst. Zwischen 1850 bis 1890 wurde zum Herrenhaus ein Park englischen Stils von dem Gartenbauarchitekten Rosarius angelegt. Der Verfall von Haus und Park konnte in den 1980er Jahren durch Sanierung aufgehalten werden. Heute dient das Herrenhaus als Event-Location.

INFOS

- ***Stadtverwaltung Pulheim:*** *50259 Pulheim, Alte Kölner Straße 26, Tel. 02238 8080, www.pulheim.de.*
- ***Heimatmuseum:*** *50259 Stommeln, Kattenberg 5–7 (im Feuerwehrhaus), Tel. 02238 14777, www.heimatmuseumstommeln.de. Geöffnet jeden 1. So. im Monat 14:30–17:00 Uhr. Das Museum verfügt über den Nachlass des örtlichen Kunstmalers Winand Mausbach (1916–2000).*

Haus Orr in Pulheim.

THEMA Große Laache

Das Gebiet der Großen Laache steht zusammen mit dem dahinterliegenden Orrer Wald seit 1999 unter Naturschutz. Es ist das Relikt einer alten Rheinschlinge, in die der Pulheimer Bach eingeht. Deutlich hebt sich im Gelände der Hang von der Niederterrasse zur Mittelterrasse des Rheins mit einem Höhenunterschied von bis zu 10 Metern ab. Der Versickerungsbereich der Großen Laache zählt zu den wenigen noch intakten Feuchtgebieten im weiten Umfeld. Hier gibt es eine Vielfalt von nassen bis wechselfeuchten Biotopen, in die Teiche, Tümpel, Gräben, Röhrichte und Versickerungsflächen eingebettet sind. Die Kleingewässer mit oft flachen Ufern sind von zum Teil undurchdringlichen, auwaldartigen Waldbeständen und von Hochstauden umgeben. Die Teiche waren im Übrigen schon im 12. Jahrhundert von Mönchen der Abtei Brauweiler zur Fischzucht angelegt worden. Wassergebundene Pflanzen und Tiere, Schmetterlinge, Prachtlibellen, verschiedene Fledermaus- und Amphibienarten haben hier vor allem seit der Renaturierung des Feuchtgebietes im Jahr 1993 einen hochwertigen und vielfältigen Lebens- und Rückzugsraum gefunden. Unter den hier vorkommenden Pflanzenarten sind insbesondere Bärlauch (Allium ursinum), *Gold-Hahnenfuß* (Ranunculus auricomus) *und Hohler Lerchensporn* (Corydalis cava) *zu erwähnen.*

Prachtlibelle.

Hohler Lerchensporn.

THEMA Pulheimer See

Im Auskiesungsbereich zwischen Pulheim und dem Kölner Norden liegt der Pulheimer See auf der Mittelterrasse des Rheins. Hier wurden seit den 1960er Jahren großflächige Abgrabungen durchgeführt, die bis weit in das Grundwasser hineinreichen. In einem Teil des Pulheimer Sees wird weiter abgebaggert. Dennoch soll zusätzlich zu den Surf-, Segel- und Angelmöglichkeiten, die dieser bereits bietet, auch das Schwimmen an einem zwischen zwei Naturschutzgebieten gelegenen Badestrand ermöglicht werden. Zusammen mit den Seen der Baadenberger Senke, dem Stöckheimer See und dem Pescher See sowie den umliegenden Flächen wird nämlich das Gelände unter besonderer Berücksichtigung des Natur- und Landschaftsschutzes als zusammenhängende Erholungslandschaft »Stöckheimer Hof« ausgebaut. Teile des Geländes sind wegen ihrer Bedeutung als wertvoller Sekundärlebensraum für Arten der offenen Wasserflächen, Feuchtbiotope, Steilböschungen, Röhrichtsäume sowie magerer Böden und wechselfeuchter Bereiche als Naturschutzgebiet ausgewiesen und stehen daher für die Erholungsfunktion – wie auch am Pulheimer See im Übergang zur Großen Laache – nicht zur Verfügung.

Mansteden

Historische Höfe in rheinischer Vierkantbauweise charakterisieren den westlich von Pulheim gelegenen Ort Mansteden. Der im Mittelalter dem kurkölnischen Amt Königsdorf zugehörige Ort wurde erstmals 1029 urkundlich erwähnt. Der bedeutendste unter den Höfen war ursprünglich im Besitz der Abtei Brauweiler und wurde 1256 von dieser an das Domkapitel verkauft – und heißt seither Domhof. Das herrenhausartige Wohnhaus bildet die Südseite der geschlossenen rechteckigen Hofanlage an der Büsdorfer Straße. Eisenanker auf der Frontseite zeigen das Baujahr 1787 dieses zweigeschossigen geschlemmten Backsteinbaus, der eine Madonnenfigur in der Nische der Mittelachse aufweist.

Fliesteden

Einer der frühesten Reformatoren, die wegen ihres Glaubens starben, kam aus Fliesteden. Sein Geburtsdatum ist nicht bekannt, aber sein Todestag. Peter Fliesteden, nach seinem Geburtsort benannt, wurde am 28. September 1529 als »radikaler Protestant« hingerichtet, nachdem er sich zuvor im Kölner Dom dem katholischen Messeritus öffentlich widersetzt hatte.

Fliesteden selbst wurde im Jahr 1134 als *Vlysteiden* erstmals urkundlich genannt. Während des gesamten Mittelalters war die Landesoberhoheit über den Ort zwischen Jülich und Köln umstritten, wodurch die Grafen von Reifferscheid-Bedburg als Herrscher vor Ort eine relative Selbstständigkeit bewahren konnten. Mit an der Herrschaft beteiligt waren die Besitzer der Oberen und der Unteren Burg im Ort. Noch 1540 teilten sich die beiden Burgen die Hochgerichtsbarkeit des Ortes und seiner Umgebung. Kurfürst Joseph Clemens setzte dem labilen politischen Status ein Ende, indem er 1715 die Herrschaft Fliesteden einfach militärisch besetzte und somit den jahrhundertelangen Streit beendete.

Die Oberburg, auch als Burg Fliesteden bezeichnet, wurde urkundlich erstmals 1292 als Sitz der Herren von Wickrath genannt und befand sich bis 1800 im Besitz verschiedener rheinischer Adelsgeschlechter, derer von Merode und der Grass zu Fliesteden. Mit der Auflösung des Erzbistums Köln in napoleonischer Zeit ging die Burg in bürgerliche Hände über. Das aktuelle, 1840 errichtete Burghaus ist ein zweigeschossiger fünfachsiger Backsteinbau unter einem Walmdach. Durch kleine Okuli über den Fenstern des Obergeschosses wird der Drempel hervorgehoben. Reste des Grabensystems einer untergegangenen vorherigen Burganlage sind noch im Gelände zu erkennen.

Die Unterburg, auch Frentzenhof genannt, wurde erstmals 1250 als Sitz der Ritter von Stommeln erwähnt. Das aktuelle, um 1740 errichtete Burghaus ist ein stattlicher zweigeschossiger vierachsiger Putzbau unter einem gewalmten Mansarddach. Im Inneren des Hauses ist noch die Treppe mit durchbrochenem Gitter aus der Bauzeit erhalten.

Heute ist Fliesteden weithin bekannt als Sitz eines der Golfplätze, die es so zahlreich im weiteren Kölner Umfeld gibt.

INFOS

- ***Golfclub am Alten Fließ e. V.**: 50129 Bergheim-Fliesteden, Am Alten Fließ 66, Tel. 02238 94410, www.golfplatz-koeln.de. 27-Lochplatz mit Golfschule, Golfshop, Restaurant, dazu Physiotherapie, Sauna etc.*

Büsdorf

Von Fliesteden aus westwärts steigt das Gelände zur Ville hin an. Hier liegt Büsdorf an einer alten, von Köln ausgehenden Fernstraße, die über Kaster nach Holland führt. Der Ort wurde erstmals im Jahr 927 in einer Urkunde des Kölner Erzbischofs Wichfried erwähnt. Er ist vom Zweiten Weltkrieg weitgehend verschont geblieben, so dass er sich seinen Charme erhalten konnte. Hoch ragt der Turm der neugotischen Pfarrkirche St. Laurentius auf. Sie birgt einen großen Kunstschatz aus dem Vorgängerbau: ein hölzernes Kruzifix aus dem dritten Viertel des 11. Jahrhunderts, eine Schnitzarbeit aus salischer Zeit in der Nachfolge des ottonischen Gero-Kreuzes aus dem Kölner Dom. Man vermutet, dass das Kreuz aus

Büsdorfer Mühle.

dem Ursulastift in die Vorgängerkirche und dann in den Neubau gelangte.

Oberhalb des Ortes steht auf einem vorragenden Ausläufer der Ville weithin sichtbar eine Windmühle. Das Ensemble des landwirtschaftlichen Anwesens, bestehend aus Turmwindmühle, Wohnhaus mit rechteckigem Hof sowie mit Mühlteich und Hofkreuz aus dem Jahr 1843, steht unter Denkmalschutz. An diesem erhabenen Standort hat nachweislich schon vor 1600 eine Mühle gestanden, die jetzige wurde 1850 errichtet und bis 1928 betrieben. Leider fehlen seit einem schweren Sturm im Jahr 1985 die Windmühlenflügel.

Mühle in Büsdorf: Wohnhaus..

Stommeln

Der äußerste Nordosten des Naturparks Rheinland wird von Stommeln und seinen zugehörigen Siedlungen eingenommen. In der bereits zitierten Urkunde des Erzbischofs Bruno I. aus dem Jahr 962, mit der er Schenkungen an das Kölner Cäcilienstift dokumentiert, wird Stommeln als *Stumbele* genannt. Das Cäcilienstift als Grundherrin bediente sich vor Ort Vasallen, hier war es ein Rittergeschlecht, das sich nach dem Namen des Ortes *von Stumbele* nannte. Ältester Ahnherr dieses Geschlechts ist der um 1314 gestorbene Ludwig (genannt von Bellinghoven) von Stumbele, als letzter wird Roylf der Junge genannt, der bis um 1400 in Stommeln ansässig war. Doch inzwischen hatten die Jülicher Grafen die Vogtei des Cäcilienstifts in Stommeln übernommen. Und es dauerte dann nicht mehr lange, bis Jülich auch die Landeshoheit über Stommeln ausübte. Seither stellte das Land um Stommeln mit Pulheim, Ingendorf und Geyen bis zum Ende der Feudalzeit eine Exklave der Grafen und späteren Herzöge von Jülich im Kölner Territorium dar.

In der Schenkungsurkunde des Erzbischofs Bruno I. war neben Ländereien aus Wiesen und Feldern auch die Kirche genannt. Diese ist wie so viele im Kurfürstentum dem heiligen Martin geweiht. Die alte St. Martinskirche steht inmitten des Friedhofs am südwestlichen Ortsrand und dient heute als Friedhofskirche. Es ist ein kreuzrippengewölbter Hallenbau aus den Jahren 1500–53 mit einjochigem erhöhtem Chor im 5/8-Schluss und quer gestellten Dächern über dem südlichen Seitenschiff. Der vorgesetzte Turm, aus Tuff und unter anderem aus römischen Ziegeln errichtet, stammt vom romanischen Vorgängerbau aus der Zeit um 1100. Die neue Martinskirche wurde 1904 im neugotischen Stil als Backstein-Stufenhalle am Rand des Friedhofs errichtet.

Die in Stommeln erhaltene Synagoge steht in einem Hinterhof der Hauptstraße. Hier entstand in zurückgesetzter Lage 1831 ein erstes Bethaus in Fachwerkbauweise. Für die größer gewordene Gemeinde wurde 1882 an gleicher Stelle eine neue Synagoge errichtet. Schon 1937 kam die Gemeinde in Besitz des Baus, da die meisten der Gläubigen zu dem Zeitpunkt Stommeln schon verlassen hatten, und verkaufte sie an einen Landwirt. 1997 kaufte die Gemeinde das Gebäude zurück, renovierte es und nutzt es heute für kulturelle Veranstaltungen.

In der Ortsmitte von Stommeln erhebt sich auf einer kleinen Anhöhe eine Turmwindmühle aus Feldbrandsteinen. Am 9. Dezember 1571 gab der Herzog von Jülich die damals hölzerne Mühle der Gemeinde in Dauerpacht, die zum Betrieb einen Müller beschäftigte. 1704 wurde die Mühle neu errichtet. Im Zuge der politischen Umwälzungen nach dem Ende der Feudalzeit gelangte sie in den Besitz der Gemeinde. 1860–64 entstand auf dem Mühlenberg die gegenwärtige Mühle. Die Gemeinde setzte den Pachtbetrieb bis 1936 fort. Danach wurde die Mühle veräußert und nicht weiter betrieben. Bis in die Mitte der 1990er drehte sie sich nur noch zu besonderen Anlässen. Wie in Pulheim beschädigte ein schwerer Herbststurm zwei Flügel, die aber repariert werden konnten.

Davidstern im Giebel der Synagoge in Stommeln.

Gut Mutzerath.

Stommelner Flur

Vier Jahrhunderte Jülicher Herrschaft in Stommeln verhalfen dem Ort zu einem stetigen Wachstum. Die hohe Bodenfruchtbarkeit führte zur Einrichtung und zum Ausbau großer Höfe. In Stommeln selbst waren dies der Fronhof, der Große Kreuzhof, der Kleine Kreuzhof, der Clarenhof, der Lyskircher Hof, der Forster- und der Kreuzbrüderhof. Im Bereich der Stommelner Flur entstanden in Ingendorf der Dom- oder Vikarienhof, der Krosch-, der Horster- und der Kopshof. Dazu kamen Einzelhöfe wie der Bolander Hof oder etwa das Gut Vinkenpütz. Im Nordwesten entstand in jüngerer Zeit durch Rodungen im Stommelner Bruch das Siedlungsgebiet von Stommelerbusch. Bei den südlicher gelegenen Höfen handelt es sich aber um Anwesen, deren Ursprünge weit in das Mittelalter hineinreichen – wie dies beispielsweise bei Gut Hasselrath oder Gut Mutzerath der Fall ist.

Der Iveshof ist typisch für die herrschaftlichen Höfe in Ingendorf. Das Herrenhaus steht traufseitig zur Straße. Ein großes Tor führt in den von Wirtschaftsgebäuden umgebenen Innenhof. 1671 wurde der Iveshof unter dem Namen Horsterhof genannt, so bezeichnet nach dem damaligen Besitzer Adam von der Horst. Der jetzige Hof wurde im 19. Jahrhundert in Backsteinbauweise erbaut. Er fällt durch seine Größe und Geschlossenheit besonders auf.

Typisch für die Einzelhöfe in der Stommelner Flur ist Gut Vinkenpütz. Es war Teil der Schenkungen des Erzbischofs Bruno I. an das Cäcilienstift, das es auch bis zum Ende der Feudalzeit in Besitz hatte. Mit 100 Hektar Fläche verfügte es für mittelalterliche Verhältnisse über umfangreichen Ackerbesitz, der dazu auf fruchtbarem Lössboden auf dem hochwasserfreien Rand der Mittelterrasse lag. Der Hofname taucht in den Schriften erstmalig 1350 auf, der älteste Pachtbrief stammt aus dem Jahr 1525. Bewirtschaftet wurde der Hof durch »Halfen« genannte Pächter. 1713 heiratete Katharina Schomacher den Halfen Heinrich Gumpertz. Ihre Nachfahren bewirtschaften heute den Hof. Der alte brannte 1852 ab. Er wurde 100 Meter entfernt als Vierkanthof in Backsteinbauweise um einen rechteckigen Innenhof neu errichtet. Das fünfachsige Haupthaus ist zweigeschossig mit einem hofseitigen einachsigen Mittelrisalit unter Dreiecksgiebel. Der Innenhof wird durch zwei sich in West-Ostrichtung gegenüberliegende Eingangstore erschlossen. An der heutigen westseitigen Zufahrt steht ein historisches Wegekreuz.

Gut Hasselrath ist ein ehemaliger Rittersitz des beginnenden 15. Jahrhunderts, der vermutlich als zweiteilige Wasserburg angelegt wurde. Hier saßen die Herren von Hasselt. Sie übten das Wald- oder Buschgrafenamt von Stommeln aus, ihre Burg war zugleich der Amtssitz. Spätere Besitzer ließen das Anwesen durch Halfen bewirtschaften. Zu Beginn des 19. Jahrhunderts war die Burg vermutlich schon untergegangen. Das fünfachsige Herrenhaus stammt aus der zweiten Hälfte des 19. Jahrhunderts, zweigeschossig und fünfachsig in spätklassizistischer Formensprache errichtet. Zur Gartenseite besitzt das Haus einen dreiachsigen Mittelrisalit mit dreieckigem Giebel. Herrenhaus und Wirtschafts-

THEMA Chorbusch

Am Rand der eiszeitlichen Rheinaue erstreckt sich ein breiter Waldstreifen, der im Norden am Neusser Stadtteil Rosellerheide einsetzt und im Süden bis zum Hasselrather See auf Pulheimer Gebiet reicht. Er setzt sich von Norden nach Süden aus dem Mühlener Busch, dem Knechtstedener Busch und dem Chorbusch zusammen. Der größte Teil der Waldflächen steht unter Naturschutz, so auch der Chorbusch, der auf dem Gebiet des Naturparks Rheinland liegt. Er stellt ein historisches Waldgebiet aus Eichen-, Eichen-Hainbuchen-, Buchenmisch- und Erlen-Eschenwäldern dar. Eingebettet darin sind auch Fichten- und Pappelforste, diese vor allem im Bereich der Altrheinschlinge. Die Kernfläche des Naturschutzgebietes Chorbusch stellt die Naturwaldzelle »Am Sandweg« dar. Deren Böden bestehen aus sandigen, eiszeitlichen und nacheiszeitlichen Ablagerungen des Rheins, die hier bei Hochflut angeschwemmt wurden. Darauf wächst ein Mischwald aus Stieleichen, Winterlinden und Hainbuchen, ergänzt durch Birken, Wildkirschen und Buchen. Im Bestand sind viele an die 150-jährige Linden und Hainbuchen, die Eichen im Südwesten der Naturwaldzelle sind teilweise weit über 200 Jahre alt.

Eichhörnchen.

Durch die außerordentliche Naturbelassenheit des Chorbusches ist hier ein breites Spektrum an Pflanzen- und Tierarten anzutreffen, von denen viele auf der Roten Liste gefährdeter Arten stehen. Neben den weithin bekannten Arten wie Rehen, Wildschweinen, Eichhörnchen und Spechten sind dies Schnecken, Insekten, Reptilien, Amphibien und Fledermäuse.

Im Zentrum des Chorbusches befinden sich noch drei Hügelgräber, deren Überreste sich im Schutz des Waldes bewahren konnten. Die 10 Meter langen und 1,5 Meter hohen Gräber stammen aus der Eisenzeit vor etwa 3 000 Jahren. Vor hundert Jahren wurden sie archäologisch untersucht, immerhin fand man auch Tongefäße.

Am Ostrand des Chorbusches steht Schloss Arff, der Sitz der Ritter van der Arffe. Die mittelalterlichen Bauten wurden im Truchsessischen Krieg zerstört, die heutige Anlage stammt aus der Mitte des 18. Jahrhunderts mit einem Herrenhaus im Stil einer Maison de plaisance *und parallel vorgelagerten Wirtschaftsgebäuden, die den Schlosshof umrahmen. Heute besitzen die Geyr von Schweppenburg Schloss Arff und vergeben es auch als Event Location.*

Schloss Arff.

gebäude umschließen einen Hof, der auch um neuere Gebäude erweitert ist.

Ebenso wie Gut Hasselrath hat sich Gut Mutzerath aus einer Wasserburg entwickelt. Im 14. Jahrhundert wird Roylf der Ältere von Stommeln (*von Stumbele*) als Eigentümer genannt. Als im folgenden Jahrhundert die Familie Stael von Holstein die Burg besitzt, wird sie von dieser zu einer wehrhaften, von Wassergräben umgebenen Anlage aus Vor- und Hauptburg ausgebaut. Als sie 1732 ausbrannte, wurde die Zweiteiligkeit aufgehoben und der unbeschädigte quadratische Wohnturm um drei Geschosse verkürzt. Mit seinem fast einen Meter dicken Mauerwerk bildet dieser den ältesten Teil der Anlage. Das angebaute Haus und die heutigen Wirtschaftsgebäude, die zusammen einen rechteckigen Hof umschließen, entstammen der zweiten Hälfte des 19. Jahrhunderts.

THEMA Ausflug: Kloster Knechtsteden

Pietà in Knechtsteden.

Kloster Knechtsteden.

Im Rand des sich nördlich vom Chorbusch erstreckenden Knechtstedener Busches befindet sich die Klosteranlage von Knechtsteden. Das ehemalige Prämonstratenserkloster geht auf eine Stiftung des Kölner Domdechanten Hugo von Sponheim zurück. Die 1138 begonnene und in zwei Bauabschnitten bis 1181 fertiggestellte Kirche gehört in die Reihe staufischer Gewölbebasiliken mit Dreiturmgruppe, geprägt vom achteckigen Vierungsturm und den beiden Chorflankentürmen. Die Doppelchoranlage geht auf ihre zweifache Funktion als Stifts- und Pfarrkirche zurück. Querhaus und Ostchor wurden nach der Zerstörung während der Neusser Fehde im Jahr 1475 unter Verwendung des erhaltenen romanischen Mauerwerks in einfacher gotischer Architektur erneuert – auch um den zunehmenden Pilgerstrom zum Bildnis der Schmerzhaften Mutter, der »Knechtstedener Madonna«, in der Stiftskirche angemessen empfangen zu können. Da die Klosterkirche auch als Pfarrkirche von Knechtsteden diente, überstand sie die Säkularisation. Die teilweise noch aus dem 17. und 18. Jahrhundert stammenden Klostergebäude wurden nach einem verheerenden Brand von 1869 erneuert. Auch der 1705 errichtete Torbau ist ursprünglich erhalten. Vom romanischen Kreuzgang an der Nordseite der Kirche sind allerdings nur einige Säulen und Kapitelle verblieben. Heute leben und wirken Spiritaner-Mönche in der Klosteranlage Knechtsteden.

INFOS

- ***Missionshaus der Spiritaner:*** *41540 Dormagen-Knechtsteden, Kloster Knechtsteden, Tel. 02133 8690, www.spiritaner.de.*
- ***Klosterhof Knechtsteden:*** *41540 Dormagen-Knechtsteden, Klosterallee 1, Tel. 02133 80745, www.klosterhof-knechtsteden.de. Geöffnet Januar bis März von Mi. bis So., von April bis Dezember täglich, immer ab 11:00 Uhr; rustikale Gaststätte an der Klosterzufahrt, bietet rheinische Küche, zapft spezielles Schwarzbier, großer Biergarten.*
- ***Haus der Natur (Biologische Station im Rhein-Kreis Neuss e. V.):*** *41540 Dormagen-Knechtsteden, Kloster Knechtsteden, Tel: 02133 50230, www.biostation-neuss.de. Dient der kontinuierlichen Betreuung und Entwicklung naturschutzwürdiger Gebiete.*

Der Botanische Garten in Schloss Paffendorf.

Bördelandschaften

Die Bördelandschaft ist eine der Großlandschaftsformen des Naturparks Rheinland, die Zülpicher Börde ist ihr südlicher Teil, der sich zwischen der Eifel im Südwesten und dem Villerücken im Nordosten erstreckt. Es ist eine ebene, von wenigen Hügelzügen durchsetzte fruchtbare Agrarlandschaft, die durch großflächige Weizen- und Zuckerrübenfelder charakterisiert ist und ganz im Süden in die Voreifel übergeht. Von den in vorgeschichtlicher Zeit bewaldeten Flächen sind durch die landwirtschaftliche Erschließung der Börde lediglich der Bürgewald und der Friesheimer Busch als größere Waldflächen verblieben.

Ihre Fruchtbarkeit verdankt die Börde dem Löss, einem staubfeinen pleistozänen Sediment, das in den Kaltphasen der Eiszeit von Westen angeweht und mehrere Meter dick abgelagert wurde. Der Löss überdeckte die darunter liegenden Flussablagerungen aus Sand, Ton, Kies, Schotter und tertiärer Braunkohle. Unter den derzeitigen Klimabedingungen konnten sich die fruchtbaren Para-Braunerdeböden entwickeln. Diese ergiebigen Böden wurden seit der Jungsteinzeit von den sesshaft gewordenen Menschen in Kultur genommen. Entsprechende 6000 Jahre alte Siedlungsfunde bezeugen diesen Entwicklungsschritt. Während der Römerzeit entstanden hier zahlreiche landwirtschaftliche Hofanlagen *(villae rusticae)* mit einer dichter werdenden Infrastruktur. So versorgten die Römer ihre Städte und Garnisonen am Rhein. Nach dem Ende der Römerzeit entvölkerte sich die Börde. Erst mit der fränkischen Landnahme setzte wieder eine Neubesiedlung ein, Siedlungs- und Ackerland wurde durch Rodung der wieder entstandenen Wälder geschaffen. Anhand der Namensendungen von Orten kann man auf ihre Entstehungszeit schließen: Ortsnamen, die auf »-ich« enden, wie etwa Zülpich oder Ülpenich, entstammen noch der keltisch-römischen Zeit. Während der fränkischen Siedlungsperiode des 6. und 7. Jahrhunderts wurden Orte mit Endungen auf »-heim« oder »-dorf«, wie Meckenheim oder Adendorf, gegründet. Orte auf »-bach« oder »-hoven« entstammen der Siedlungsperiode des 13. bis 15. Jahrhunderts. Die kriegerischen Ereignisse, die weit bis in das 17. Jahrhundert in der Region tobten, allen voran der Dreißigjährige Krieg, stellten Einschnitte in der weiteren Entwicklung der Region dar. Trotz verbesserter landwirtschaftlicher Methoden, trotz Industrialisierung und Modernisierung haben die Orte in der Zülpicher Börde ihren dörflichen Kern erhalten. Vielerorts zeugen aufwändige Fachwerkbauten von beginnendem Wohlstand. Fast jeder Ort hat seine wasserumwehrte Burg und befestigte Gutshöfe, zahlreiche Wegekreuze und Bildstöcke in Feld und Flur bezeugen religiöse Einstellung, persönliche und lokale Ereignisse.

THEMA Der Feldhamster

Feldhamster.

Der Feldhamster (Cricetus cricetus) *war im Zuge der Ausbreitung des Ackerbaus von den osteuropäisch-asiatischen Steppen bis in die Börde eingewandert, doch heute graben sich die Pflüge der schweren Traktoren immer tiefer in die Erde, immer intensiver wird der Ackerboden bewirtschaftet. Nun ist der Feldhamster, der als Plage für die Bauern galt und heute zunehmend von der Landwirtschaft, die ihn einst angezogen hatte, verdrängt wird, der Leidtragende. Nicht umsonst hat man diesen in Deutschland so bedrohten Kleinnager 2016 zum »Tier des Jahres« auserwählt.*

Der Feldhamster ist 20 bis 25 Zentimeter groß, hat einen schwarzen Bauch und cremefarbene Flecken in seinem rotbraunen Fell. Sein haarloser Schwanz ist kurz. In seinen Backentaschen »hamstert« er, was er zum Überleben braucht – Getreidekörner, Kräuter und auch Regenwürmer verschmäht er nicht. In seinem bis einen Meter tiefen, verzweigten Erdbau mit Vorratskammer lagert er alles für den Winter ein. Sein Winterschlaf dauert ein halbes Jahr. In der Wende vom April zum Mai verlässt der Feldhamster seinen Bau, um sich zu paaren. Das Weibchen wirft in einer eigenen Höhle nach 20 Tagen bis zu zehn Junge von 7 Gramm Gewicht. Nach zweieinhalb Monaten sind die Tiere geschlechtsreif. In der Regel folgt im Sommer ein zweiter Wurf. Hamster werden in freier Natur nicht älter als anderthalb Jahre.

Zülpicher Börde.

Am Neffelbach

Der Neffelbach durchquert die Zülpicher Börde, aus der Eifel kommend, um im Bereich der Stadt Kerpen nach 40 Kilometer langem Lauf in die Erft zu münden. Wesentliche Teile seiner Strecke legt er durch das Gebiet des Naturparks Rheinland zurück. Früher wurde an seinen Ostufern im Bereich von Zülpich sogar Wein angebaut, doch sind diese Zeiten längst vorbei.

Unterhalb von Zülpich steht die vom Neffelbach gebildete Aue wegen ihrer auentypischen Lebensräume unter Naturschutz. Hier haben seltene Pflanzen- und Tierarten wie etwa der Steinkauz *(Athene noctua)*, die Schleiereule *(Tyto alba)*, das Braun- und Schwarzkehlchen *(Saxicola rubetra* bzw *rubicola)*, der Pirol *(Oriolus oriolus)*, die Rohrweihe *(Circus aeruginosus)*, der Teichrohr- und Drosselrohrsänger *(Acrocephalus scirpaceus* bzw. *arundinaceus)*, der Laubfrosch *(Hyla arborea)*, die Wechselkröte *(Bufo viridis)*, die Große Moosjungfer *(Leucorrhinia pectoralis)*, die Blasen-Segge *(Carex vesicaria)*, der Aronstab *(Arum maculatum)* ihren Rückzugsraum.

Gefleckter Aronstab.

Blasen-Segge.

Laubfrosch.

THEMA Naturschutzgebiet Neffelsee

Das Naturschutzgebiet Neffelbachaue geht unmittelbar in den Neffelsee über. Dieser künstliche See bei Füssenich verdankt seine Entstehung dem Braunkohletagebau Zülpich-Mitte, der 1953 begonnen, aber schon nach 15 Jahren wegen mangelnder Rentabilität wieder aufgegeben wurde. Ab 1967 füllte sich die Grube mit Wasser. 1979 wurden der See und seine Randzonen unter Naturschutz gestellt. Das Vorhaben, im See eine Badeanstalt zu eröffnen, konnte nämlich wegen der aufgeschütteten, zu steilen Böschungen nicht realisiert werden. Seit sich die Natur das 67 Hektar große Seegebiet wieder zurückerobert hat, gewann der Neffelsee in der ansonsten mit wenig Wasserflächen versehenen Region an Bedeutung als Rast-, Brut- und Überwinterungsplatz für viele Wasservögel. Künstliche Schwimminseln wurden extra für die Vögel angelegt. Die Böschung ist mit einer artenreichen Strauchvegetation versehen, die stellenweise bis in das Wasser hineinreicht. Im Süden und Südwesten des Sees breiten sich Röhrichte in sumpfigen Flächen aus. Im Westen sind auch noch einige Kleingewässer vorhanden.

Langendorf

Am Langendorfer Fließ, einem Bach, der dem Neffelbach zwischen Füssenich und Zülpich zufließt, steht an der heutigen B265 die gepflegte Wasserburganlage von Langendorf, ein spätgotisches zweigeschossiges Herrenhaus aus verputztem Bruchstein mit Gliederungen aus rotem Sandstein unter einem Satteldach. Hier hatten die erstmals im 12. Jahrhundert erwähnten Herren von Langendorf ihren Sitz, ein als Burghof ausgebautes, sogenanntes festes Haus als Vorläufer einer Burganlage. 1240 wurde der Sitz als den Grafen von Jülich zugehörig erwähnt, die hier die Herren von Langendorf als ihre Ministerialen einsetzten. Nach mehreren Besitzerwechseln residierte seit Ende des 15. Jahrhunderts Wil-

Wasserburg Langendorf.

helm von Gertzen (1460–1517), Erbvogt von Frauenberg, Herr zu Sinzig, Amtmann zu Münstereifel und Euskirchen, in Langendorf. Er ließ das Anfang des 15. Jahrhunderts erweiterte feste Haus, bestehend aus dem quadratischen südlichen Teil mit runden Ecktürmen, Quersprossenfenstern und Aborterkern, in der Zeit von 1495 bis 1505 zu einem repräsentativen Herrenhaus ausbauen. Dazu ließ er anstelle des vorhandenen mehrgeschossigen Wohnturms einen dreigeschossigen Winkelbau als heutigen nordöstlichen Teil des Haupthauses mit Fachwerkobergeschoss an der Grabenseite und einer Holzgalerie auf der Hofseite an den weiter vorhandenen Bauteilen errichten. Die Vorburg entstand erst im 16. Jahrhundert. So existierte die Anlage mit Herrenhaus und Vorburg bis ins 18. Jahrhundert hinein als Wasserburg. Erst später wurden die inneren Gräben verfüllt und 1882 die Vorburg durch einen Trakt direkt an das Herrenhaus angeschlossen, so dass sich der Komplex heute als Vierflügelanlage darstellt. Im Zuge dieser Baumaßnahmen wurde noch ein hofseitiger Querflügel des Herrenhauses bis auf das Kellergeschoss abgerissen. Von diesem Querflügel stammt das im Zuge der Umbauten nach 1880 über dem Portal angebrachte Wappen des Wirich von Gertzen und seiner Frau Anna von Vlatten aus der Zeit um 1530. Von der Wasserumwehrung sind noch die äußeren Gräben und eine Garteninsel erhalten. Von der Vorburg ist der Westflügel mit Außenmauern aus Bruchstein und dem aus dem Jahr 1568/69 stammenden Dachstuhl original.

Außergewöhnlich aufwändig sind die Geschossdecken des hohen Kellers des Haupthauses gestaltet, eingewölbt durch zweischiffige Kreuzrippengewölbe aus der Erbauungszeit um 1500. Schließlich war Wilhelm von Gertzen seit 1498 auch Inhaber des Langendorfer Amtsgerichts, weshalb er den Keller, den er als Gerichtsort vorsah, entsprechend ausbauen ließ. Das Geschoss über dem Keller bestand zunächst aus einem einzigen Repräsentationsraum mit einem Kamin, dem man 1580 einen zweiten beigab, wodurch der Raum zweigeteilt wurde. Das Geschoss darüber diente Wohnzwecken. War dieses früher in einzelne Räume aufgeteilt, so umfasst es heute nur noch einen einzigen. Auch der auf gleicher Ebene befindliche Raum im Rundturm wurde bewohnt.

Mit dem Ende der Feudalzeit war auch der herrschaftliche Zweck von Burg Langendorf verloren gegangen, ihr Unterhalt zu teuer geworden. Nach mehreren Besitzerwechseln wurde sie 1880 von Vorfahren der heutigen Eigentümerfamilie erworben. Seit 1957 gehört sie dem Großneffen Manfred Vetter, der die Gebäude ab 1958 umfassend restaurieren ließ. Heute ist Burg Langendorf Sitz der Manfred Vetter-Stiftung für Kunst und Kultur. Die Burg selbst ist der Öffentlichkeit nur im Rahmen von vorangemeldeten Gruppenführungen zugänglich.

INFOS

- ***Manfred Vetter – Stiftung für Kunst und Kultur:*** *53909 Zülpich, Eifelstraße 85, Burg Langendorf, Tel. 02252 837777, www.vetter-stiftung.de. In der Remise der Vorburg finden mehrfach im Jahr Konzerte statt, Informationen auf www.vetter-konzerte.*

Hoven

Bevor das Langendorfer Fließ seinen Weg zwischen Neffelsee und Zülpich zur Mündung in den Rotbach nimmt, fließt es östlich am heutigen Zülpicher Ortsteil Hoven vorbei. In den Unterlagen der Abtei Prüm wird zum Ende des 9. Jahrhunderts im Ort Hoven bei Zülpich die Eigenkirche eines Gutshofs erwähnt, aus der sich die Ortspfarrkirche St. Margareta entwickelte. Zusätzlich gab es die Marienkirche, die der Erzbischof von Köln im Jahre 1188 den Zisterzienserinnen aus St. Thomas an der Kyll zur Gründung einer Niederlassung ihres Ordens schenkte und die sie St. Maria und Maximin weihten. Unterstützt wurden die Nonnen von Priestern der Bruderschaft vom Heiligen Geist in Zülpich. Im Kloster hielt sich die letzten Jahre seines Lebens der heilige Hermann-Josef aus dem Kloster Steinfeld auf, der hier, fast 90-jährig, am 7. April 1241 auch starb. Seine Gebeine wurden später in sein Heimatkloster überführt. 1525 wurde die Pfarrkirche dem Kloster inkorporiert. Die Säkularisation brachte 1802 dessen Aufhebung. Die Kirche diente zunächst als Scheune, die Klosterbauten gingen in private Hände über. 1888 konnte die Kongregation der Cellitinnen-Augustinerinnen aus Köln die Anlage erwerben und hier die Krankenanstalten Marienborn einrichten. Bis 1891

▲ Madonna von Marienborn.

Relief in der Eingangshalle von Kloster Marienborn.

Klosterkirche St. Maria und Maximin.

Klosterhof.

renovierten sie die inzwischen profanierte Kirche, der barocke Westflügel blieb erhalten und der spätgotische Nordflügel mit sechs Spitzbogenfenstern wurde teilweise als südliches Seitenschiff in die Kirche einbezogen. Seither fungiert diese als Krankenhauskirche.

Die Klosterkirche St. Maria und Maximin ist ein Saalbau, im Wesentlichen aus dem 13. Jahrhundert, aus verputztem Bruchstein mit eingezogenem Querquadrat, östlichen Nebenkapellen, halbrunder Apsis und vorgelagertem Westturm. Dieser stammt im Kern noch vom Vorgängerbau des späten 11. Jahrhunderts. Die unteren zwei Geschosse, auf denen sich ein im 13. Jahrhundert aufgesetzter achteckiger Aufbau mit acht romanischen Doppelfenstern erhebt, sind quadratisch angelegt. Die Schweifhaube stammt aus der Barockzeit. Der Chor wurde Anfang des 13. Jahrhunderts zu einem außerordentlich hohen Raum vergrößert, danach auch das Mittelschiff. Die schmalen Rundbogenfenster des Chores vergrößerte man in der Barockzeit.

Innen ist der flach gedeckte Chor durch einen Rundbogen von dem ebenfalls flach gedeckten Mittelschiff getrennt. Die mit Kreuzrippengewölben versehene zweischiffige Nonnenempore auf achteckigen Mittelpfeilern im Westteil des Mittelschiffes stammt aus der Zeit um 1525. Die Raumausmalung erfolgte durch Matthias Göbbels Ende des 19. Jahrhunderts. Wertvollstes Stück der Innenausstattung ist die sogenannte Hovener Madonna, eine der bedeutendsten romanischen Skulpturen des Rheinlands, die an die Tradition der französischen Monumentalplastik anknüpft. Dieses Bildnis der thronenden Muttergottes mit dem gekrönten Kind auf dem Pfostenstuhl aus dem 12. Jahrhundert stammt ursprünglich aus einer Köln-Marsdorfer Kapelle und war früher polychrom gefasst.

Westlich an die Kirche schließen sich die teilweise im 18. Jahrhundert auf den Resten mittelalterlicher Vorgängerbauten errichteten Klausurgebäude an, die heute von der Verwaltung der Krankenanstalten Marienborn genutzt werden. Es sind auch noch erhebliche Teile der alten Immunitätsmauer des Klosters aus dem 16. Jahrhundert erhalten.

INFOS

- **Schwesternkonvent am Kloster Marienborn:** *53909 Zülpich-Hoven, Luxemburger Straße 5, Tel. 02252 530. Die Krankenhauskirche St. Maria und Maximin (Tel. 02252 53117) ist tagsüber während der Öffnungszeiten des Krankenhauses zugänglich.*
- **Fachklinik für Psychiatrie und Psychotherapie der Marienborn gGmbH:** *53909 Zülpich-Hoven, Luxemburger Straße 1, Tel. 02252 530, www.marienborn-psychiatrie.de.*

▲ Ortskirche St. Gertrudis, Juntersdorf.

▲ St. Gertrudis, Turmfront.

Juntersdorf

Östlich der Neffelbachaue erstreckt sich der kleine Ort Juntersdorf. Der Ortsname stammt aus der Zeit der Franken, damals »Guntersdorf« nach dem Ritter Gunthar benannt, der die am westlichen Ortseingang gelegene Wasserburg errichten ließ. Nach Bränden im 19. Jahrhundert wurde die Burganlage erneuert. Um einen großen dreiflügeligen Wirtschaftshof sind diese Bauteile dem Herrenhaus östlich vorgelagert. Die Gräben der ehemaligen Wasserburg sind zugeschüttet. Eine Reihe sehenswerter Fachwerkhofanlagen und historischer Gebäude sind heute noch im Ort vorhanden, so etwa auch der Gilleshof mit der alten Torummauerung, einer Hofanlage aus zweigeschossigem Fachwerkwohnhaus unter Walmdach, Fachwerkscheune und Bruchsteinmauer.

Reizvoll erhebt sich die kleine Ortskirche St. Gertrudis auf einer Anhöhe am östlichen Ortsrand über die Voreifellandschaft. Sie geht auf eine fränkische Gründung als Königskapelle zurück. Ihr romanischer Kern stammt aus dem 12. Jahrhundert und wurde im 15./16. Jahrhundert um Chor und Turm ergänzt. Die kräftige Eckquaderung ist mit römischen Flachziegeln durchsetzt. Es wird vermutet, dass diese von einem römischen Wach- oder Signalturm stammen, der auf der Anhöhe stand. Bei der Renovierung in den 1960er Jahren erhielt die Kirche einen gelben Putz, mit dem sie sich deutlich von der Umgebung abhebt. Der die Kirche umgebende Friedhof wird von einer Bruchsteinmauer abgegrenzt, in die alte Steinkreuze eingearbeitet sind.

Füssenich

Der Neffelbach wurde im Zuge der Vorbereitung des Braunkohletagebaus Zülpich-Mitte umgeleitet und fließt bis heute in einem künstlichen Bett zwischen Füssenich und dem Neffelsee. Die Geschichte des Prämonstratenserinnenklos-

▲ Klosterbau Füssenich.

ters reicht in das Jahr 1147 zurück, in dem der Kölner Erzbischof Arnold I. die St.-Nikolaus-Kapelle in Füssenich dem Abt des Hamborner Prämonstratenserklosters mit Landbesitz überließ. Petrissa, die Frau des Edelvogtes Hermann von Alfter, trat als Stifterin des an der Kapelle errichteten Klosters auf. Ihre Tochter Maria war erste Vorsteherin dieses Klosters, das später in ein adeliges Damenstift umgewandelt wurde, bis ins 15. Jahrhundert hinein sogar als Doppelstift geführt wurde. Papst Hadrian IV., Kaiser Friedrich II. und Papst Klemens V. stellten unter anderem Schutzbriefe für das Damenstift aus, dessen wechselvolles Geschick erst 1803 mit der Säkularisation endete. Die Kriegswirren des 16. und 17. Jahrhunderts richteten großen Schaden am Stift an. Erst nach dem Dreißigjährigen Krieg trat wieder Ruhe ein. Dank des großen Landbesitzes, durch Zehnteinnahmen und Renten konnten Anfang des 18. Jahrhunderts eine neue Klosterkirche und neue Klostergebäude errichtet werden. Der romanische Altbau an der Südseite des Innenhofs wurde erst 1815 abgerissen. Im Zuge der Säkularisation wurde die Klosterkirche der Pfarre übergeben, die Klostergebäude kamen im Laufe der Zeit in verschiedene Hände. 1896 wurde das ehemalige Klostergut durch Augustinerinnen in ein Mädchenpensionat zur landwirtschaftlichen Ausbildung umgewandelt. Das bis heute renommierte St.-Nikolaus-Stift ist längst Berufsfachschule für Ernährungs- und Hauswirtschaft, für Kinderpflege sowie seit einigen Jahren auch Fachoberschule für Sozialpädagogik und Sozialarbeit. Bis 1950 wirkten an der Schule die Cellitinnen aus dem Mutterhaus in Köln und danach die Schwestern vom Göttlichen Herzen Jesu, die aus Breslau flüchten mussten und ihr Mutterhaus nach Füssenich verlegten. Ende 1998 lösten sie ihre Niederlassung im St.-Nikolaus-Stift auf. Heute ist das Berufskolleg St.-Nikolaus-Stift eine katholische Schule der Sekundarstufe II für den Bereich Sozial- und Gesundheitswesen mit Internat und Wohnheim.

Klosterbau Füssenich: Portal.

Die ehemalige Klosterkirche St. Nikolaus wurde zwischen den Jahren 1711 und 1716 als einschiffiger gotisierender Hallenbau in Ziegelbauweise mit dreiseitig geschlossenem Chor und großem Dachreiter errichtet. Kräftige Strebepfeiler strukturieren die zur Straße gerichtete Seitenfassade. Ein noch romanischer Flügel des Kreuzgangs wurde Ende des 19. Jahrhunderts als nördliches Seitenschiff in die Kirche einbezogen – ebenso stammt die anstoßende Sakristeiwand auch noch aus der Frühzeit der Anlage. Die westliche Nonnenempore, die einst doppelt so weit in das Kirchenschiff hineinragte, hatte direkten Zugang vom Obergeschoss des Klostergebäudes. Der weiß gehaltene Innenraum der Kirche wird durch sechs flache Kreuzrippengewölbe abgeschlossen. Wertvollstes Stück der Barockausstattung ist der in Weiß und Gold gehaltene Hochaltar mit zweigeschossiger Predella. Darüber hinaus ist als Ausstattungsstück und historisch erwähnenswert der aus Blaustein gefertigte Sarkophag des seligen Aldericus (Alderich) im Mittelgang der Kirche. Der Überlieferung nach soll er französischer Königssohn gewesen sein, der nach Rom und Köln gepilgert war und schließlich im Kloster Schweine versorgte. Als er eines Tages Schafe über die Weide trieb und dabei mit seinem Hirtenstock in den Boden stieß, entsprang an dieser Stelle eine Trinkwasserquelle. Er ging als ein Beispiel an Demut, Frömmigkeit und Pflichttreue in die Geschichte des Klosters und des Dorfes ein. Alderichs Gebeine wurden 1642 nach Zülpich gebracht, seit dem 16. Jahrhundert ist seine Verehrung bezeugt. In Richtung auf Gut Dirlau, das früher einmal zum Klosterbesitz gehörte, baute man ihm eine Kapelle, die von einer großen, unter Naturschutz stehenden Rosskastanie beschattet wird.

▲ Portal der Klosterkirche in Füssenich.

INFOS

- ***Katholische Kirchengemeinde St. Nikolaus Füssenich:*** *53909 Zülpich-Füssenich, Pfarrbüro Sankt-Nikolaus-Straße 3, Tel. 02252 3326. Die Kirche ist nur zu Gottesdiensten geöffnet, Besichtigungen können mit dem Pfarrbüro vereinbart werden.*
- ***Berufskolleg St.-Nikolaus-Stift Füssenich:*** *Schule der Sekundarstufe II / Bereich Sozial-und Gesundheitswesen mit Internat und Wohnheim, 53909 Zülpich-Füssenich, Brüsseler Straße 68, Tel. 02252 94360, www.st-nikolaus-stift.de.*

Zülpich

An der Kreuzung der Straßenverbindungen Trier-Neuß und Reims-Köln hatten die Römer ein Kastell errichtet, dessen Name der römische Geschichtsschreiber Tacitus als *Tolbiacum* überlieferte. Die römische Badeanlage an der Südseite der Peterskirche, die zu den besterhaltenen nördlich der Alpen zählt, zeugt noch aus dieser Geschichtsepoche von Zülpich. Der ältere Teil der Anlage mit Frigidarium, Tepidarium und Caldarium entstand um 100 n. Chr., später kamen die Sudationes und ein Gesellschaftsraum hinzu. In nachrömischer Zeit schrieb Zülpich sogar Weltgeschichte – hier schlug der Frankenkönig Chlodwig im Jahre 496 ein Heer der Alemannen vernichtend, einer der wichtigsten Schritte auf dem Weg zur fränkischen Vorherrschaft in Mitteleuropa, die unter Karl dem Großen ihren Höhepunkt erreichte. Die

Weg zur Landesburg Zülpich.

heutige Pfarrkirche und ehemalige Benediktiner-Propsteikirche St. Peter fand erstmals 848 Erwähnung. 1255 wurde Zülpich erstmals als Stadt bezeichnet. Mit deren Ummauerung begannen die Kölner 1278, denn Zülpich war eine weit vorgeschobene Bastion der Kölner Erzbischöfe gegen die Grafen von Jülich. Innerhalb der Ummauerung errichteten sie ihre Landesburg. Bis zum Ende der Feudalzeit blieb Zülpich mit der Ausnahme einer zeitweiligen Verpfändung an Jülich im 14. Jahrhundert kurkölnisch. Am Ende des Zweiten Weltkrieges wurde es zu zwei Dritteln zerstört.

Die Stadtmauer von Zülpich aus dem 13. und 14. Jahrhundert war mit vier Stadttoren versehen, davon drei als Doppeltoranlagen. Deren beeindruckendstes ist das Weiertor mit dem angefügten Zwinger und bezinntem Wehrgang. Kölntor und Bachtor sind gleichfalls Doppeltore, das Münstertor ohne Zwinger trägt polygonale Eckwarten. Die aus Backsteinen errichtete Landesburg aus dem 14./15. Jahrhundert liegt erhaben auf einer Anhöhe in der Stadt und war einst von einem Wassergraben umgeben. Der rechteckige Bau mit seinen vier Ecktürmen beherbergt heute eine Brennerei. Das Langhaus der der Landesburg benachbarten katholischen Pfarrkirche St. Peter, eine vormalige, im 11. Jahrhundert im rheinischen Übergangsstil errichtete Benediktiner Probsteikirche, wurde Opfer der Bomben. Doch die bemerkenswerte zweischiffige Krypta blieb erhalten. Das erneuerte Langhaus birgt viele wertvolle Ausstattungsstücke der alten Kirche, so vor allem den Antwerpener Schnitzaltar mit bemalten Flügeln aus der Zeit um 1500.

THEMA Römerthermen Zülpich

Die römische Thermenanlage in Zülpich entstand im 2. Jahrhundert n. Chr. und wurde im 3. und 4. Jahrhundert um weitere Wannen- und Baderäume erweitert. Gegen Ende des 4. Jahrhunderts war ihr vorläufiges Ende gekommen. Kanalarbeiten zwischen der Pfarrkirche St. Peter und der ehemaligen Propstei führten 1929 zur Wiederentdeckung der 400 Quadratmeter großen Badeanlage. Zunächst sicherte man diesen sensationellen Fund durch einen Schutzbau ab. Bis in die 1960er Jahre dauerten die Ausgrabungsarbeiten an. Die Thermen wurden Besuchern als Teil des Propsteimuseums zugänglich gemacht. 2008 erhielten die Thermen einen eigenständigen Museumsbau nach den Plänen des Architekten Markus Ernst.

INFOS

- ***Römerthermen – Museum der Badekultur:*** *53909 Zülpich, Andreas-Broicher-Platz 1, Tel. 02252 83806100, www.roemerthermen-zuelpich.de. Barrierefrei, geöffnet Di. bis Fr. 10:00–17:00 Uhr, Sa., So. und feiertags 11:00–18:00 Uhr.*

THEMA Wassersportsee Zülpich

Südlich von Zülpich erstreckt sich ein 85 Hektar großer Wassersportsee, der – wie der Neffelsee – seine Entstehung dem ehemaligen Braunkohlebergbau verdankt. Als dieser 1969 aufgegeben wurde, füllte man die Grube mit Wasser aus dem Vlattener Bach. Entstanden ist ein 1200 Meter langer, 800 Meter breiter und bis zu 62 Meter tiefer See. Im Laufe der 1970er Jahre wurde der Seebereich zu einem Freizeit- und Erholungsraum mit Badeanstalt. Eine Eutrophierung des Sees, ausgelöst durch Gänsefäkalien, führte zu einem Badeverbot im Jahr 2003. Durch Maßnahmen zur besseren Wasserzirkulation konnte das Verbot im Folgejahr wieder aufgehoben werden. Die Freizeiteinrichtungen erfuhren durch die Landesgartenschau 2014 in Zülpich, die den Wassersportsee mit einbezog, zur Anlage einer Seepromenade und zur Erneuerung des Seebads des Wassersportsees.

INFOS

- ***Wassersportsee Zülpich:*** *www.wassersportsee.de. Mit abgetrennten Surf-, Segel und Badeteilen im Gartenschaupark am See, geöffnet April bis September 9:00–20:00 Uhr, mit Gastronomie Lago Beach.*

Am Rotbach

Zu den die Zülpicher Börde durchfließenden Bächen zählt der Rotbach. Er entspringt am Kermeterrand in der Eifel zwischen Kall und Mechernich und durchfließt die Nordeifel nordostwärts als Schliebach und bis Schloss Eicks als Mühlenbach, bis er schließlich als Rotbach im Zülpicher Ortsteil Schwerfen, an dessen Ortsrand sich Burg Irnich erhebt, in das Areal des Naturparks eintritt. In seinem weiteren Verlauf fließt er östlich am Zülpicher See entlang, durchquert Ober- und Niederelvenich und führt an Wichterich vorbei. Noch immer in Sichtweite des Eifelanstiegs begleiten den Rotbach nun die großflächigen Ackerlandschaften der Börde. In Friesheim füllt er den Graben der Weißen und der Reddinghover Burg, durchquert danach Lechenich und mündet nach 39 Kilometer langem Lauf bei Dirmerzheim in die Erft. Seinen Namen trägt der Rotbach zu Recht, führt er doch bei Regen am Oberlauf regelmäßig braunrotes Wasser. Ursache dafür sind die Felsschichten des Buntsandsteins.

Der Rotbach weist zwei größere Nebenbäche auf: Der 22 Kilometer lange Vlattener Bach fließt ihm im Zülpicher Stadtteil Lövenich linksseitig, der 24 Kilometer lange Bleibach bei Wichterich rechtsseitig zu. Mehrere Unterlaufbereiche der drei Bäche stehen unter Naturschutz. Hier sind es vor allem die Niederungen, deren auentypische Landschaft mit Feucht- und Streuobstwiesen als Lebensraum für viele bedrohte Tier- und Pflanzenarten erhalten werden soll. Im Naturschutzgebiet Rotbach-Niederung werden dazu Rebhuhn *(Perdix perdix)*, Grauammer *(Emberiza calandra, Syn. Miliaria calandra)*, Grünspecht *(Picus viridis)*, Nachtigall *(Luscinia megarhynchos)*, Pirol *(Oriolus oriolus)*, Springfrosch *(Rana dalmatina)* sowie Feld-Ulme *(Ulmus minor)*, Faden-Binse *(Juncus filiformis)*, Großer Wiesenknopf *(Sanguisorba officinalis)*, Moor-Labkraut *(Galium uliginosum)*, Grüne Teichbinse *(Schoenoplectus lacustris)*, Kriechende Hauhechel *(Ononis repens)*, Gewöhnliches Sonnenröschen *(Helianthemum nummularium)*, Steinquendel *(Acinos arvensis)* und Haar-Ginster *(Genista pilosa)* genannt.

▲ Gewöhnliches Sonnenröschen.

Ein 2006 bei Niederberg angelegtes Rückhaltebecken wird die unterhalb liegenden Orte vor Hochwasser schützen. Es ist als Trockenbecken konzipiert, das nur bei Hochwasser eingestaut wird. Im Becken ist ein naturidentisches Bachbett angelegt, durch das Fische und Kleinlebewesen das Bauwerk in beide Richtungen ungehindert passieren können. Flache Uferböschungen im Kernbereich des Beckens führen dazu, dass der Rotbach hier schon bei leicht überdurchschnittlicher Wasserführung über seine Ufer treten kann und den Ufersaum vernässt, damit sich hier ein standortgerechter Auenmischwald entwickeln kann.

THEMA Rückkehr des Bibers am Rotbach

Fast hätte es in Deutschland keine Biber mehr gegeben! Die Besiedlung der Flussauen – ihres Lebensraums –, Flussbegradigungen, Kanalisierungen und vor allem die Jagd auf den begehrten Biberpelz und das von der Parfümindustrie verwandte Bibergeil haben fast zu seiner Ausrottung geführt. Im Zuge eines Wiederansiedlungsprogramms wurden 1981 an der Weißen Wehe im Hürtgenwald durch die Forstverwaltung drei Biberpaare ausgesetzt. Von dort aus haben sich die Tiere wieder ausgebreitet und sind im Nationalpark Eifel und seinen angrenzenden Fließgewässern heimisch geworden. Auch den Rotbach haben sie wieder erobert. Ein erster Bau entstand unterhalb von Niederberg.

Biber in seinem natürlichen Lebensraum.

Der bis zu 20 Kilo schwere Europäische Biber (Castor fiber) *ist das größte Nagetier heimischer Breiten. Kopf und Rumpf können zusammen fast einen Meter lang werden, dazu kommt der bis 40 Zentimeter lange, waagerecht abgeplattete und mit Schuppen bedeckte Ruderschwanz. Die Hinterzehen des Bibers sind mit Schwimmhäuten versehen, so dass er geschickt tauchen und schwimmen kann. An Land bewegt er sich eher unbeholfen fort. Sein wasserabweisendes, bräunlich getöntes Fell ist besonders dicht und weich. Biber sind eher dämmerungs- und nachtaktiv. Sie leben gesellig in Familienverbänden in ihren gut isolierten Uferbauen mit Höhlen, die mit unter Wasser mündenden Ausgängen und Luftschächten versehen sind.*

Biberburgen werden die Baue genannt, die die Tiere aus Stämmen, Knüppeln und Zweigen errichten und mit Schlamm, Pflanzenteilen und Steinen abdichten. Dafür schneiden sie mit ihren scharfen Nagezähnen Äste und Stämme meist von Weichhölzern wie Weiden und Pappeln ab und fällen Bäume von 10 Zentimetern Durchmesser und mehr, die ihnen als Baumaterial dienen und deren Rinde sie als Nahrungsvorrat für den Winter nutzen.

Biber sind pflanzliche Allesfresser. Sie bevorzugen Kräuter, Sträucher, Wasserpflanzen sowie Zweige, Astrinde und Blätter von Laubbäumen, ernähren sich aber auch von Gräsern und Schilf. Das Revier einer Biberfamilie besteht aus bis zu 3 Kilometern Fließgewässer. Die Elterntiere leben monogam, die Paarung setzt im zeitigen Frühjahr ein. Nach einer Tragzeit von drei Monaten bringt das Weibchen zwei bis vier Junge zur Welt. Sie wiegen um die 700 Gramm und können schon sehen. Nach einem Monat können sie schwimmen, gesäugt werden sie bis zu zwei Monate lang. Geschlechtsreif sind Biber mit drei bis vier Jahren und werden dann von den Eltern aus dem Revier vertrieben. Sie können bis zu 20 Jahre alt werden. Biber halten keinen Winterschlaf, sondern eine Art Winterruhe, die sie auch in der kalten Jahreszeit zur Nahrungsaufnahme zwingt. Dafür legen sie am Eingang zum Bau unter Wasser ein Zwischenlager aus Zweigen und Ästen an, um auch bei gefrorener Wasseroberfläche keinen Nahrungsmangel zu leiden.

Schwerfen

Im Übergang der Eifel zur Zülpicher Börde befindet sich nahe dem heutigen Zülpicher Ortsteil Schwerfen Burg Irnich als historisches Bauwerk, dessen geschichtliche Wurzeln weit in die vorrömische Zeit zurückreichen. Der Name der zur Burg gehörigen Ansiedlung ist keltischen Ursprungs. Und wie bei vielen auf -ich endenden Orten der Zülpicher Börde kann von einer kontinuierlichen Besiedlung über die römische Zeit hinaus ausgegangen werden.

In Irnich entstand in der Nachfolge einer keltisch-römischen Hofanlage im 14. Jahrhundert eine Burg, nach der sich ihre damaligen Besitzer *von Eirnich* nannten – jedenfalls siegelte 1373 ein Daniel von Eirnich eine Urkunde. Mitte des 15. Jahrhunderts ging der Besitz an die Familie Berg zu Blens und Dürffenthal über, die den damals schon landtagsfähigen Rittersitz 1491 an die Bock von Lichtenberg veräußerten. Danach waren die Herren von Holtrop an die 200 Jahre die Burgbesitzer, ab der Wende zum 19. Jahrhundert die Freiherren von Proff zu Irnich, deren Erben sie 1980 an ihren langjährigen landwirtschaftlichen Pächter verkauften.

Die in einem unregelmäßigen Viereck erstellte Anlage war einst von Wassergräben umgeben, die heute allerdings weitgehend ausgetrocknet sind. Eine ehemals vorhandene Vorburg besteht seit Anfang des 19. Jahrhunderts nicht mehr. In den Hof des Gevierts gelangt man von Süden durch den Torbau, der mit einer rundbogigen Durchfahrt versehen ist. An den Torbau schließt sich ein langer Wohntrakt an. Der Osten und der Westen des Gevierts wird von Stallgebäuden eingenommen, die teilweise Fundamente und Mauerwerk aus dem 16. Jahrhundert aufweisen. Der Nordtrakt wird von einer Fachwerkscheune mit einem anschließenden, noch zweigeschossigen halbrunden gotischen Turm eingenommen. Ein diagonal entgegengesetzter Turm am Wohntrakt ist nicht mehr vorhanden.

In Schwerfen selbst, 1147 mit Ortsnamen *Sueruene* erstmals erwähnt, waren mehrere adelige Familien begütert, die ältesten darunter nannten sich »von Schwerfen«. Ihr Sitz befand sich in der wenig außerhalb gelegenen Gülichsburg, die ihren Namen allerdings erst seit 1638 trägt, als der Junker Engelbert von Gülich aus Berg bei Floisdorf sie erwarb. Die Gülichsburg war einst als wehrhafte, von Wassergräben umgebene Anlage errichtet worden. Der älteste, heute noch erhaltene Teil entstand Anfang des 16. Jahrhunderts, ein mehrgeschossiger Wohntrakt mit breitem Kamin.

THEMA Schutz der Ackerwildkräuter

Wie überall in den intensiven Ackerbauregionen hat der agrartechnische Fortschritt durch moderne Anbaumethoden zu enormen Ertragssteigerungen geführt. Diese Vorgehensweise führte aber gleichzeitig zur Verminderung der Lebensräume für Pflanzen und Tiere, die früher in diesen Gebieten allerorten anzutreffen waren. Heute stehen rund 75 Ackerwildkrautarten auf der Roten Liste der bedrohten Pflanzen Nordrhein-Westfalens.

Es gibt in Naturschutz und Landwirtschaft viele Ansätze zum Erhalt von Lebensräumen für gefährdete Pflanzen und Tiere. In Schwerfen zum Beispiel ergab sich im Zuge eines Flurbereinigungsverfahrens für die Stiftung Rheinische Kulturlandschaft die Möglichkeit, Ackerflächen zu erwerben. Aufgrund des hohen Potentials zum Erhalt seltener Ackerwildkräuter wird die gesamte Fläche heute durch den ortsansässigen Landwirt im Auftrag der Stiftung extensiv bewirtschaftet. Damit kann das durch die Bodenbedingungen aus eher magererem, lehmigem Sand bedingte hohe Potential dieser Flächen zum Erhalt seltener Ackerwildkräuter wieder ausgeschöpft werden. Diese extensive Wirtschaftsweise beinhaltet u. a.: keine Unkrautbekämpfung, keine Anwendung von Pflanzenschutzmitteln und Wachstumsreglern, verminderte Saatmenge durch doppelten Reihenabstand, verminderte Düngung, wofür der Landwirt eine dem verminderten Ertrag entsprechende Vergütung erhält.

Im Bereich um Schwerfen konnten noch viele seltene, teilweise auf der Roten Liste stehende Ackerwildkräuter nachgewiesen werden: Acker-Rittersporn (Consolida regalis)*, Dreiblatt- oder Finger-Ehrenpreis* (Veronica triphyllos)*, Kleines Mäuseschwänzchen* (Myosurus minimus)*, Sand-Mohn* (Papaver argemone)*, Klatsch-Mohn* (Papaver rhoeas)*, Kornblume* (Centaurea cyanus) *und beispielsweise auch der Acker-Frauenmantel* (Aphanes arvensis)*. Wildkräuter sind nämlich nicht nur um ihrer selbst willen schützenswert, im Agrarökosystem sind vielmehr zahlreiche Insekten, Spinnen und Wildtiere speziell an diese Wildkräuter angepasst oder gar auf diese angewiesen. So benutzt die sehr seltene Mohn-Biene* (Osmia papaveris) *Klatsch-Mohn-Blütenblätter zur Auskleidung ihrer Gänge im Boden, da diese konservierend wirken und so die Brut vor Krankheiten schützen. Ihren Nektar holt sie gerne von der Kornblume.*

Ackerwildkräuter in Schwerfen.

Sinzenich

Der nächste Ort am Rotbach unterhalb von Schwerfen ist Sinzenich. Auch hier gibt es keltische Siedlungsspuren. Die Ortspfarrkirche St. Kunibert wurde übrigens im 11. Jahrhundert unter Verwendung von Mauerwerk eines römischen Gutshofs errichtet. Der Saalbau erhielt um 1100 einen mächtigen Westturm. Der kreuzgratgewölbte Rechteckchor kam im 13. Jahrhundert dazu. Dreischiffig wurde die Kirche im 15. Jahrhundert erweitert, gekennzeichnet durch Maßwerk der Fenster und Gewölbeschlusssteine mit dem Stifterwappen.

Außerhalb hatten sich die Herren von Sinzenich als Vasallen der Herzöge von Jülich ihre Burg gebaut. Ihnen folgten ab 1374 die Herren von Gertzen als Lehensnehmer und bauten die Anlage weiter aus. Um 1500 erhoben die Herzöge Sinzenich zur Unterherrschaft. Die Folgezeit war erbbedingt durch mehrere Besitzerwechsel geprägt. 1755

Löwenfigur bei Burg Sinzenich. ▶

Burg Sinzenich.

Kernbeißer.

Nachtigall.

Acker-Rittersporn.

Feldhase.

Blüten der Feldulme.

Großer Wiesenknopf.

Fähe mit Jungfuchs.

beschädigte ein Erdbeben die Anlage erheblich, das Herrenhaus konnte nicht mehr renoviert werden. Es stürzte ein. Als danach die Herren von Mosbach Besitzer der Burg waren, errichteten sie neben der Ruine ihr neues Herrenhaus.

Südwestlich von Sinzenich erstreckt sich in der Talniederung des dem Rotbach zufließenden Marienbachs ein weitläufiges Naturschutzgebiet, mit dem die dort verbreiteten auentypischen Feucht- und Nasswiesen, Röhrichtbestände, Großseggenrieder mit uferbegleitenden Hochstaudenfluren und Gehölzen sowie ihren Streuobstwiesen erhalten werden sollen. Als typischer Vogel dieser Biotope ist hier der Feldschwirl *(Locustella naevia)* aus der Familie der Grassänger beheimatet.

Linzenich

Östlich der Rotbachaue erstreckt sich ein Lössplateau, das vom Görresberg bei Schwerfen in einem weiten Bogen um Linzenich bis zum Schievelsberg vor Ülpenich reicht. Seine Hänge sind teilweise bewaldet. Auch diese Landschaftsstrecke steht unter Naturschutz. In diesem strukturreichen Biotopkomplex aus Heidebereichen, Kalkmagerrasenrelikten, Gebüschstrukturen, Pionierwaldgesellschaften und Niederwaldbereichen treten unter anderem das Rebhuhn *(Perdix perdix)*, die Nachtigall *(Luscinia megarhynchos)* und die Golddistel *(Carlina vulgaris)* auf.

Das Burghaus in Linzenich wird erstmals 1357 als Wasserburg, ein Teyle von Linzenich als ihr Besitzer erwähnt. Die Burg wurde im Dreißigjährigen Krieg zerstört, wieder aufgebaut und 1755 durch ein Erdbeben, das auch in Sinzenich verheerende Schäden angerichtet hatte, erneut zerstört. Die sich heute um einen Innenhof gruppierenden Bauten, ein Wohnhaus und Wirtschaftsgebäude, stammen aus dem 19. Jahrhundert, als die Anlage nicht mehr von einem Pächter, sondern von einem privaten Besitzer bewohnt wurde. Das Wohnhaus steht allerdings auf mittelalterlichen Kellergewölben. Die Gräben zur Straßenseite führen noch Wasser.

Golddistel

Feldschwirl.

Ülpenich

Östlich von Zülpich erstreckt sich der kleine Ort Ülpenich am Hang der Rotbachaue, an dessen Rand Haus Dürffenthal als ehemalige zweiteilige Wasserburg steht. Möglicherweise geht der Ortsname auf die Römersiedlung *Ulpiacum* zurück, die hier gelegen haben soll. Jedenfalls lassen antike Funde eine entsprechende Deutung zu. Die Wasserburg Dürffenthal ist seit 1307 urkundlich belegt. Sie wurde im 13. Jahrhundert von den Herren von Dürffenthal als Lehensträgern der Grafen von Jülich errichtet. Christian von Dürffenthal war um die Mitte des 14. Jahrhunderts als Jülicher Erbschenk einer der ranghöchsten Hofleute der Grafen von Jülich.

Die vom Rotbach gespeiste Grabenanlage existiert noch teilweise, muss auch gefüllt bleiben, um nicht die Fundamentpfähle der Bauwerke zu gefährden. Die Vorburg besteht überwiegend aus Fachwerkhäusern des 18. und 19. Jahrhunderts sowie aus einem großen Tierstall. Der Torbau im neugotischen Stil entstand 1879. Das Herrenhaus erhebt sich als zweigeschossige Winkelanlage über hohem Keller in Backsteinbauweise. Am Ostflügel, an dem noch die Kreuzstockfenster alter Zeit zu sehen sind, setzt ein in historisierendem Stil des 19. Jahrhunderts gestalteter Eckturm mit Schweifhaube aus den 1970er Jahren an. Im Westflügel sind neben Bauteilen aus der Entstehungszeit der Burg auch Bauteile aus dem 15. Jahrhundert eingearbeitet. An der Südseite der Burganlage steht die 1905 erbaute neugotische Kapelle. Haus Dürffenthal wird heute von vier Generationen der Eignerfamilie bewohnt, die hier einen Reitstall betreibt.

INFOS

- ***Haus Dürffenthal (Pferdepension):*** *53909 Zülpich, Haus Dürffenthal, Tel. 02252 81407 bzw. 0163 5787809, www.duerffenthal.de.*

Rebhuhn.

Haus Dürffenthal in Ülpenich.

Nemmenich

Im unterhalb von Ülpenich gelegenen Nemmenich speist der Rotbach ebenfalls die Gräben der Lauvenburg. Offensichtlich war die bis heute erstaunlich gut erhaltene Anlage im 14. Jahrhundert von Henz von Loewenberg errichtet worden. Im Laufe der Zeit hat sie eine Vielzahl unterschiedlichster Eigentümer gehabt. Als landtagsfähiger Rittersitz im Herzogtum Jülich war sie aber meist in Händen reicher Kölner Bürger. Die entscheidendste Veränderung an der Anlage nahm im 17. Jahrhundert der kurpfälzische Geheime Rat Johann Heinrich Cramer von Clauspruch durch Einbau größerer Fenster und innere Umgestaltung vor, um die Burg als wohnlichen Landsitz zu nutzen.

Die von außen schlecht einsehbare Anlage der Lauvenburg betritt man von der Straße durch die Vorburg, die nach einem Brand im 19. Jahrhundert mit neu angelegtem Tor wieder aufgebaut wurde. Der Innenhof wird von Wirtschaftsgebäuden flankiert. Das zweigeschossige Herrenhaus wurde als gotischer Winkelbau in zwei Phasen über hohem Keller errichtet. Der hofseitige Flügel mit spitzbogigem Tor entstammt dem 15. Jahrhundert, der breitere Südflügel mit Treppenturm im Winkel, der einen Vorgängerbau ersetzte, dem 16. Jahrhundert.

Elvenich

Elvenich besteht aus den beiden Ortsteilen Oberelvenich und Niederelvenich. Ursprung beider Orte ist die vormalige Burg Elvenich, über die es aber so gut wie keine Informationen mehr gibt. Bekannt sind aus einer Urkunde Arnold und Rembert von Elvenich, die sich wohl nach ihrer Burg so bezeichneten. Das Geschlecht ist bis ins 14. Jahrhundert hinein bekannt, danach verlieren sich die Spuren.

In Oberelvenich steht auf dem Friedhof die kleine Rektorats-Pfarrkirche St. Matthias, ein Bruchstein-Saalbau aus dem Jahr 1693. Folgt man dem Weg an der Kirche vorbei weiter, gelangt man zum ehemaligen Schloss Bollheim in der Rotbachaue. Eine erstmalige Erwähnung erfuhr das Anwesen bereits 1067. Im Jahr 1682 wurde die Anlage nach Blitzeinschlag als Barockschloss neu errichtet. Seit Mitte des 19. Jahrhunderts waren die Herren von Arenberg im Besitz des Schlosses, das sie wegen Baufälligkeit abrissen. Erhalten sind bis heute Teile der Wirtschaftsgebäude, in denen eine Bio-Landwirtschaft mit Hofladen betrieben wird.

INFOS

- ***Demeter-Hof Haus Bollheim:*** *53909 Zülpich-Oberelvenich, Haus Bollheim, Tel. 02252 950320, www.bollheim.de. Hofladen geöffnet Di. bis Fr. 9:00–18:00 Uhr, Sa. 9:00–14:00 Uhr.*

Die Rotbachaue im Bereich von Elvenich steht wegen ihrer auentypischen Landschaft unter Naturschutz. Hier breiten sich Nass- und Feuchtgrünland, Röhrichte, Sümpfe und Riede, Trocken- und Halbtrockenrasen aus, in die sich landschaftsprägende Einzelbäume und Baumgruppen einbetten. Dort finden das Rebhuhn *(Perdix perdix)*, die Grauammer *(Emberiza calandra)*, der Grünspecht *(Picus viridis)*, und der Pirol *(Oriolus oriolus)* Lebensraum.

Am Nordende des Naturschutzgebietes steht Haus Busch in Niederelvenich als einteilige Wasserburg auf einer rechteckigen Insel in der Niederung. Die Erbauungszeit dieses ehemaligen Prümer Lehnshofes ist nicht bekannt. Der Ende des 17. Jahrhunderts schon landtagsfähige kurkölnische Sitz kam 1692 in den Besitz von Maria von Groote. Ihr Sohn begann ab 1700 mit dem Ausbau der Burg zum barocken Schloss. Heute gehört die Anlage einem Kölner Kunstauktionator.

Wichterich / Mülheim / Frauenberg

Wichterich und Mülheim sind zwei ineinander übergehende Orte, an denen der Bleibach westlich vorbei und dem Rotbach zufließt. In diesem Bereich fand man 2005 bei Ausgrabungen Reste einer karolingischen Mühle aus dem 9. Jahrhundert, was auf die jahrhundertelange Mühlentradition im Zülpicher Land verweist. So hatte sich auch der Boulichshof als einer der drei Prümer Lehnshöfe im Ort im Mündungsbereich mit einer Mühle etabliert, die im 15. Jahrhundert sogar urkundlich genannt wurde. Der Boulichshof wurde schon im 18. Jahrhundert abgerissen, seine Mühle hatte aber in erneuerter Form als Ölmühle weit länger Bestand. Heute wird der Hof als landwirtschaftlicher Vollerwerbsbetrieb mit Reitstall geführt.

Wenig unterhalb des Reiterhofs liegt Burg Mülheim, wie die anderen Besitzungen im Ort ebenfalls zunächst ein Prümer Lehen, das dann an Kurköln überging. Die Burg geht auf das 14. Jahrhundert zurück. Die heutige vierkantige Hofanlage entstand nach einem Brand im Jahr 1863 neu. Die Inhaber führen einen Hofladen, der für seinen Spargel weithin bekannt ist.

INFOS

- ***Bouligsmühle:*** *53909 Zülpich-Mülheim, Johannesstraße 6, Tel. 02252 833944, www.bouligsmuehle.de. Pensionspferdehaltung und Pferdezucht, Reiterausbildung, Turnier-Training.*
- ***Burg Mülheim:*** *53909 Zülpich-Mülheim, Pescher Straße, Tel. 02252 839439, www.burgmuelheim.de. Hofladen geöffnet April bis Juni Mo. bis Fr. 9:00–13:00 Uhr, Sa. 8:30–14:00 Uhr, So. 10:00–13:00 Uhr.*

Folgt man dem Bleibach von Wichterich aufwärts, so gelangt man nach Frauenberg, ebenfalls eine ehemals Prümer Besitzung auf einer markanten Anhöhe am Börderand. Hier gab es der Legende nach im Frühmittelalter ein Heiligtum. Immerhin wird der Ort erstmals im Jahr 899 genannt. Im Jahr 1067 wurde die zu dieser Zeit auf der Anhöhe stehende, der Gottesmutter geweihte Kirche durch Erzbischof Anno II. dem Kölner St. Gereonsstift überwiesen, was gleichzeitig zum Wechsel des Patroziniums führte. Der Ortsname, der um 1300 im *Liber valoris*, dem Kölner Kirchenbuch, als *Berche beate Marie virgines* bezeichnet wurde, blieb erhalten. Den Kern der St. Georgskirche in Frauenberg bildet eine einschiffige Anlage des 10./11. Jahrhunderts. Das erste Obergeschoss des Turms birgt die grundherrliche Kapelle mit Altarnische. Um 1100 erfolgte der Anbau des südlichen Seitenschiffs mit halbrunder Ostapsis, um 1200 der des Nordschiffs. Etwa 1220–30 wurde der kreuzrippengewölbte Chor des Mittelschiffs samt Apsis neu gebaut. Ende des 13. Jahrhunderts erfolgte die Erhöhung des Westturms um ein Glockengeschoss. In der Wende zum 15. Jahrhundert wurden das hohe, rippengewölbte Nordschiff mit Chor mit 5/8-Schluss errichtet und Kreuzrippengewölbe im Mittelschiff und südlichen Seitenschiff eingezogen. Bei der Restaurierung in den 1950er Jahren konnten die dekorativen Gewölbemalereien und Reste von szenischen Bildern freigelegt werden. Zur wertvollen Ausstattung zählen der Taufstein aus dem 12. Jahrhundert, das der Kirche 1477 gestiftete Triptychon, ein hölzernes Kruzifix in Originalfassung aus dem Jahr 1160 und nicht zuletzt eine thronende Muttergottes.

Niederberg

Weiter abwärts liegt Niederberg am rechten Ufer des Rotbachs. Im Umfeld hat es eine römische Siedlung gegeben, wie entsprechende Fundstücke beweisen. Im Mittelalter wird der Ort erstmals um 1193 als *Berg* oder *Berghe* bei Friesheim erwähnt. Hier gab es einen im Besitz des Kölner Domdechanten befindlichen Fronhof, aus dem sich Burg Niederberg entwickelte. Die frühesten Kenntnisse über die Burg stammen aus der Mitte des 15. Jahrhunderts. Über ihre Baugeschichte gibt es keine Hinweise. Das heutige Anwesen stellt sich als wasserumwehrte Anlage dar, die von den Herren von Metternich als damaligen Besitzern um 1710 errichtet wurde. Das zweigeschossige Herrenhaus unter hohem Walmdach in verputzter Bruchsteinbauweise steht auf einer rechteckig abgemauerten Insel. 1820 fügte man dem Hauptbau zwei Flügel an, so dass zwischen den Gebäudeteilen ein Hof entstand. Von der Vorburg haben sich lediglich der Torbau und ein niedriges Fachwerkhaus erhalten. Über eine Brücke erreicht man den Hof des Herrenhauses.

Sehenswert in Niederberg ist die frühromanische sogenannte Alte Kirche auf dem ehemaligen Friedhof. Der aus dem 11. Jahrhundert stammende Bau war im 19. Jahrhundert ruinös, nach dem Zweiten Weltkrieg standen nur noch der Chor, Teile der Außenwände, zwei Pfeiler und eine Arkade. Ein Totalabriss der unter Denkmalschutz gestellten Kirche konnte 1953 verhindert werden. Restauriert und ergänzt wurden die Gewölbemalereien aus dem 16. Jahrhundert.

Friesheim

Der gesamte Bereich der Börde ist altes Siedlungsgebiet. Im Bereich von Friesheim wurden Kreis- und Urnengräber aus der Latènezeit um 500 v. Chr. gefunden, in denen die Menschen ihre Toten bestatteten. Der heutige Ort Friesheim ist fränkischen Ursprungs, worauf seine Endung auf -heim schließen lässt. In der ersten Hälfte des 9. Jahrhunderts war Graf Emundus im Besitz von Friesheim, einem Hofverband mit Fronhof und einer dem heiligen Martin geweihten Patronatskirche, die der Graf dem Kölner Dom vermachte. Als in Köln 866 eine Besitzteilung zwischen dem Erzbischof und dem Domkapitel vorgenommen wurde, gelangte der Hofverband an das Domkapitel. Dieses übte das Patronatsrecht dann auch bis zum Ende der Feudalzeit 1794 aus. Im Laufe der

Burg Redinghoven in Friesheim.

THEMA Umweltzentrum Erftstadt

▲ Bei Friesheim konnte eine Umwandlung von Acker in ein gut 5 Hektar großes Extensiv-Grünland mit der Anlage von Streuobstbäumen durch die Stiftung Rheinische Kulturlandschaft realisiert werden. Zur Bereicherung des Erscheinungsbildes und der Ökologie wurde angrenzend an ein bestehendes Waldstück mit standortgerechtem Laubwald aufgeforstet.

An Friesheim grenzt der Friesheimer Busch an, ein Waldstück, in dem das Umweltzentrum Friesheimer Busch etabliert wurde. Auf einem ehemaligen belgischen Militärgelände können Erftstädter Umwelt- und Naturschutzverbände sowie Verbände der Entwicklungszusammenarbeit und Schulen zur schulischen wie außerschulischen Umweltbildung und zu Themen des Umwelt-, Natur- und Landschaftsschutzes zusammenarbeiten. Auf dem Gelände befinden sich eine Außenstelle der Biologischen Station Bonn / Rhein-Erft sowie die Natur- und Landschaftspflegestation des Naturschutzbundes Rhein-Erft, die mit Skudden-Schafen und Waliser Schwarzhalsziegen auf einer Fläche von 30 Hektar des Geländes Magerrasen und Zwerg-strauchheiden als wertvolle Biotope erhält und pflegt. Hier werden auch alte Nutzpflanzen gehegt, stolz ist man vor allem auf alte Obstbaumsorten wie den Weißen Winterglockenapfel.

Der Friesheimer Busch selbst ist als Naturschutzgebiet ausgewiesen. Hier gibt es einen in der waldarmen Börde seltenen winterlindenreichen Maiglöckchen-Stieleichen-Hainbuchenwald mit artenreichem Vogelbestand.

INFOS

- ***Umweltzentrum Friesheimer Busch:*** 50374 Erftstadt-Friesheim, Friesheimer Busch 1, Tel. 02235 959450, www.umweltzentrum-erftstadt.de.

Zeit wuchs Friesheim heran. Zur Verwaltung des größer werdenden Ortes setzte das Domkapitel Vögte ein, ab dem 15. Jahrhundert auch Schultheißen als Richter vor Ort. Zu dieser Zeit gab es dort mehrere Burgen und einige burgähnlich befestigte Adelshöfe. Bis ins 18. Jahrhundert umgaben den Ort zur Befestigung sogar Gräben und Hecken, die mit vier Pforten (rheinisch *Portzen*) versehen waren. Eine Reihe bemerkenswerter Fachwerkhäuser aus dem 17. und 18. Jahrhundert verleihen dem Ort bis heute ein besonderes Gepräge. Zwei darunter sind besonders zu erwähnen. Zum einen das Haus Pafemötz in der Bruder-Edelfried-Straße 20, ein traufständig zweigeschossiges Wohnhaus aus dem Jahr 1646 mit einem kleinen Erker an der Traufseite, und zum anderen das Haus Fuck am Hubert-Vilz-Platz 8, ein stattliches zweigeschossiges Traufenhaus aus dem Jahr 1608 mit gemusterten Backsteinfüllungen.

Von den Burgen sind die Weiße Burg und Burg Redinghoven erhalten, von Ersterer allerdings nur die von Wassergräben umgebenen Wirtschaftsgebäude der Vorburg. Burg Redinghoven ist eine zweiteilige wasserumwehrte Anlage des 18. Jahrhunderts aus Backstein, deren Vorburggebäude weitgehend erneuert worden sind. Das Torhaus mit an hofseitig gemusterter Ziegelausmauerung der Gefache stammt von 1741. Eine steinerne Bogenbrücke führt zum Herrenhaus, einer einstigen Winkelanlage, deren Haupthaus zwei kleine Flügel vorgesetzt sind.

Der heutige Bau der Pfarrkirche St. Martin wurde 1877/78 als neugotische dreischiffige Basilika mit vorgesetztem Westturm errichtet. Aus dem Vorgängerbau wurden einige Stücke der Innenausstattung übernommen, so vor allem das runde romanische Taufbecken mit Reliefs von Fabeltieren und Standsäulen und ein Kruzifix aus der Zeit um 1300.

Lechenich

Der wichtigste Ort am Rotbach, bevor er bei Dirmerzheim in die Erft mündet, ist Lechenich. Im heutigen Erftstädter Stadtteil Lechenich, dessen Name sich von der römischen Siedlung *Lachnechacum* herleitet, besaßen die Kölner Erzbischöfe seit der Zeit um 650 einen Fronhof als Ausgangspunkt der kurkölnischen Landeshoheit. Zur Absicherung dieser Herrschaft wurde unter Erzbischof Philipp von Heinsberg die im Jahr 1188 erstmals erwähnte sogenannte Alte Burg auf dem Gelände des Fronhofs errichtet. Er löste den Vogt, der bislang die erzbischöflichen Rechte vor Ort vertrat, durch einen Amtmann ab, der an die Spitze des Verwaltungs- und Gerichtssitzes des kurkölnischen Amtes Lechenich trat. In der Mitte des 13. Jahrhunderts wurde die Ansiedlung am Fronhof an den Standort zwischen Rotbach und Mühlenbach verlegt, befestigt und 1279 durch Erzbischof Siegfried von Westerburg zur Stadt mit Marktrechten erhoben. Nach der für den Erzbischof gegen die Herzöge von Jülich/Berg verlorenen Schlacht von Worringen 1288 mussten er Lechenich für einige Jahre abtreten.

In der folgenden Auseinandersetzung mit König Albrecht I. um die Rheinzölle wurde die an die Kölner zurückgegebene Burg Lechenich zerstört. 1306 konnte der Kölner Erzbischof Heinrich von Virneburg mit Zustimmung des Königs mit dem Neubau der Landesburg beginnen, die er zweiteilig wasserumwehrt in die Stadtbefestigung einbezog. Zuerst entstand der Wohnturm in der Nordwestecke, der unter Erzbischof Walram von Jülich zu einer Kastellanlage mit Palas und zinnenbekrönten Ecktürmen erweitert wurde. Die Vorburg wurde unter Erzbischof Wilhelm von Gennep Mitte des 14. Jahrhunderts angelegt. Sie ist durch eine erneuerte Steinbrücke mit dem Kastell verbunden, dessen Hof durch eine spitzbogige Durchfahrt neben dem Wohnturm erreicht werden konnte. Zum Schutz der Gesamtanlage dienten die Wassergräben, der äußere umgab Vor- und Hauptburg, der innere zusätzlich die Hauptburg. Die Befestigung der Stadt stellte den erweiterten Schutz im Sinn einer äußeren Vorburg dar. Auf diese Weise gesichert und inzwischen auch wohnlich eingerichtet diente die Landesburg Lechenich im 14. und 15. Jahrhundert den Kölner Erzbischöfen als Residenz.

Den Ende des 16. Jahrhunderts ausbrechenden europäischen Kriegen, die bis zu Beginn des 18. Jahrhunderts anhielten, war die Landesburg nicht mehr gewachsen. Die Zerstörungen, begleitet von Feuersbrünsten, begannen im Dreißigjährigen Krieg 1642, doch da konnte die Landesburg noch gehalten werden. Als sie dann 1689 von französischen Truppen besetzt wurde, brannten diese sie nach ihrem Abzug nieder. Die Vorburg blieb zwar bestehen, doch verlor sie während des Spanischen Erbfolgekrieges 1703 ihre Dächer. Teile der Vorburg erstanden bald darauf in schlichten barocken Formen neu. Doch die Hauptburg wurde nur noch notdürftig repariert, war militärisch uninteressant geworden und diente lange Zeit als Getreidespeicher.

Mit dem Einmarsch französischer Revolutionstruppen in die linksrheinischen Gebiete war 1794 das Ende des Kölner Kurfürstentums gekommen. Die schon damals ruinöse Landesburg Lechenich wurde versteigert und gelangte in private Hände. Heute ist das Burggelände im Halbrund von einem Park umgeben, dessen Fläche 1998 auf sieben Hektar erweitert wurde. Der Park selbst ist der Öffentlichkeit zugänglich, nicht aber die privat bewohnte Burg.

Bis heute kann noch am Stadtbild abgelesen werden, welch wehrhaftem Zweck die Stadt Lechenich einst diente. Im Zuge der Neugründung wurde die Ansiedlung ab 1254 planmäßig im Rechteck mit der Landesburg in ihrem Nordos-

Marktplatz und Rathaus in Lechenich.

ten angelegt. Der Charakter der Festungsstadt kommt noch im Straßennetz zum Ausdruck – zwischen den beiden Stadttoren verlief die Ost-West-Hauptachse, im Zentrum zum Markt erweitert mit dem Rathaus auf dem Platz. Nur durch eine Häuserzeile nordwärts vom Markt getrennt steht die Stadtpfarrkirche St. Kilian. Das System der Wälle und Gräben und Reste der Stadtmauer sind noch an der Südwestecke der Altstadt erhalten. Auch die Stadttore sind noch vorhanden, das Bonner Tor im Osten und das Herriger Tor im Westen. Sie wurden im 14. Jahrhundert als Doppeltoranlagen konzipiert, zumindest die Innentore gibt es heute noch.

Herriger Tor.

INFOS

- ***Kulinarischer Stadtrundgang durch Lechenich:*** *KulTOUR lautet das Angebot einer klassischen 3,5-stündigen abendlichen Stadtführung, verbunden mit den Genüssen eines 3-Gänge-Menüs ausgewählter Restaurants in der historischen Stadt. Vorverkauf im Schreib-Shop Marschalleck in 50374 Lechenich, Schlossstraße 4, Tel. 02235 5696, für Gruppen Information bei der Erftstädter Wirtschaftsförderung, Tel. 02235 409330, www.wirtschaftsfoerderung@erftstadt.de.*
- ***Husarenquartier:*** *50374 Lechenich, Schlossstraße 10, Tel. 02235 5096, www.husarenquartier.de. Regionale Küche voller Finesse, kreativ und modern, geöffnet Mi. bis So.*
- ***Weinhaus Bosen:*** *50374 Lechenich, Herringer Straße 2, Tel. 02235 691618. Bietet traditionelle und klassische Küche mit französischer Note, geöffnet Di. bis So. 12:00–15:00 Uhr und 18:30–22:00 Uhr.*

An der Erft

Im Euskirchener Raum tritt die Erft in die Niederung der Zülpicher Börde ein. Der etwas über 100 Kilometer lange Fluss entspringt bei Nettersheim in der Eifel. Seine Hauptfließrichtung, die er bis zur Mündung einhält, ist nordwärts ausgerichtet. Unterhalb von Euskirchen trifft die Erft bei Weilerswist auf den Höhenrücken der Ville, an deren westlicher Kante sie entlangfließt, bis sie den nach Norden abgesenkten Höhenrücken der Ville im Erftsprung zwischen Bedburg und Grevenbroich durchbricht und schließlich südlich von Neuss in den Rhein mündet.

Im Laufe der zurückliegenden Jahrhunderte wurden die Erft und ihre Talniederung in unterschiedlichster Weise von den Menschen beeinflusst und verändert. Die nachhaltigsten Eingriffe erfolgten im Zusammenhang mit dem Braunkohleabbau im Bereich der Ville. Aber schon zu Zeiten der Karolinger hatte die Errichtung von Wassermühlen zu Veränderungen im Flusslauf geführt. Die Wasserkraftnutzung erreichte ab Mitte des 17. Jahrhunderts einen ersten Höhepunkt in der Region, unter anderem auch durch die Anlage von Mühlengräben, die den Fluss unterhalb von Bergheim in mehrere Arme aufspalteten. Ende des 18. Jahrhunderts gab es an der Erft über 150 Mühlen, zusätzlich zum Abzweig in Mühlengräben wurde Wasser zur Bewässerung von Wiesen oder für Fischteiche und Burggräben entnommen. Im 19. Jahrhundert erfolgte dann ein umfassender Flussbett- und Flussauenumbau im Rahmen der Erftmelioration. Zu diesem Zweck war Mitte des 19. Jahrhunderts der Erftflutkanal zwischen Kerpen-Brüggen und Bedburg-Blerichen ausgehoben worden, um der Versumpfung der Erft entgegenzuwirken. Ursache für diese Versumpfung war die zunehmende Wassermühlenwirtschaft, für die vielerorts die Erft aufgestaut und in die Mühlengräben abgeleitet wurde mit der Folge, dass der Grundwasserspiegel, der das Gelände feucht und nass hielt, anstieg, was auch Malariaerkrankungen nach sich zog. Von dem wie mit einem Lineal durch die Landschaft gezogenen Erftflutkanal sind im Abschnitt zwischen Zieverich und Paffendorf noch einige historische Bauten erhalten, so vor allem Flutschleusen und Wehre.

Ab Ende des 19. Jahrhunderts musste dann im Zuge der Ausweitung des Braunkohletagebaus das Bett der Erft mehrfach verlegt werden, ihre Wasserführung wurde durch Grundwassereinleitung aus den Tagebauen über Jahrzehnte überhöht, gleichzeitig auch thermisch belastet, der Kontakt der Gewässer und Auen zum Grundwasser unterbrochen. Durch die erhöhte Wasserführung wurde es zusätzlich erforderlich, die Erft durch wasserbauliche Maßnahmen zu vertiefen, auszuweiten und mit steinernen Dämmen zu sichern.

Die Erft bei Bliesheim.

Unterhalb der Rotbachmündung verzweigt sich die Erft sogar in drei Hauptarme, wovon der künstlich mittig angelegte Erftflutkanal der weiteren Versumpfung der Erftaue dienen sollte. Seit sich der Großtagebau Garzweiler weiter nach Westen verlagert und das Grundwasser in den Schwalm-Nette-Bereich eingebracht wird, hat sich die Wasserführung der Erft auf ein Niveau reduziert, das sogar noch unter dem der Zeit vor den Braunkohletagebauen liegt. Die Renaturierungsmaßnahmen an der Erft beginnen zu greifen, aber es gibt weiterhin Belastungen durch anthropogene Einflüsse, so durch Einträge aus der Landwirtschaft, durch Abwässer und aus Altlasten. Dennoch sind einige Abschnitte des Erftverlaufs unter Naturschutz gestellt, so etwa die Niederung zwischen Kreuzweingarten und Stoitzheim, Streuobstwiesen

Die Burg in Kleinvernich.

und Feuchtgebiete in der Aue bei Weilerswist und am Strassfelder Fließ – einem Seitenbach der Erft –, die alte Erftschlinge zwischen Horrem und Sindorf, die Erftaue bei Schloss Frens und nicht zuletzt der Erftverlauf zwischen Schloss Paffendorf und Kaster.

Klein- und Großvernich

Unterhalb von Euskirchen setzt die Erft ihren Lauf durch die Zülpicher Börde fort. Auch dort ist das Flussbett von Menschenhand geprägt, obwohl es selbst hier immer wieder strukturreiche Flussbereiche gibt. Der Biotopkomplex westlich von Derkum mit seinen Streuobstwiesen, Feldgehölzen, Feuchtbereichen und Grünland mit altem Gehölzbestand steht sogar unter Naturschutz. Wenig weiter flussabwärts mündet das Strassfelder Fließ, ein weiteres Naturschutzgebiet mit Gebüschen, Magergrünland und Brachen, schon an der Geländestufe zum Villerücken.

Auf der gegenüberliegenden Flussseite findet sich weiter südlich in Lommersum ein geschichtliches Kuriosum. Der Ort galt als »Klein Spanien«, unterstand er doch 250 Jahre dem spanischen Herrschaftsbereich. Dadurch, dass Lommersum als Teil des Herrschaftsbereichs von Kerpen seit dem Mittelalter zum Herzogtum Limburg gehörte, das 1292 vom Herzogtum Brabant übernommen worden war, war der Ort später dem spanischen Zweig der Habsburger zugehörig. Bis zum Jahr 1712, dem Jahr des Friedens von Utrecht als Ende des Spanischen Erbfolgekrieges, blieb Kerpen-Lommersum spanisch, kam dann an das Herzogtum Jülich. Die Jülicher gaben Lommersum den Grafen von Schaesberg als Lehen. Erst 1786 endete die spanische Oberherrschaft endgültig, Kerpen-Lommersum wurde in die Reichsunmittelbarkeit erhoben. Das in der ersten Hälfte des 18. Jahrhunderts errichtete Rathaus trägt daher auch die Bezeichnung »Spanisches Rathaus«. Über dem Portal ist das Wappen der Grafen von Schaesberg angebracht. Übrigens sind in der Ortspfarrkirche St. Pankratius, die Walram von Limburg in der Zeit von 1110 bis 1120 als Geschenk für seine Gemahlin errichten ließ, auch römische Bauteile verwendet worden, was die antike Besiedlung der Region belegt.

Unterhalb findet man beiderseits der Erft die beiden heute der Gemeinde Weilerswist angeschlossenen Ortschaften Groß- und Kleinvernich. In Großvernich war das Rittergeschlecht von Vernich als Nebenlinie der Herren von Tomburg ansässig. Sie hatten sich eine ursprünglich zweiteilige Burg errichtet. 1342 übereigneten die Vernicher diese an die Grafen von Jülich. Johann Brent von Vernich erneuerte als Jülicher Vasall Mitte des 14. Jahrhunderts die Burganlage. Sein Sohn Reinhard von Vernich betrieb aber die Raubritterei so ausufernd, dass die Kölner Erzbischöfe sich zur Belagerung der Burg genötigt sahen. Reinhards Sohn Goswin blieb der Raubritterei treu, so dass die Kölner 1460 seine Burg zerstörten. Goswin musste sie erneuern und den Kölnern übereignen. Mit dem Aussterben der Herren von Vernich verfiel die Anlage und war schon Mitte des 18. Jahrhunderts ruinös. Heute steht von ihr nur noch die Turmruine.

Sehenswert in Großvernich ist die Heilig-Kreuz-Kirche. Eine dem heiligen Nikolaus geweihte Kapelle wurde bereits 1308 im Ort erwähnt. Diese riss man Ende des 17. Jahrhunderts ab und errichtete dafür die 1732 geweihte Heilig-Kreuz-Kirche. Finanziert wurde der Bau durch den Nachlass Johann VIII. von Orsbeck, dem letzten Herrn auf Burg Vernich, der es bis zum Bischof von Speyer und Erzbischof von Trier gebracht hatte. Bedeutendstes Ausstattungsstück der Kirche ist ein hölzernes Albertus-Magnus-Kruzifix von 1248, das ursprünglich dem 1804 aufgehobenen Benediktinerkloster St. Heribert in Köln-Deutz entstammt.

Im jenseits der Erft gelegenen Ort Kleinvernich steht die Gürtzgensburg, so benannt nach ihren Besitzern zu Beginn des 17. Jahrhunderts. Die vormalige Wasserburg erhält ihre Wasserzufuhr von einem Erftmühlengraben. Sie war kurzzeitig landtagsfähig, aber ihre Ausstattung reichte dafür nicht dauerhaft aus. Die Anlage war zu klein, das Herrenhaus in Fachwerkbauweise errichtet, wies aber wohl auch eine Vorburg auf. Nachdem die Burg Anfang des 18. Jahrhunderts verfallen war, wurde sie 1781 als Vierflügelanlage innerhalb der alten Wasserumwehrung neu errichtet. Die heutigen Besitzer nutzen sie als Landwirtschaftsbetrieb. Das wappengeschmückte Hauptportal verweist noch auf die ritterliche Vergangenheit des Anwesens.

▲ Kruzifix in der Heilig-Kreuz-Kirche in Großvernich.

INFOS

■ ***Handwerks- und Heimatmuseum Großvernich:*** *53913 Großvernich, Talsstraße 3, Tel. 02254 4239 oder 02254 6942, www.dvv-vernich.de/museum.html. Das Museum zeigt Exponate zu traditionellem Handwerk und dörflichem Leben, geöffnet jeden 1. Sa. im Monat 14:00–18:00 Uhr, für Gruppen auch nach Vereinbarung.*

Weilerswist

Die Bebauung von Großvernich geht nahtlos in die von Weilerswist über. Unterhalb des Ortes mündet die Swist in die Erft. Hier in der fruchtbaren Bördenlandschaft sind seit der Jungsteinzeit menschliche Besiedlungen nachweisbar. Auf dem Swister Berg, einer Anhöhe an der Swist kurz vor ihrer Mündung, ist ein römisches Tempelheiligtum nachgewiesen. In der Tradition antiker Matronenverehrung wurden die drei heiligen Jungfrauen Fides, Spes und Caritas angebetet. Die Pilger suchten eine auf der Anhöhe errichtete Wallfahrtskapelle des untergegangenen Dorfes *Niederswist* auf. Der weithin sichtbare Swister Turm aus dem 11. bzw. 12. Jahrhundert ist das Relikt dieser Kapelle, deren Kirchenschifffundamente in die karolingische Zeit des 9. Jahrhunderts zurückreichen. Die Wallfahrtskirche wurde im Truchsessischen Krieg zerstört, aber wieder restauriert. Sie verlor danach ihren Status als Pfarrkirche an die St. Mauritiuskirche in Weilerswist, blieb aber als Wallfahrtskirche bestehen. 1830 musste das Kirchenschiff wegen Baufälligkeit abgerissen werden. Die St. Mauritiuskirche wurde 1766–71 auf dem ummauerten Gelände des alten Friedhofs mit vorgesetztem Westturm unter laternenbekrönter Schweifhaube anstelle des ausgebrannten mittelalterlichen Vorgängerbaus errichtet. Zur wertvollen Rokokoausstattung bestehend aus Altären, Kanzel und Orgelprospekt gehören auch die hölzernen Standfiguren der drei heiligen Schwestern Fides, Spes und Caritas, die aus dem Swister Türmchen stammen. In den Seitenaltar des nördlichen Querschiffs wurde eine Madonna eingebracht, eine um 1500 in Köln entstandene Figur.

Die Ortschaft Weilerswist war einst Eigentum der Herren von Kleve. Dietrich von Kleve verpfändete 1303 seinen Besitz an das Kölner Erzbistum. Da keine Einlösung erfolgte, verblieb dieser auch bei Köln. In Weilerswist selbst waren Adelige der Region begütert. Die Herren Scheiffahrt von Merode und von Kühlseggen hatten sich sogar stattliche Wasserburgen im Ortsbereich errichtet. Die Scheiffartsburg wurde allerdings im Zweiten Weltkrieg gesprengt, das Burghaus Kühlseggen vom Anfang des 17. Jahrhunderts steht noch. Der Erbauer der Burg war der 1312 urkundlich genannte Gobelin von Cudilsheggin. Später wurden die Scheiffahrt von Merode ebenfalls als Eigentümer der Burg Kühlseggen genannt. Nach vielen Vererbungen und Verkäufen ist diese seit 1836 im Besitz der Familie von Eltz-Rübenach. Die im 14. Jahrhundert errichtete Anlage stand auf zwei Inseln, deren umgebende Wassergräben von einem Zulauf der Erft gespeist wurden. Anfang des 17. Jahrhunderts wurden die damals noch vorhandenen Gebäudeteile im Stil der Renaissance erneuert, das Hauptgebäude mit

▲ Kirche St. Martin in Weilerswist.

▼ Burg Kühlseggen in Weilerswist.

▲ Das Bild zeigt, wie die Landschaft durch Blühstreifen, die mit Hilfe von Ackerrandextensivierungs-Programmen angelegt wurden, bereichert wird.

Kreuzstockfenstern versehen und der Torbau der Vorburg errichtet. Mitte des 18. Jahrhunderts waren Teile der Burg wieder baufällig geworden und wurden abgerissen, so dass bis heute nur noch der mittelalterliche Hauptbau mit dem Eckturm erhalten ist. Der Anbau am Nordflügel, dessen Gewölbe schon eingestürzt war, wurde in eine Kapelle im neugotischen Stil umfunktioniert. Der Hauptbau ist noch von einem Wassergraben umgeben und über eine Bogenbrücke, an der im Mittelalter eine Zugbrücke angebracht war, zugänglich. Die Gebäude der vierflügeligen Vorburg stammen vom Ende des 18. Jahrhunderts, das Tor der Vorburg vom Anfang des 17. Jahrhunderts.

Ein praktisches Beispiel des kooperativen Landschaftsschutzes bietet sich im Weilerswister Ortsteil Müggenhausen, bekannt durch die Pferdeklinik in den Gebäuden der ehemaligen Burg des Ortes. Am Müggenhausener Flies wurde ein Musterprojekt der Extensivierung von Ackerflächen bei gleichzeitiger Umrandung mit Blühstreifen realisiert. Die Flächen sollen vor allem neue Lebensräume für Feldvögel und blütenbesuchende Insekten schaffen. Auf den Projektflächen wurden bereits Grauammern, Feldlerchen, Rebhühner, Wiesenschafstelzen und Wachteln nachgewiesen. Floristische Besonderheiten stellen hier Klatsch-Mohn, Kornblumen, das Kleine Mauseschwänzchen sowie der Sardische Hahnenfuß dar. Die Blühstreifen werden in der Regel zum Ausgang des Winters gemulcht. Die Landwirte bewirtschaften die Äcker ohne Herbizide. So konnten sich die Projektflächen bereits in den ersten Jahren zu arten- und blühreichen Biotopen entwickeln. Die Fruchtfolge weist einen hohen Wintergetreideanteil auf, die Aussaat erfolgt im doppelten Saatreihenabstand, so dass mehr Raum für Feldvögel und Begleitpflanzen bleibt.

Übrigens steht der Streuobstbestand in der Erftaue westlich von Bliesheim unter Naturschutz.

Blühstreifen im Rahmen des Musterprojekts zur Extensivierung von Ackerflächen, Müggenhausen.

Bliesheim

Die Ursprünge von Bliesheim, unterhalb von Weilerswist in der Erftaue gelegen, sind in einer *villa rustica* zu finden. Auf dem verlassenen Gelände dieses römischen Gutshofs entstanden im Zuge der fränkischen Landnahme ein Fronhof im Besitz des Kölner Erzbischofs, später daneben auch eine Kirche und eine Mühle. 1059 wurde Bliesheim erstmals als *Blisna* in einer Schenkungsurkunde des Kölner Erzbischofs an das Kölner St. Mariengradenstift urkundlich erwähnt. Das Stift erwarb in der Folgezeit die Vogtei Bliesheim mit Rechten und Gütern und baute sie zu einer Unterherrschaft im kurkölnischen Amt Lechenich aus. Die Kriege des ausgehenden Mittelalters, vor allem der Niederländische Unabhängigkeitskrieg und der Dreißigjährige Krieg, richten großen Schaden im Ort an, auch ein großer Brand im Jahr 1790. Wenig später, als die neuen französischen Herren die Säkularisation betrieben, wurden das Stift aufgelöst und die Besitzungen versteigert. Seit der Gemeindereform von 1969 ist Bliesheim Ortsteil der neu gebildeten Stadt Erftstadt.

Die Gebäude der erstmals 1260 erwähnten Bliesheimer Mühle wurden im 17./18. Jahrhundert errichtet, so das zweigeschossige Wohnhaus, ein Fachwerkbau mit Walmdach, dessen Eingänge sich an den Traufseiten befinden. In das Walmdach wurde um 1900 eine Ladeluke mit Sackaufzug eingebaut. Im Inneren sind die Kölner Decken, eine Konstruktion aus verputzten, teilweise stuckierten Deckenbalken und den darüberliegenden Dielen, bei der die Balkenenden halbrund ausgestaltet sind, noch weitgehend erhalten. Die Mühlentechnik basiert auf reiner Holzbauweise und arbeitete bis 1973, als die historischen Teile der Mühle stillgelegt wurden.

INFOS

- ***Adler-Zweiradmuseum:*** *53919 Weilerswist, Kölner Straße 150, Tel. 02254 5165, www.adlermuseum.de. Das Museum stellt alte Motorräder der Adlerwerke aus und hilft bei Oldtimer-Problemen; Besichtigung nach telefonischer Vereinbarung.*
- ***Museum für Druckgeschichte und Buchherstellung:*** *53919 Weilerswist, Kölner Straße 58, Tel. 02254 3347, www.druckgeschichte.de. Das Museum wird betrieben vom Trägerverein für Druck und Buchherstellung e. V.; es zeigt Exponate zu den verschiedenen Produktionsstufen der Buchherstellung früher und heute; geöffnet Di. und Mi. 9:30–12:30 Uhr und 14:30–17:00 Uhr.*

INFOS

- ***Bliesheimer Mühle:*** *50374 Erftstadt-Bliesheim, Merowingerstraße 115, Tel. 02235 2694, www.bliesheimer-muehle.de. Bio-Hofladen, geöffnet Di. bis Fr. 10:00–13:00 Uhr, Do. und Fr. zusätzlich 15:00–19:00 Uhr, Sa. 9:00–13:00 Uhr.*

Im Norden der Gemarkung Bliesheim steht Haus Buschfeld an dem von der Erft abgeleiteten Liblarer Mühlengraben, eine befestigte Burg aus dem 13. Jahrhundert. Die heutige Anlage besteht aus einem dreigeschossigen spätbarocken Herrenhaus mit schiefergedecktem Walmdach. Die vom Herrenhaus getrennte, anstelle der ehemaligen Burganlage errichtete Vorburg ist dreiseitig von alten Wassergräben um-

▲ Bliesheimer Mühle.

geben und über eine dreibogige Brücke zu erreichen. Ein Geviert ehemaliger Wirtschaftsgebäude umgibt ihren großen, rechteckigen Innenhof. Teile der zweigeschossigen Bauten unter Satteldächern stammen noch aus dem 16. Jahrhundert, der Stufengiebel des giebelständigen Eckhauses im Südwesten des Gevierts aus dem 17. Jahrhundert. Die ehemaligen Wirtschaftsgebäude sind zu Wohnzwecken umfunktioniert, das Herrenhaus dient als Bürogebäude. Von der Mühle des Hofs steht nur noch ein Backsteingebäude aus dem späten 18. Jahrhundert.

Kürbisdekoration an der Bliesheimer Mühle. ▶

Liblar

Beiderseits der Erft erstrecken sich heute die Orte Lechenich und Liblar als Kernorte der 1969 zur Stadt Erftstadt zusammengelegten Städte und Gemeinden im Bereich der mittleren Erft.

Liblar befindet sich auf der Lechenich gegenüberliegenden Erftseite am Rand des Villerückens. Wie in Lechenich ist der Ursprung des Ortes in einer römischen Ansiedlung zu suchen. Eine mittelalterliche Pfarre ist unter der Bezeichnung *Lubdelare* 1155 urkundlich belegt. Eine weitere Nennung erfolgte 1197 als *Lublar*. Dort wie auch im benachbarten, später untergegangenen Ort Spurk waren mehrere geistliche und weltliche Herrschaften begütert, von denen in der Mitte des 15. Jahrhunderts im Wesentlichen nur das Bonner Stift Dietkirchen mit seinem Fronhof verblieben war. Es vergab das Lehen an seinem Hof Gracht an die Herren von Buschfeld. Deren Erben waren die Wolff Metternich zur Gracht. Nachdem Adolf I. von Wolff Metternich zur Gracht in den Freiherrenstand erhoben worden war, vollzog sich der weitere Aufstieg der Familie. 1658 begann Adolf mit dem Ausbau des Hauses Gracht zu einem repräsentativen Schloss mit angelegtem Park. Sein Enkel Johann Adolf II. vollendete die Bauarbeiten. Zu dieser Zeit entstand auch die Vorburg, deren Bau 1698 mit Ostflügel und Einfahrt abgeschlossen wurde. Zwischen 1683 und 1717 entstanden die ersten Gartenanlagen, damals ganz im Stile der barocken Gartenarchitektur gehalten. 1850 wurde das Herrenhaus im klassizistischen Stil neu erbaut. Nachdem die Vorburg 1878 durch Brand zerstört worden war, erfolgte der Wiederaufbau in der heutigen Form des langen, zweistöckigen Backsteinbaus mit stufenartigen Giebeln. Nach dem Zweiten Weltkrieg trennte sich die Familie Wolff Metternich zur Gracht von ihrem Besitz, in dem heute die European School of Management and Technology ihren Zweitsitz hat.

INFOS

- ***ESMT European School of Management and Technology GmbH:*** *USW Netzwerk, 50374 Erftstadt, Schloss Gracht, Fritz-Erler-Sraße 1, Tel. 02235 406204, www.de.esmt.org/ueber-die-esmt/campus/esmt-campus-schloss-gracht.*

Schloss Gracht in Liblar.

Schloss Gracht.

THEMA **Das Naturschutzgebiet Schlosspark Gracht**

Die Baulichkeiten und Gartenanlagen von Schloss Gracht bilden ein interessantes Ensemble. Ab Ende des 17. Jahrhunderts ließ Johann Adolf II. von Wolff Metternich zur Gracht zu seinem Schloss zunächst einen prachtvollen Barockgarten im französischen Stil mit Zier- sowie Nutzgarten und Boskett anlegen. Von diesem Kunstwerk der Gartenarchitektur sind bis heute das Parterre, das Wegesystem sowie Hecken und Laubengänge erhalten. Die streng geometrische Barockanlage ist von Hainbuchen-Alleen als geschnittenen Laubengängen umgeben. Ab 1748 ließ sein Sohn Franz Joseph von Wolff Metternich die weiteren Gartenteile im englischen Stil gestalten. Die 2002 grundlegend restaurierte Gartenanlage beherbergt seltene Bäume und Gehölze. Die dort vorhandenen Gehölze bilden naturnahe Waldgesellschaften mit gut ausgebildeter Kraut- und Strauchschicht typischer Eichen-Hainbuchenwälder. Unter den Bäumen sind bemerkenswerte Exemplare hinsichtlich Alter, Wuchs und Herkunft zu finden, darunter Küstenmammutbäume (Sequoia sempervivens)*, Ginkgo-Exemplare* (Ginkgo biloba)*, Blauglockenbäume* (Paulownia) *und Zedern* (Cedrus)*. Der Buchen- und Eichenaltbaumbestand im östlichen Parkteil mit viel Stümpfen und Totholz bietet den unterschiedlichsten Höhlenbrütern Lebensraum. Besonders auffällig ist die Vielfalt an Vogelarten im gesamten Parkbereich.*

Im nordwestlich an Liblar angrenzenden Ortsteil Blessem ist von der ehemaligen Ortsburg am Bebauungsrand nur noch die Vorburg erhalten. Das einst auf einer Insel im Park mit altem Baumbestand gelegene Burghaus ist vergangen. Eine Brücke überspannt den trockengelegten Burggraben. Ein Torhaus ist in den langgestreckten Vorburgtrakt einbezogen. Dieser zweigeschossige Trakt aus verputzten Backsteingebäuden weist einen Anbau auf, dessen Außenseite mit hochrechteckigen Sprossenfenstern ausgestattet und dessen drittes Geschoss in Fachwerkbauweise errichtet ist.

Das Rittergeschlecht von Bladisheim wurde im 14. Jahrhundert als Besitzer von »Hof Blessem« – wie die Burg früher bezeichnet wurde – genannt. Die Einwohner des Ortes waren dem Kölner Erzbischof zehntpflichtig, insofern wurde die Anlage mitsamt ihrem Landbesitz im Zuge der Säkularisation vom Staat konfisziert und zum Verkauf freigegeben. 1808 konnte Johann Wilhelm Meyer aus Köln den Burghof erwerben, der noch im Besitz seiner Nachkommen ist.

Schloss Gracht: Park.

Dirmerzheim

Auch der unterhalb Liblars an der Mündung des Rotbachs in die Erft gelegene Erftstädter Ortsteil Dirmerzheim geht auf antike Ursprünge zurück. Erstmals erwähnt wurde *Dirmundsheim* im Jahr 1155 in einer Handschrift des Benediktinerklosters Deutz. Die Bewohner des Orts, der zum kurkölnischen Amt Lechenich zählte, waren dem Erzbischof abgabepflichtig und mussten ihm Hand- und Spanndienste leisten. Dirmerzheim gehörte zu den Dörfern, die 1642 beim Abzug der Belagerer Lechenichs in Brand gesteckt wurden.

Unter den herrschaftlichen Besitztümern in Dirmerzheim, meist wasserumwehrten Hofanlagen, befand sich der in der Gemarkung Hostert am Rotbach gelegene Hof des Kurfürsten. Weitere adelige Höfe waren der Weiherhof, der Ketzgenshof, der an der Dirmerzheimer Landstraße neben der Kirche der Abtei Steinfeld unterstehende Hof des Seminars der Norbertiner und die Dirmerzheimer Burg, heute nach einem ehemaligen Pächter Tilmannshof genannt. Diese vierflügelige Anlage mit Wohnhaus, Stallungen und weiteren Wirtschaftsgebäuden liegt am nördlichen Ortsrand von Dirmerzheim am Rotbach. Das barocke Wohnhaus, ein zweigeschossiger verputzter Massivbau unter Walmdach, wurde 1700 erbaut. Die denkmalgeschützte Bausubstanz ist inzwischen zu Wohnzwecken umgebaut. Am Rotbach lag auch die seit dem 14. Jahrhundert bestehende Dirmerzheimer Mühle des Hauses Konradsheim.

Besonders sehenswert ist in Dirmerzheim die Ortspfarrkirche St. Remigius. Im Kern handelt es sich um eine romanische Saalkirche des 11. Jahrhunderts, deren Außenmauern aus Feldsteinen, Bruchstein und römischem Fundmaterial bis 4 Meter Höhe noch ursprünglich erhalten sind. Der quadratisch eingezogene Chor wurde um die Wende zum 16. Jahrhundert um einen polygonalen Chorschluss erweitert. St. Remigius war früher eine Filialkirche der Lechenicher Pfarrkirche St. Kilian und wurde erst 1758 selbst zur Pfarrkirche erhoben. Bis dahin war das Gotteshaus schon mehrfach baulich verändert worden. Im Zuge einer nochmaligen Erweiterung erhielt die Kirche 1778 einen Turm vorgesetzt. 1960 kam ein in das Schiff eingezogenes Querhaus hinzu, so dass die Kirche seither einen kreuzförmigen Grundriss aufweist. Der alte Chor dient nunmehr als Taufkapelle. Er weist einen reich gemusterten Tonplättchenfußboden auf. Seine spätgotischen Fresken wurden 1982 restauriert.

Deckenausmalung der Kirche St. Remigius in Dirmerzheim.

Türnich

Winandus de Tornich wurde 1208 als Lehnsmann der Alvaradis von Molbach, Gemahlin des Grafen Wilhelm II. von Jülich, genannt. 1234 belehnte Pfalzgraf Otto bei Rhein Graf Wilhelm VI. von Jülich mit mehreren Vogteien, darunter die von Balkhausen, der die *Vogtei Dornich* zugehörte. Begütert in Türnich war vor allem die Abtei Essen, es gab aber noch weitere Grundbesitzer. Balkhausen und Türnich bildeten seit der Belehnung eine Unterherrschaft im Herzogtum Jülich, die bis zum Ende der Feudalzeit Bestand hatte. Nach dem Aussterben des Geschlechts der Pfalzgrafen betrachtete das erstarkte Jülich diese Unterherrschaft allerdings als Jülicher Eigentum.

Das heutige Schlossgebäude von Türnich geht auf eine Burg zurück, deren Ursprünge in das Jahr 898 zurückreichen. Jülicher Untervögte in Türnich waren nach den Herren von Tornich die Herren von Bachem, von Hemberg, von Quadt und von Palant-Wachendorf. Die Herren von Rolshausen waren 1587 durch Heirat von Christoph von Rolshausen mit Katharina von Palant in den Lehnsbesitz der Herrschaft Kerpen gelangt. Alleinige Eigentümer wurden sie erst 1707, als sie auch noch die letzten Besitzanteile Dritter erworben hatten. Zwischen 1757 und 1766 ließ sich Carl-Ludwig Freiherr von Rolshausen an der Stelle der alten Burg ein Wasserschloss als klassische *Maison de plaisance* durch den in kurkölnischen Diensten stehenden Baumeister Michael Leveilly mit einem im Süden angrenzenden dreiflügeligen Wirtschaftshof errichten. Die Herren von Rolshausen blieben bis 1850 im Besitz von Türnich – aus ihrer Zeit sind noch ihre Wappen auf Wegekreuzen, am Schloss, in der Pfarrkirche und sehr schön auf der Grabplatte des 1616 gestorbenen Christoph von Rolshausen vorhanden.

Freiherr Georg von Rolshausen veräußerte Schloss Türnich 1850 an Karl Eugen Reichsgraf von und zu Hoensbroech. Franz-Eugen von und zu Hoensbroech ließ bis 1898 die prachtvoll ausgestattete Schlosskapelle anstelle eines ruinösen Vorgängerbaus aus dem 14./15. Jahrhundert sowie einen erneuerten Torbau errichten, zudem in dem noch mit dem alten Mobiliar versehen Herrenhaus Stukkaturen und Boiserien anbringen und den Schlossgarten im Stil des rheinischen Neo-Rokoko anlegen. Das Schlossareal umfasst einen fünfzehn Hektar großen Wald. Schon 1873 wurde der Park unter Einbeziehung von älteren Pflanzungen eines ersten kleineren Landschaftsparks aus den 1790er Jahren und

Detail des Portals der Kapelle von Schloss Türnich.

des Französischen Gartens, der aus dem frühen 18. Jahrhundert – noch mit Buchsbäumen aus jener Zeit – stammt, zusammen mit einer 300 Meter langen Allee aus 111 Linden angelegt. Die heutigen Schlossbesitzer haben einen Bio-Obstgarten und in der vormaligen Bibliothek ein Café eingerichtet. Die Bestände dieser Bibliothek reichen bis in das Jahr 1590 zurück.

INFOS

- *Schloss Türnich: 50169 Kerpen-Türnich, Schloss Türnich 1, Tel. 02237 974697, www.schloss-tuernich.de, Café Tel. 02237 974691, geöffnet Mi. bis Sa. 11:00–18:00 Uhr, So. ab 10:30 Uhr (Brunch).*

Schlosspark. ▶.

▼ Schloss Türnich.

THEMA Naturparkzentrum Gymnicher Mühle

Gymnicher Mühle.

Auch wenn Gymnich mit seiner historischen Wasserburg nicht auf dem Gebiet des Naturparks Rheinland liegt, so ist aber die Gymnicher Mühle eines der Highlights des Naturparks. Ihre erstmalige urkundliche Nennung erfolgte im Jahr 1315. Aufgrund von Umgebungsfunden kann man davon ausgehen, dass sie im Ursprung eine der karolingischen Mühlen des 9. Jahrhunderts war. Hier war die Abtei Siegburg begütert, die die Herrschaft Gymnich mit der Mühle an das ortsansässige Rittergeschlecht als Lehen vergab. Die Herren von Gymnich blieben die gesamte Feudalzeit über im Besitz des Lehens. Sie verlegten die Mühle 1563 an den heutigen Standort direkt am Hauptlauf der Erft. Das kombinierte Mühlen- und Müllerwohnhaus, dessen Erdgeschoss noch aus dem 18. Jahrhundert stammt, wurde Mitte des 19. Jahrhunderts in den oberen Teilen neu errichtet, das Wasserrad aus dem Jahr 1920, das die früheren zwei unterschlächtigen Wasserräder ersetzte, war ursprünglich mit einem Radhaus geschützt. 1944 stellte man den Mühlenbetrieb ein und baute 1948 die Mühlentechnik bis auf das Wasserrad ab. 1984 wurde das Mühlenhaus mit all seinen noch vorhandenen wasserbaulichen Anlagen unter Denkmalschutz gestellt. 2005 übernahm der Mühlenverband Rhein-Erft-Rur die Mühlenhofanlage, die seit 2011 als Mühleninformationszentrum dient.

▾ Wasserrad der Gymnicher Mühle.

Dieses informiert über die Auen- und Bördelandschaft an der Erft und zeigt eine Dauerausstellung über deren Landschafts- und Siedlungsgeschichte. Ergänzt wird das Informationsangebot des Zentrums durch Gastronomie, einen Hofladen sowie eine Erlebnisbäckerei mit der Ausstellung vom »Korn zum Brot«. Im Sommer bietet der 1,5 Hektar große Wassererlebnispark mit verschiedenen Spielstationen nicht nur kleinen Besuchern eine große Attraktion. Greifvögel können in der Falknerei bestaunt werden, Wanderer und Radfahrer auf mehreren ausgeschilderten Routen die Landschaft an der Erft erkunden.

INFOS

- ***Gymnicher Mühle:*** *50374 Erftstadt-Gymnich, Gymnicher Mühle 1, Tel. 02237 6388020 (Wasserzentrum) bzw. 657438 (Gasthaus), www.gymnichermuehle.de.*

Kerpen

Kerpen ist die Geburtsstadt von Adolf Kolping. Erwähnt wurde es bereits im Jahr 871 unter der Benennung *Kerpinna*. Nach der 1288 für Kurköln verlorenen Schlacht von Worringen kam das ehemals dem Herzogtum Limburg zugehörige Kerpen – zusammen mit Lommersum – an Brabant, als Teil des spanischen Reichs der Habsburger, und nach dem Frieden von Utrecht 1712 an die Grafen von Schaesberg. In den dazwischen liegenden Jahrhunderten hatte Kerpen als katholische Exklave heftig unter den Religionskriegen des ausgehenden 16. und 17. Jahrhunderts zu leiden. Vor allem im niederländischen Befreiungskampf gegen die spanische Oberhoheit blieb Kerpen umkämpft. Tiefgreifende Umwälzungen erfuhr es durch den beginnenden Braunkohleabbau in der benachbarten Ville. Der Tagebau Frechen zwang die Bewohner der Stadtteile Mödrath und Bottenbroich zur Umsiedelung, der Stadtteil Manheim musste dem Tagebau Hambach weichen.

Burg Mödrath ist nicht mit Burgen mittelalterlichen Ursprungs zu vergleichen, sondern ein Herrenhaus, das sich der Besitzer der Mödrather Mühle als Wohnsitz errichten ließ – und das wegen seiner Größe von den Mödrathern als »Burg« bezeichnet wird. Der die Mödrather Burg umgebende Park soll übrigens von Peter Josef Lenné angelegt worden sein.

Die eigentliche Kerpener Burg war während des niederländischen Unabhängigkeitskampfes 1578 von Niederländern besetzt und wenig später spektakulär von spanischen Truppen zurückerobert worden. Das ruinöse Anwesen war nicht als Wohnsitz für die neuen Grafen und späteren Reichsgrafen von Schaesberg geeignet. Deshalb ließ der letzte Reichsgraf die Ruine einebnen, um sich ein repräsentatives Schloss zu errichten. Doch die einfallenden französischen Revolutionstruppen bereiteten dem Vorhaben 1794 noch vor seinem eigentlichen Beginn ein Ende.

INFOS

- ***Kolping-Museum:*** *50171 Kerpen, Obermühle 21, Tel. 02237 3728. Museum im Geburtshaus des Priesters und Gründers des Katholischen Gesellenvereins (www.kolping.de), Besuch nach Absprache.*
- ***Haus für Kunst und Geschichte:*** *50171 Kerpen, Stiftsstraße 8, Tel. 02237 922170, geöffnet Di. und Mi. 9:00–12:00 Uhr, Do. 14:00–18:00 Uhr. Zeigt Wechselausstellungen im Obergeschoss, im Untergeschoss Werke des Kerpener Malers und Bildhauers H. J. Baum.*
- ***Naturkundemuseum »Martin Reimer«:*** *50169 Kerpen-Brüggen, Heerstraße 314, Tel. 02237 921491. Geöffnet So. 10:00–13:00 Uhr; kleines Museum, das kindgerechte Naturdarstellungen bietet.*
- ***Schreibmaschinenmuseum QWERTZUIOPÜ:*** *50170 Kerpen-Sinndorf, Erftstraße 85, Tel. 02273 5668843, www.qwertzuiopue.com. Zeigt alles, womit in den letzten 150 Jahren maschinell geschrieben wurde, geöffnet nach Absprache (der Name leitet sich von der ersten Reihe einer Tastatur ab).*

Das Geburtshaus von Adolf Kolping in Kerpen. ▶

Weg durch den Portalbau zu Schloss Türnich.

Schloss Frens in Quadrat-Ichendorf – Herrenhaus.

Der Botanische Garten von Schloss Pattendorf

Der Botanische Garten von Schloss Pattendorf

Schloss Paffendorf.

Schloss Gracht – Neubau.

Die Erft an der Gymnicher Mühle.

THEMA Kerpener Bruch

Der Kerpener Bruch bietet als eine der letzten großen Auenlandschaften an der Erft Lebensraum für Erlen-Eschen- und Weichholz-Auenwälder, Stieleichen-Hainbuchenwald sowie Glatthafer- und Wiesenknopf-Silgenwiesen. In dieser außergewöhnlichen Landschaft sind Mittelspecht (Dendrocopos medius), *Rot- und Schwarzmilan* (Milvus milvus *und* Milvus migrans), *Eisvogel* (Alcedo atthis), *Schwarzspecht* (Dryocopus martius) *und Neuntöter* (Lanius collurio) *sowie Nachtigall* (Luscinia megarhynchos) *und Wasserralle* (Rallus aquaticus) *zu Hause. Weitere hier anzutreffende Vogelarten sind Teichrohrsänger* (Acrocephalus scirpaceus), *Raubwürger* (Lanius excubitor), *Pirol* (Oriolus oriolus) *und Schwarzkehlchen* (Saxicola rubicola). *Das Schutzziel im Kerpener Bruch ist die Erhaltung und Wiederherstellung einer naturnahen Auenlebensgemeinschaft aus Wald, Waldrändern, Krautfluren, Kleingewässern sowie Sandflächen einer ehemaligen Kiesgrube mit ihrer typischen Flora und Fauna in den unterschiedlichsten Entwicklungsstufen, bis hin zum Totholz. Hier finden Höhlen- und Baumbrüter, Greif- und Zugvögel, aber auch Insekten, Amphibien und Schnecken ihre artspezifischen Lebens- und Aufenthaltsräume – »insgesamt ein großflächiges, landschaftstypisches Auenwaldrelikt mit Vernetzungsfunktion an der Erft von landesweiter Bedeutung«, wie es in den Naturschutzinformationen des Landes Nordrhein-Westfalen heißt.*

Grünspecht.

Kerpener Bruch.

Morgenstimmung im Kerpener Bruch.

THEMA Kerpener Parrig

Die nördliche Fortsetzung des Kerpener Bruchs stellt – mit der Unterbrechung durch Landwirtschaftsflächen – das von der Autobahn A4 durchschnittene Naturschutzgebiet des Kerpener Parrigs dar. Auch hier haben sich in der vormaligen Überschwemmungsaue der Erft Eschenwald mit Eiche und Ahorn, Eichenwald mit Beimischung von Esche und Vogelkirsche sowie ein ehemaliger Hartholzauenwald mit ihrer naturnahen Kraut- und Strauchschicht erhalten können. Darin sind die gleichen Vogelarten wie im Bruch heimisch, dazu gibt es eine Graureiher-Kolonie. Die Grundwasserabsenkungen haben aber den Grundwasserkontakt im Gelände unterbrochen, so dass sich hier im Laufe der Zeit ein eher grundwasserunabhängiger Stieleichen-Hainbuchenwald entwickeln wird.

Der Parrig setzt sich jenseits der alten Trasse der Braunkohlebahn im Naturschutzgebiet des Horremer Stadtwaldes fort. Hier gibt es auch noch Reste ehemaliger Eschen-Eichen-Ulmen-Hartholzauenwälder, die insbesondere für Höhlenbrüter geeignete Habitate bieten.

◄ Graureiher im Kerpener Parrig.

THEMA Bürgewälder

Das Gebiet des Naturparks Rheinland, das im Erftbereich im Wesentlichen durch die Autobahn A61 begrenzt wird, setzt sich aber westlich von Kerpen weit in die Börde hinein fort, wo sich die Bürgewälder ausbreiten. Zwischen Erft und Rur finden sich noch Reste dieser einst großen Waldgebiete in der Landschaft, die ansonsten längst durch Ackerbau gekennzeichnet ist. Die Wiederbewaldung dieser Areale ist seit der letzten Eiszeit kaum unterbrochen worden, denn auf den Hauptterrassenschottern der Bürge liegt nur eine dünne, teilweise auch keine Lössschicht auf. Es handelt sich heute noch um den Elsdorfer Wald, die Steinheide, den Dickbusch und den Lörsfelder Busch, alles ehemalige Bannwälder Karls des Großen. Diese Wälder gingen später in den Besitz der 45 angrenzenden Dörfer über, deren Bewohner mit Waldweide, Brenn- und Bauholznutzung eine naturnahe Bewirtschaftung ausübten, so dass sich ein strukturreicher Wald mit altem Baumbestand erhalten konnte. Typisch für die Bürge ist der lindenreiche Maiglöckchen-Eichen-Hainbuchenwald, der ansonsten nur noch im Nörvenicher Wald und im Kottenforst vorkommt. Am Westrand der Bürge werden viele der hier verbreiteten Wälder, insbesondere der Hambacher Forst, dem fortschreitenden Braunkohletagebau Hambach zum Opfer fallen.

▲ Gelbrandkäfer.

Der hohe Anteil alter Bäume im Bürgerevier mit viel Totholz, darin eingebetteten Feuchtgebieten, Tümpeln und Kleingewässern bietet einer vielseitigen Tierwelt Lebensraum. Hier sind vor allem der Wespenbussard (Pernis apivorus), *der Gelbrandkäfer* (Dytiscus marginalis) *und die Große Königslibelle* (Anax imperator) *zu nennen.*

Östlich des Lörsfelder Busches erhebt sich Schloss Lörsfeld, ein 1262 erstmals erwähnter Adelssitz im Herrschaftsbereich der Grafschaft Kerpen. Besitzer des Schlosses waren die Herren von Loersfeld, später die Herren von Merode, vom Horn, von Büllesheim, von Eynatten, von Leers und Reinecker. Seit 1819 ist das Anwesen im Besitz der Freiherren von Fürstenberg. Die heutige Anlage entstand im Wesentlichen im Übergang vom 15. zum 16. Jahrhundert und blieb über die Jahrhunderte weitgehend von den kriegerischen Ereignissen des Rheinlands verschont. Nachhaltige Probleme bereitete erst die Grundwasserabsenkung durch den Braunkohletagebau, doch sind die Schäden behoben. Heute betreibt der Pächter der Anlage ein Spitzenrestaurant in dem wunderschön inmitten einer Parkanlage gelegenen Renaissanceschloss.

◀ Schloss Lörsfeld.

INFOS

■ ***Restaurant Schloss Loersfeld:*** *50171 Kerpen, Tel. 02273 57755, www.schlossloersfeld.de, Spitzenrestaurant, geöffnet Di. bis Sa. 12:00–14:00 Uhr und 19:00–21:00 Uhr.*

Horrem

Der heutige Kerpener Ortsteil Horrem entstand in karolingischer Zeit als Siedlung in der Erftniederung. Darauf deutet möglicherweise auch der ursprüngliche Name *Horoheim* (»Sumpfheim«) des 864 erstmals erwähnten Ortes hin. Im 10. Jahrhundert gab es eine Burgstelle auf erhöhtem Standort am Rand der Erftniederung, Sitz eines Edelmannes namens Wigmannus von Heymenbach. Aus der Kapelle auf diesem Mottenhügel ging die ehemalige Horremer Pfarrkirche St. Clemens hervor, deren Ursprünge ebenfalls in diese Zeit zurückreichen. Seit dem 13. Jahrhundert bildete Hemmersbach gemeinsam mit Horrem und dem auf der jenseitigen Erftseite gelegenen Sindorf eine Unterherrschaft im Herzogtum Jülich-Berg, deren Mittelpunkt die Burg Hemmersbach war. Anfang des 14. Jahrhunderts gelangte die Unterherrschaft an das Adelsgeschlecht Scheiffart von Merode. Johann IV. Scheiffart von Merode geriet in Auseinandersetzung mit seinen Halbbrüdern, den Herzögen von Brabant und Jülich, was auch den Landfriedensbund auf den Plan rief – dieser war von den Regionalmächten der Gegend gegründet worden, um der ausufernden Raubritterei kleiner Burgherren Einhalt zu gebieten. Als Johann IV. Kaufleuten den Weg durch sein Herrschaftsgebiet verweigerte, erhielt die Stadt Köln im August 1366 vom Landfrieden den Auftrag, Burg Hemmersbach einzunehmen. Später ließ Johann IV. für die stark beschädigte Anlage einen Neubau am heutigen Standort errichten. Seit 1751 gehörte Burg Hemmersbach den Grafen Berghe von Trips. Als französische Revolutionstruppen in das Rheinland vordrangen, zerstörten österreichische Koalitionstruppen 1793 die Burg: Sie brannte ab. Ein weiteres Feuer vernichtete auch noch ihre Reste. Der Neubau erfolgte 1837. Ihr heutiges Aussehen erhielt die Anlage durch Umbauten in den Jahren 1899–1990. Nachdem der Rennfahrer Wolfgang Berghe von Trips als letzter Vertreter seines Geschlechts 1961 bei dem Rennen in Monza tödlich verunglückt war, gründeten seine Eltern die »Gräflich Berghe von Trips'sche Sportstiftung zu Burg Hemmersbach«, die in der Villa Trips am Schloss ein Rennsportmuseum unterhält.

Die Horremer St. Clemenskirche besteht im Kern aus einem Rechtecksaal des 10. Jahrhunderts. Dieser Saalbau wurde Mitte des 12. Jahrhunderts erhöht und erhielt einen mit Pyramiddach versehenen Westturm vorgesetzt. Ende des 12. Jahrhunderts kamen die Seitenschiffe hinzu, in die im 15. Jahrhundert Spitzbogenfenster eingezogen wurden. In der Wende vom 17. zum 18. Jahrhundert erhielt die Kirche ein einheitliches Dach. Bemerkenswert ist das Geläut von St. Clemens. Im Glockenturm hängt noch die 1453 gefertigte sogenannte Marienglocke, die aus der gleichen Werkstatt wie einige der Domglocken in Köln stammt. Darüber hinaus gibt es noch die Clemensglocke aus dem Jahr 1648. Nur die ebenfalls 1648 gegossene Katharinenglocke wurde im Zweiten Weltkrieg eingeschmolzen.

Burg Hemmersbach besteht heute im Kern aus dem klassizistischen Herrenhaus aus dem ersten Drittel des 19. Jahrhunderts. Dessen Grundriss wurde großenteils vom Vorgängerbau übernommen. Beim neobarocken Umbau im Jahr 1899–1990 erhielt der Bau sein Mansarddach mit Schweifgiebel. Von der ursprünglichen Anlage sind noch zwei Ecktürme auf gotischen Grundmauern erhalten. Das gotische Torhaus mit spitzbogiger Durchfahrt bekam im 18. Jahrhundert ein Krüppelwalmdach. Der anschließende Osttrakt ist im Kern auch noch gotisch.

Quadrath-Ichendorf

Die Wiesen- und Waldflächen der Erftaue zwischen der Horremer Mühle und dem unterhalb am Rand von Quadrath gelegenen Schloss Frens stehen wegen ihrer Bedeutung als Lebensraum für viele wildlebende Pflanzen- und Tierarten, insbesondere der Feuchtgebietsvegetation und der uferbegleitenden Gehölze, unter Naturschutz. Inmitten dieser Erftlandschaft steht die seit 1263 bezeugte Schlossanlage, Stammsitz des gleichnamigen Geschlechts. 1347 kam sie in den Besitz des Kölner Patriziers Rutger von Raitz, der sich fortan Raitz von Frentz nannte. Zunächst bestand das Anwesen aus einem zweiflügeligen Winkelbau mit ummauertem Hof. Im 16. Jahrhundert wurde die Anlage symmetrisch um einen Innenhof erweitert. Dabei erhielt unter anderem der südliche Flügel in Anlehnung an den nördlichen Flügel einen Renaissancegiebel und zwei vortretende viereckige Flankentürme. Durch Einheirat kam das Schloss Ende des 18. Jahrhunderts in

Schloss Frens in Quadrat-Ichendorf

den Besitz der Grafen Beissel von Gymnich, die Mitte des 19. Jahrhunderts umfassende bauliche Veränderungen vornahmen, so durch Verputz des Hauptbaus und Errichtung einer neuen Vorburg, die die beiden vorhandenen Vorburgen ersetzte. Bis heute hat Schloss Frens dieses einheitliche Erscheinungsbild bewahrt. Aber auch hier richtete die Grundwasserabsenkung für den Braunkohletagebau große Schäden an dem auf einem Pfahlrost stehenden Herrenhaus an, die aber inzwischen behoben werden konnten.

Unterhalb von Schloss Frens an der Bebauungsgrenze von Quadrath-Ichendorf steht die Ende des 12. Jahrhunderts erstmals erwähnte Pliesmühle im Besitz der Abtei Brauweiler. Solche »Pleißmühlen« dienten der Metallverarbeitung, insbesondere der Waffenherstellung. Ende des 16. Jahrhunderts übernahmen die Raitz von Frentz die Mühle. Das heutige Mühlengebäude stammt aus dem 18. Jahrhundert, die Wirtschaftsgebäude aus dem 19. Jahrhundert.

Auf dem Weg zum Schloss Schlenderhahn im Ortsteil Quadrath steht die Ortspfarrkirche St. Laurentius, eine dreischiffige Backsteinhalle mit vorgesetztem Westturm aus dem 16. Jahrhundert. Der erhöhte Chor ist neugotischen Stils. Schloss Schlenderhahn ist der Sitz des gleichnamigen Geschlechts, das 1271 erstmals erwähnt wurde, der Sitz selbst als *Slenderhagen* bereits 1028. 1527 ging der Besitz durch Einheirat an die Raitz von Frentz über. Das 1650 in den Reichsfreiherrenstand erhobene Geschlecht gab die weitgehend verfallene Wasserburg Schlenderhahn auf und errichtete einen Kilometer entfernt einen neuen Sitz, eine der letzten barock angelegten Schlossanlagen in feudaler Zeit. 1867 konnte der Kölner Bankier Simon von Oppenheim sie erwerben, wobei ihn neben seinem Repräsentationsbedürfnis vor allem die Aussicht auf Braunkohleförderung zum Kauf animiert haben dürfte. Sein Sohn begründete auf Schloss Schlenderhahn ein Gestüt, das bis heute zu den bedeutendsten in Deutschland zählt. Das erfolgreichste Pferd des Gestüts war das vom Schlenderhahn-Besitzer Baron von Ullmann und Nachfahren der Oppenheim-Bankiers für 160 000,- DM erworbene Englische Vollblut Monsun, das 2012 aus Krankheitsgründen leider eingeschläfert werden musste – aber es hatte seinem Besitzer bis dahin über eine Million Euro Preisgeld eingebracht.

INFOS

- ***Gestüt Schlenderhahn:*** *50127 Bergheim, Domackerstraße, Tel. 0271 94966. Weidefläche 120 Hektar, 154 Pferdeboxen.*

Bergheim

In der gesamten Börde gab es vorgeschichtliche Siedlungen, so auch im Bergheimer Einzugsbereich. Hier lassen sich die ältesten Funde auf 4000 v. Chr. zurückdatieren. Kontinuierlich ging die Besiedlung in die römische Zeit über, denn hier kreuzte die *via belgica*, die Fernstraße von Köln nach Gallien, die Erft. Eine fränkische Ansiedlung etablierte sich um ein Königsgut an diesem Standort mit einer dem heiligen Remigius geweihten Kirche auf einer hochwasserfreien Terrasse oberhalb des Erftübergangs, damals im Grenzgebiet zwischen Jülichgau, Kölngau und Gillgau. Das sicher »auf dem Berg« gelegene Dorf trug den Namen *Bercheimerdorf*. Die Grundherrschaft von Bergheimerdorf ging dann in den Besitz der Pfalzgrafen über und wurde 1028 von Hezelin, dem Bruder des Pfalzgrafen Ezzo, an die Abtei Kornelimünster übertragen. Diese setzte seit 1233 die Grafen von Jülich als Vögte ein. Die Jülicher errichteten daraufhin in der Erftniederung eine Burg. 1312 erhob Walram II. von Jülich die Burgsiedlung (Bergheimerstadt) zur Stadt. Seit 1402 war sie Amtssitz, die Fernstraße von Köln nach Aachen führte direkt durch die Stadt, in der Markt abgehalten und Zoll erhoben wurde. Hier gab es auch eine Münzstätte. Die kriegerischen Auseinandersetzungen führten zu großen Schäden in Bergheim. Die Stadt konnte in der Folge nicht mehr die alte Bedeutung wiedererlangen. Erst Jahrhunderte später führte der Braunkohleabbau zu neuem Aufschwung, allerdings auch zu Umsiedelungen von Bewohnern ganzer Ortsteile aufgrund der sich ausdehnenden Tagebaue. Heute hat Bergheim als Kreisstadt 60 000 Einwohner. Übrigens wurden das Bergheimerdorf mit der Pfarrkirche und Bergheimerstadt mit der Georgskapelle erst 1872 zu »Bergheim« zusammengefasst.

Bergheims Charakter als ehemalige jüliche Festungsstadt kann man bis heute am Stadtgrundriss ablesen. Der rechteckige Mauerring wird von Ost nach West von der Hauptstraße durchzogen, der westliche Abschnitt ist platzartig erweitert. Ursprünglich querte die Erft, die im Bergheimer Bereich in mehrere Arme aufgeteilt ist, den Mauerring. Einer der Arme, die Kleine Erft, führte östlich des Mauerrings vorbei. Der Erftkanal als Hauptwasserfluss der Erft wird heute westlich des Stadtkerns vorbeigeleitet.

Der Mauerring der Stadt, der im 14. bis 15. Jahrhundert aus Feldbrandziegeln mit runden Ecktürmen, Halbrund- und Vierecktürmen errichtet worden war, steht in Teilen noch, wenn auch nicht mehr in seiner ursprünglichen Höhe und mit vielen Durchbrüchen versehen. Das Osttor schloss die Hauptstraße zur Ville hin ab. Es wurde 1876 abgebrochen. Das Aachener Tor im Westen, ein Rechteckbau des 16. Jahrhunderts unter Walmdach mit spitzbogiger Durchfahrt, ist mit zwei massiven Rundtürmen auf der Außenseite versehen.

Bergheim, St. Remigius.

Die Pfarrkirche St. Remigius, auf dem Kirchhügel von Bergheimerdorf errichtet, gilt nach der Abteikirche von Brauweiler als der zweitbedeutendste romanische Kirchenbau im Rhein-Erft-Kreis und geht zweifelsohne auf einen hölzernen Vorgängerbau der fränkischen Siedlung zurück. Nachdem das Gotteshaus in den Besitz der Abtei Kornelimünster gekommen war, begann diese in der zweiten Hälfte des 12. Jahrhunderts mit dem Bau einer steinernen Kirche. Sie blieb bis zum Ende der Feudalzeit der Abtei inkorporiert. Der 1175 vom Kölner Erzbischof Philipp von Heinsberg geweihte Sakralbau entstand in mehreren Phasen. Der romanische Ostteil, bestehend aus Querschiff, Chor, Seitenchören, Apsis und Chorflankentürmen, ist sparsam mit Lisenen und Rundbogenfriesen gegliedert. Das vermutlich mit basilikalen Seitenschiffen versehene romanische Langhaus wurde um 1480 abgerissen und durch eine spätgotische kreuzrippengewölbte Stufenhalle ersetzt. Den Westturm erneuerte man 1758 in Backstein und erhöhte ihn bei der in den Jahren 1863–67 erfolgten Restaurierung um das Glockengeschoss. 1873 kamen die Turmseitenjoche und das neugotische Polygon der Gnadenkapelle an der Nordseite hinzu. Der Zweite Weltkrieg führte zu erheblichen Schäden an der Kirche, die schon Anfang der 1950er Jahre instand gesetzt waren. Noch nachhaltiger waren die Schäden durch den Braunkohleabbau. Die Grundwasserabsenkung führte seit den 1960er Jahren zu Schäden am Mauerwerk. Als Sicherungsmaßnahme wurde dieses gänzlich durch ein Balkengitter unterfangen. St. Remigius ist seither ein Sakralbau »auf Stelzen«.

Für die Geschichte der St. Remigiuskirche in Bergheim ist die Säkularisation von außerordentlicher Bedeutung. Im Zuge der Auflösung des nahegelegenen und später durch den Braunkohletagebau verschwundenen Klosters Bethle-

Bergheim, Fußgängerzone.

INFOS

- ***Tourismusinfomation für den Rhein-Erft-Kreis:*** *Rhein-Erft Tourismus e. V., 50126 Bergheim, Willy-Brandt-Platz 1, Tel. 02271 9949940,* ***www.rhein-erft-tourismus.de.***
- ***Museum Bergheimat:*** *50126 Bergheim, Hauptstraße 57–59, Tel. 02271 97380 bzw. 62236, www.museum-stadt-bergheim.de. Stadtmuseum von Bergheim, zeigt historische Ausstellungen aus Bergheim und Umgebung; geöffnet Fr. 14:00–16:00 Uhr, Sa. 11:00–13:00 Uhr, So. 14:00–16:00 Uhr.*

hem wurde ihr das Gnadenbild, eine kunstvolle Arbeit aus der Zeit um 1480, übertragen. Diese Pietà war Ziel von Wallfahrten, und seit sie in der Remigiuskirche einen neuen Standort gefunden hatte, pilgerten die Gläubigen dorthin. Heute stellt die Pietà das wertvollste Ausstattungsstück der Kirche dar. Sie steht in erneuerter Farbfassung mit dem waagerecht am Boden liegenden Leichnam Christi, der in den weiten Mantel der Gottesmutter gehüllt ist, in der Gnadenkapelle der Kirche. Daneben verfügt diese über mehrere spätmittelalterliche Holzskulpturen, einen Taufstein aus dem 17. Jahrhundert, ein Kruzifix aus dem ausgehenden 15. Jahrhundert sowie an der Außenwand des Chores unter einem Baldachin eine Figur des heiligen Sebastian, die Gerhard Marcks 1952 als Gefallenendenkmal schuf.

Die alte St. Georgskapelle in der Hauptstraße von Bergheimerstadt wurde 1550 in spätgotischen Formen als zweischiffige verputzte Backsteinhalle unter Satteldach mit 5/8-Chorabschluss errichtet. Das Portal und der Dachreiter stammen aus den 1770er Jahren. Reste der spätgotischen Gewölbemalereien konnten restauriert werden. An der Hauptstraße, der heutigen Fußgängerzone von Bergheim, stehen noch eine Reihe sehenswerter Häuser aus dem 17. bis 19. Jahrhundert.

Paffendorf

In der Kette der Ortschaften entlang der Erft folgt auf Bergheim flussabwärts Paffendorf. Ein teilweise ergrabenes keltisches Gräberfeld mit den Resten mehrerer hundert Brandbestattungen zeigt, dass auch hier schon Menschen in vorgeschichtlicher Zeit ansässig waren. In nachrömischer Zeit gelangte ein fränkischer Edelmann wohl bereits vor dem 6. Jahrhundert in den Besitz der Ortschaft, die im Jahr 882 erstmals als *Paphentorof* im Güterverzeichnis des Trierer Klosters St. Maximin aufgeführt wurde. Schon im 7. Jahrhundert hatte nämlich ein Laien-Abt als Angehöriger dieser fränkischen Adelsfamilie den Besitz in Paffendorf dem Kloster übereignet. Im 11. Jahrhundert war Paffendorf Eigentum des Essener Damenstifts. Im Jahr 1224 bekräftigte eine Äbtissin desselben, dass ihr das Kirchenpatronat in Paffendorf und Holzweiler zustehe.

St. Pankratius in Paffendorf bestand wohl schon um das Jahr 900. Der heutige Bau ist eine spätgotische kreuzrippengewölbte Halle mit romanisch vorgesetztem Turm. Die Tuffbänder der in Feldbrandziegeln errichteten Halle stammen noch vom romanischen Vorgängerbau. Der einjochige Chor im 5/8-Schluss wurde 1493 geweiht, das Langhaus 1507 fertiggestellt. Eine Feuersbrunst richtete 1754 großen Schaden im Dorf und an der Kirche an, die man daraufhin wiederherstellte. Die Fresken im Chor waren aber erhalten geblieben. Zu den wertvollen Ausstattungsstücken zählen ein Antwerpener Retabel im rechten Seitenschiff aus der Zeit um 1515–20 sowie eine barocke Statue des heiligen Antonius von Padua aus dem aufgelösten Kloster Bethlehem, die der Kirche 1804 anvertraut wurde. 1862 stiftete die damalige Besitzerfamilie von Schloss Paffendorf der Kirche den Neugotischen Hochaltar.

Die Herrschaft Paffendorf war 1233 als pfalzgräfliches Lehen an die Grafen von Jülich gegangen. Die Landeshoheit über die Herrschaft Paffendorf konnten sich die Grafen und späteren Herzöge von Jülich über Jahrhunderte aus der Vogtei über den Essener Besitz aneignen. So wurde Paffendorf zu einem Sitz im Jülichen Amt Kaster. Die Jülicher wiederum bedienten sich nun ihrerseits als Paffendorfer Landesherren zur Verwaltung vor Ort eines eigenen Vogtes. Diese Vögte der Herrschaft Paffendorf errichteten Mitte des 13. Jahrhunderts eine Burg in der Erftniederung, die dann 1531 durch Heirat an die Herren von den Bongart, eine alteingesessene Jülicher Adelsfamilie, überging. Wilhelm von den Bongart ließ in den Jahren 1531–46 anstelle der Burg ein Schloss im Renaissancestil erbauen. Die von Wassergräben umgebene Anlage besteht aus einem mehrflügeligen zweigeschossigen Herrenhaus und einer Vorburg, die einen weit ausladenden Wirtschaftshof umschließt. Das Herrenhaus wird von zwei diagonal gegenüber stehenden massiven Rundtürmen flankiert. Die Ecken der Vorburg weisen Türme mit abgeschrägten Sockeln auf. Ludwig von den Bongart ließ das Renaissanceschloss in den Jahren 1861–65 vom Kölner Baumeister August Lange entsprechend dem Zeitgeschmack im neugotischem Stil umbauen. Seither trägt das Schlossgebäude Zinnen, Türmchen, Balustraden und Balkone sowie den figürlichen Schmuck. Nach dem Zweiten Weltkrieg rückte der Braunkohletagebau Fortuna-Garsdorf immer näher an die Ländereien von Schloss Paffendorf heran, so dass sich die Besitzerfamilie entschloss, ihren Besitz an die Rheinische Braunkohlewerke AG (RWE) zu verkaufen. Das Schloss selbst wurde mit seinem Park und seiner Vorburg vom Tagebau nicht betroffen. Die RWE unterhält seither im Herrenhaus der Anlage eine Dauerausstellung über die rheinische Braunkohle. In der Vorburg ist ein Restaurant untergebracht. Zum Schloss gehört ein 7,5 Hektar großer Park mit ausgedehnten Wasserflächen und markanten alten Mammutbäumen, Ginkgos und Riesenlebensbäumen sowie Nachfahren urzeitlicher Bäume, Sträucher und Moorpflanzen aus anderen Erdteilen. Ein integrierter Forstlehrgarten vermittelt ein Bild von der Pflanzenwelt des Tertiärs. Als Überreste urzeitlicher Flora flankieren zwei 15 Millionen Jahre alte, in einem Tagebau gefundene Sequoia-Stümpfe, deren natürlicher Gehalt an Gerbsäure ihre Zersetzung verhinderte, den Eingang zum Schlosspark.

Schloss Paffendorf.

INFOS

- ***RWE-Informationszentrum Schloss Paffendorf:*** *50126 Bergheim, Burggasse, Tel. 02271 75122234, www.rwe.com/web/cms/de/614906/dauerausstellung-schloss-paffendorf. Ausstellung geöffnet Sa., So. und feiertags 10:00–17:00 Uhr, über Karneval und Jahreswechsel drei Wochen geschlossen, Schlosspark geöffnet April bis Oktober, täglich 10:00–17:00 Uhr, November bis März werktags geschlossen.*
- ***Brasserie Paffendorf:*** *Adresse s. o., im Schlosshof, Tel. 02271 75120090, www.brasseriepaffendorf.de. Geöffnet April bis September Mo. bis Fr. 11:30–20:00 Uhr, Sa. und So. 10:00–20:00 Uhr, Oktober bis März Mo. bis Fr. 11:30–18:00 Uhr, Sa. und So. 10:00–18:00 Uhr.*

Bedburg

An Bergheim schließt sich nordwärts Bedburg an der Erft an. Der Flussabschnitt zwischen Bergheim und Bedburg steht mit den angrenzenden ehemaligen Klärteichen unter Naturschutz. Hier geht es um die Erhaltung, Herstellung und Wiederherstellung von Biotopen, die Lebens- und Brutraum für Wasser- und Watvögeln bieten und als Durchzugsbiotope für diese Vogelarten geeignet sind. Den Grünlandbereichen um die Klärteiche kommt zudem besondere Bedeutung als Rastbiotope zu.

Bedburg fand schon im 893 erstellten Güterverzeichnis der Abtei Prüm unter der Bezeichnung *betbure* Nennung. Hier hatten die Herren von Bedburg als Lehnsleute der Kölner Erzbischöfe einen Erftübergang zunächst mit einer Motte gesichert. Ludolphus de Bethbure wurde im Jahr 1140 als erster Vertreter der Herren von Bedburg in schriftlichen Quellen erwähnt. Noch im 12. Jahrhundert errichteten sie anstelle der Motte eine wehrhafte Wasserburg in der sumpfigen Erftniederung. An dieser Nahtstelle zwischen dem Kurfürstentum Köln und dem Herzogtum Jülich kam es immer wieder zu Konflik-

Schloss Bedburg.

ten zwischen den Parteien, die Wasserburg wechselte dadurch mehrfach ihren Besitzer. 1240 nahm Erzbischof Konrad von Hochstaden sie ein. Erzbischof Siegfried von Westerburg eroberte die Anlage ein weiteres Mal, zerstörte sie und nahm die Herrschaft Bedburg wieder in Besitz. 1291 belehnte der Kölner Erzbischof den Grafen Johann I. von Reifferscheid mit der Burg und Herrschaft Bedburg. Durch Einheirat kam das Lehen an die Grafen von Neuenahr. Graf Adolf von Neuenahr (1554–89) war den im 16. Jahrhundert aufkommenden reformatorischen Neuerungen gegenüber aufgeschlossen. Als der Kölner Erzbischof Gebhard Truchsess von Waldburg die Reformation im Erzbistum einführen, gar noch heiraten wollte, stand Graf Adolf auf der Seite Gebhards. Doch war dieser den katholischen Truppen aus Bayern unterlegen. Als ein Ergebnis des sogenannten Truchsessischen Krieges (1554–89) hatte Graf Adolf sein Besitzrecht an Bedburg verloren. Der neue Kölner Erzbischof und Landesherr Ernst von Bayern belehnte 1588 Graf Werner von Reifferscheid mit der Burg und Herrschaft Bedburg, die bis zum Ende der Feudalzeit in der Hand der Reifferscheider blieb.

Werner von Reifferscheid baute die Burg zu einem ansehnlichen Renaissanceschloss aus. Im 17. Jahrhundert wurden die Vorburg und die Außenbefestigungen niedergelegt. 1839 konnte die Genossenschaft des Rheinischen Ritteradels das Schloss erwerben, das ihr bis zu ihrer Auflösung 1922 als Sitz diente. Die Rheinische Ritterakademie nahm für ihre Nutzung Veränderungen im Innern des Schlosses vor. Mitte des 19. Jahrhunderts wurde im Nordwesten ein neuer Flügel als Erweiterungsbau angefügt, an den 1855 noch eine Kapelle nach den Plänen des Kölner Dombaumeisters Vincent Statz angebaut wurde. Im Zuge von Renovierungsarbeiten nach dem Zweiten Weltkrieg erhielt der Innenhof eine komplette Glasüberdachung. Ein Teil der Gräben wurde verfüllt, auf der Nordwestseite entstand ein weitläufiger Platz, der von Westen her durch ein 1922 errichtetes Torhaus zu erreichen ist.

Den Kern von Schloss Bedburg bildet die Anfang des 14. Jahrhunderts in Backstein errichtete dreiflügelige Anlage. Im Zuge der durch Werner von Reifferscheid vorgenommenen Ausbauarbeiten wurde die Mauer an der Nordwestseite durch einen Trakt ersetzt, so dass nunmehr ein repräsentatives, vierflügeliges Renaissanceschloss mit einer Loggia im Innenhof nach toskanischen Vorbildern entstanden war. Auch wurde der Südwestflügel dreigeschossig erneuert, seine Seitenbauten stehen auf den Fundamenten vormaliger Ecktürme. Die Südwestfassade gliedern Stockgesimse und horizontale Tuffsteinbänder, darin eingebettet sind Kreuz- und Quersprossenfenster im Wechsel. Abgewalmte Satteldächer schließen die Flügelbauten ab. Nur die viergeschossigen, mit geschweiften Hauben versehenen Rundtürme zeigen keine Horizontalgliederung. Unter Sigismund von Salm-Reifferscheid erhielt der Westflügel 1765 das neue Hauptportal des Schlosses mit einer zweiläufigen Freitreppe in spätbarocken Formen, mit einem Balkongitter darüber versehen. Die entsprechende Ausstattung am Südflügel stammt aus dem Jahr 1924.

Heute dient Schloss Bedburg als Wohnanlage, in der auch das Standesamt der Stadt untergebracht ist. Die Parkanlagen des noch von zwei Seiten von breiten Wassergräben umgebenen Gebäudes sind weiterhin für die Öffentlichkeit zugänglich. Die 1855 durch den Kölner Baumeister Vinzenz Statz an das Schloss angebaute Kapelle musste allerdings 2011 wegen Baufälligkeit abgerissen werden.

INFOS

- ***Rosengart-Museum:*** *50181 Bedburg-Rath, Lucien-Rosengart-Weg 1, Tel. 02183 7315, www.rosengart-museum.de. Der Privatbesitzer stellt von dem 1881 geborenen Automobilbauer und Erfinder Lucien Rosengart entwickelte Oldtimer aus, die alle fahrbereit sind; mit Bistro, Biergarten und Spielplatz; geöffnet von März bis November Sa., So. und feiertags 9:00–18:00 Uhr, wochentags Gruppen nach Vereinbarung.*

Kaster

Am Erftübergang des Verbindungswegs von Köln nach Jülich wenig unterhalb von Bedburg stand auf einer Anhöhe eine Burg an dem von der Erft abgeleiteten, später so genannten Kellnerey-Graben. Hier hatten die sich nach ihrem Burgsitz bezeichnenden, erstmals 1148 genannten Herren von Caster ihren Sitz. Als dieses Geschlecht ausstarb, erhielt Graf Wilhelm IV. von Jülich als Erbe die Burg am Erftübergang von König Rudolph 1273 zu Lehen. Als Graf Wilhelm IV. 1234 Jülich Stadtrechte verliehen hatte, verletzte er damit auch angestammte Rechte der Kölner Erzbischöfe. So kam es zwischen den Kölnern und Jülichern, die nicht nur an dem so wichtigen Erftabschnitt um die Vorherrschaft kämpften, zu erneutem Streit. Erst griff Erzbischof Konrad von Hochstaden ein. Dann gelang es dem 1275 zum Erzbischof von Köln gekürten Siegfried von Westerburg, nach Bedburg auch Kaster zu erobern und dessen Burg zu zerstören. Wilhelm IV. starb 1278. Seine Witwe baute die vom Kölner Erzbischof zerstörte Burg wieder auf, was ein 1279 zwischen Köln und Jülich erfolgter Friedensschluss ermöglichte, und nahm sie als Witwensitz. Von 1328 bis 1337 war die Burg auch Witwensitz von Elisabeth von Brabant, der Gemahlin von Graf Gerhard V. von Jülich. Vor seinem Tod hatte Gerhard V. Kaster Stadtrechte verliehen, so dass der Ort mit seiner Befestigung beginnen konnte.

Von der in Backstein errichteten Stadtbefestigung von Kaster mit zwei Toren und drei Rundtürmen ist die bis heute teilweise noch bis zu 5 Meter hohe Mauer erhalten. Im Westen steht das Agathator als rechteckiger zweigeschossiger Torturm mit spitzbogiger Durchfahrt, im Osten das Erfttor als ebenfalls zweigeschossiger Torturm, der in seiner heutigen Form aus dem 16. Jahrhundert stammt. Nach einem Stadtbrand im Jahr 1624 erfolgte der Wiederaufbau mit leicht erweitertem fünfeckigem Grundriss. Die Stadtburg wurde noch am Ende des Dreißigjährigen Krieges zerstört, ihre in die Stadt hineinragenden Vorburgen dienten dem jülichen Kellner, dem für die fürstliche Kameralverwaltung zuständigen Rentmeister, als Sitz, weshalb die Gebäude auch als *Kellnerey* bezeichnet werden.

Alt Kaster, Erfttor.

Am Swistbach

Die klimabegünstigte Swistaue hat die Menschen schon früh angezogen. Hier gibt es Siedlungsspuren, die weit in die vorgeschichtliche Zeit hineinreichen. Auch die Römer hinterließen vielfache Spuren. Hier betrieben sie Landwirtschaft, bauten ihre Güter, Straßen und führten nicht zuletzt Wasser aus der Eifel nach Köln – die römische Wasserleitung querte die Swist zwischen Meckenheim und Lüftelberg. Doch noch bekannter ist die Swist durch die zahlreichen Wasserburgen, die ihre Auen säumen.

Die Swist ist mit einer Länge von 43,6 Kilometern der wichtigste Nebenfluss der Erft. Das unter Naturschutz stehende Quellgebiet des Flusses liegt auf 330 Metern Höhe im Ahrgebirge bei Kalenborn. Der Quellbach vollzieht zunächst einen südwärtigen Bogen, als ob er in die Ahr münden wolle. In der Tat hat er dies auch einmal getan, bis die Bruchschollentektonik ihm den weiteren Weg dorthin versperrte. Im Anschluss an den Bogen wendet sich die Swist zunächst nordostwärts durch die Voreifel, um dann den weiteren Lauf in nordwestlicher Richtung entlang des Villerückens durch die Rheinbach-Meckenheimer Lössplatte zu nehmen. Auf ihrem Weg bilden ihre Auen mehrfach Naturschutzgebiete. Unterhalb von Weilerswist mündet die Swist auf 106 Metern Höhe als rechter Nebenfluss in die Erft.

Lüftelberg

Nördlich von Meckenheim erstreckt sich am Hang der Swistbachaue der kleine Ort Ort Lüftelberg, der reizvollste Ortsteil von Meckenheim. Sehenswert sind hier der fast geschlossene Bestand an hervorragend restaurierten Fachwerkhäusern, die Wasserburg und die romanische Kirche. Fränkische Siedler gründeten hier eine Siedlung, die ihren Namen der heiligen Lüfthildis verdankt. Die Legende um diese Heilige spielt zur Zeit Karls des Großen. Ihre Grabstätte in der Pfarrkirche des Ortes war über Jahrhunderte Ziel von Wallfahrten und wird bis heute verehrt. Mit Mysterienspielen, aufgeführt durch eine Lüftelberger Laienspielschar, wird die alte Wallfahrtstradition im Dorf wiederbelebt.

Gewitterstimmung in der Swistaue.

Burg Lüftelberg.

Die erste urkundliche Erwähnung von Lüftelberg noch unter dem alten Namen *Berge* geht auf das Jahr 1218 zurück. Die Besitzer der neben der Pfarrkirche gelegenen Burg Lüftelberg, Sitz einer kurkölnischen Unterherrschaft, waren damals die Herren von Volmenstein. Im 15. Jahrhundert erfolgte der Ausbau der Anlage zu einem steinernen Herrensitz mit vier runden Ecktürmen. Nach mehreren Besitzerwechseln bekam 1548 Johann Schall von Bell zu Morenhoven Burg Lüftelberg überschrieben. Berühmtester Sohn Lüftelbergs ist der 1592 geborene Johann Adam Schall von Bell, der mehr als 40 Jahre als jesuitischer Missionar in China verbrachte, wo ihm unter der Herrschaft der Ming-Dynastie höchste Ehren zuteilwurden. Unter anderem übernahm er die Reform des chinesischen Kalenders. Eher traurige Berühmtheit erlangte sein Bruder Heinrich Degenhardt als Ankläger in Hexenprozessen.

Ihre heutige Gestalt erhielt Burg Lüftelberg ab 1730, als sie unter Einbeziehung der drei alten Rundtürme zum repräsentativen Herrenhaus umgebaut wurde. Dabei schmückte man den Gartensaal zu einem Festsaal mit Gemälden und Stukkaturen aus, mit denen ganz im Sinne barocker Architektur eine Einheit aus Gebäude und Landschaft hergestellt werden sollte. Durch große Fenster wird dieser Bezug zur Gartenarchitektur geschaffen. Die Gemäldedarstellungen in Grisaille-Technik mit Motiven aus Fabeln des griechischen Dichters Äsop stellen dabei der geformten Gartenarchitektur verfremdend die ungestaltete Natur entgegen. Die dem Eingang zur Vorburg gegenüberliegende alte Wassermühle ist inzwischen liebevoll restauriert worden. Im Winter findet im Hof der Burg der traditionell gewordene Weihnachtsmarkt statt, dann kann auch der Gartensaal besichtigt werden.

Die Pfarrkirche St. Peter von Lüftelberg ist die ehemalige Eigenkirche der Ortsherren und ein Kleinod rheinischer Kirchenromanik. Ihr Ursprung ist ein einschiffiger Kapellenbau aus dem 11. Jahrhundert, der durch eine Brücke unmittelbar mit der Burg verbunden war, so dass die Burgherren in einer Kapelle im Turm dem Gottesdienst folgen konnten, ohne mit dem gemeinen Volk in Berührung zu kommen. Im Rahmen ihrer Erweiterung ließen die Burgherren

THEMA Die Lüfthildis-Sage

Lüfthildis lebte als Einsiedlerin vornehmer Herkunft zu Zeiten Karls des Großen. Der Sage nach soll es zu einem legendären Treffen zwischen dem großen Frankenkaiser und der Rittertochter Lüfthildis in der Nähe der Tomburg gekommen sein. Karl erlitt einen Jagdunfall, seine blutende Wunde konnte nicht gestillt werden. Der herbeigerufenen Lüfthildis gelang es mit ihrer Spindel, das Blut zum Gerinnen zu bringen. Zum Dank schenkte ihr der Kaiser für ihre Armen alles Land, das sie an einem Abend umreiten konnte. So war die Legende von der demütigen, hilfsbereiten, gottesfürchtigen Jungfrau aus dem Stand der edlen Ritter geboren, die ihren Untertanen Gutes tut – erst im späten Mittelalter sollte der Stand dieser Edelleute zum Raubrittertum abgleiten. Später wurden der ursprünglichen Lüfthildissage zusätzliche Motive beigegeben, die auch die weitere Entwicklung des Rittertums widerspiegeln. Da geht es um Gottesfürchtigkeit, um Rosenwunder, um Tugenden, die mit dem Niedergang des Rittertums der Habgier und dem Machtbedürfnis weichen.

Die Geschichte der Lüfthildis wurde bereits 1240 von Caesarius, dem berühmten Abt des Klosters Heisterbach, erzählt. So mussten schon im 13. Jahrhundert die Kunde von Lüfthildis und ihre Verehrung als Heilige weit über ihren Ursprungsort hinaus verbreitet gewesen sein.

die Kirche architektonisch reich gliedern, tünchten sie weiß und gaben ihr eine auffällige, rot kontrastierende Konturenbemalung, die heute – wieder aufgefrischt – das Erscheinungsbild des Ortes Lüftelberg prägt. Später kamen der Chor und das Vorjoch dazu, dann wurde im 14. Jahrhundert das Langhaus erhöht, eingewölbt und mit spitzbogigen Fenstern versehen. Der große Zulauf an Pilgern bewog den Kölner Erzbischof im Jahre 1623, die Erhebung der Gebeine der Lüfthildis zu veranlassen. Ihr wurde in der Pfarrkirche St. Peter ein Hochgrab aus Marmor errichtet. An dieser Stelle befindet sich heute eine Gedenktafel. Das Hochgrab hat in der Lüfthildiskapelle neben der Sakristei einen würdigen Platz gefunden.

Nördlich von Lüftelberg hat sich an der Landstraße nach Bonn eine aufgelassene Kiesgrube zu einem wertvollen Sekundar- und Rückzugslebensraum seltener und bedrohter Tier- und Pflanzenarten entwickelt, insbesondere von Singvögeln, Amphibien, u. a. der Wechselkröte *(Bufo viridis)*, sowie Pflanzen magerer Standorte, so auch der Wiesen-Glockenblume *(Campanula patula)* – Arten, die aus der intensiv genutzten Ackerlandschaft der Börde immer weiter verdrängt werden. Der inzwischen zum Naturschutzgebiet erklärten ehemaligen Grube kommt auch als Trittsteinbiotop Bedeutung zu, sozusagen als Rückbesiedelungsraum für Lebewesen, deren Lebensräume inzwischen weiter als ihre maximale Migrationsweite voneinander entfernt liegen.

INFOS

- ***Burg Lüftelberg:*** *53340 Meckenheim-Lüftelberg, Schloßstraße 7.*
- ***Lüfthildis-Mysterienspiele:*** *Wiederbelebung der Wallfahrtstradition durch jährlich neue Inszenierungen, aufgeführt durch Laienschauspieler des Theatervereins Lüfthildis Mysterienspiele e. V., Schloßstraße 6, 53340 Meckenheim-Lüftelberg, www.mysterienspiele.de. Die Aufführungen finden jedes Jahr Anfang Juni in der Festoktav der heiligen Lüfthildis statt.*

Wechselkröte.

Wiesenglockenblume.

Ortspfarrkirche St. Martin in Flerzheim.

Flerzheim

Im Norden Flerzheims wurden 1975 bei der Ausbaggerung einer Kiesgrube Reste einer römischen *villa rustica* gefunden. Dieses Gut entstand ab 20 n. Chr. und war sogar bis in das 5. Jahrhundert hinein bewirtschaftet. Die Baulichkeiten hatten höchstes technisches Niveau mit eigener Wasserleitung, eigener Heizung, eigenem Bad und Werkstätten. In einem nahegelegenen Gräberfeld wurden wertvolle Grabbeigaben mit Schmuck, Gläsern, Leuchtern und Geschirr gefunden.

Das mittelalterliche Flerzheim, heute Rheinbacher Ortsteil, geht auf ein altes Königsgut zurück, das bereits im 8. Jahrhundert bestand. Die erste Erwähnung erfolgte 807 unter dem Namen *Flardesheimstorp*. Die heutige, dem heiligen Martin geweihte Ortspfarrkirche hat ihren Ursprung in einer Kapelle, die der Flerzheimer Burg verbunden war. Der romanische Turm der alten Kirche wurde um 1200 gebaut und existierte längst, als 1244 die Kirche von Flerzheim erstmals Erwähnung fand. In diesem Jahr kam nämlich Flerzheim durch Pacht an das Kloster Heisterbach. Der Hof Heisterbach am Fliesweg, der Landstraße nach Bonn, diente bis zur Säkularisation als Abgaben- und Repräsentationshof der Äbte von Heisterbach. Nach Besitzerwechseln kaufte Franz Joseph Reuter den Gebäudekomplex und stiftete ihn an ein Kloster krankenpflegender Schwestern. Heute leben hier Cellitinnen, die dieser Aufgabe nachgehen. Die Fundamente des Hauptflügels stammen noch aus dem Jahr 1623. Das vierflügelige, mit Gräben umgebene Anwesen wurde nach einem Brandschaden 1933/34 wieder aufgebaut. Der Keilstein des im Süden der Anlage gelegenen Rundbogentores zum Wirtschaftshof zeigt noch das Wappen der Abtei Heisterbach.

Die Flerzheimer Burg wurde zu Beginn des 15. Jahrhunderts erstmals schriftlich erwähnt, als sie ebenfalls in den Besitz des Klosters Heisterbach überging. Das gesamte Burggelände war von einem Wassergraben umgeben. Um 1820 existierte im nördlichen Teil noch eine Vierkanthofanlage, von der der Nord- und der Westflügel aus der Wende zum 17. Jahrhundert erhalten sind. Die Westseite des zur Konrad-Adenauer-Straße gerichteten zweigeschossigen Fachwerkständerbaus ist verputzt. Weitere reizvolle Fachwerkhofanlagen aus dem 19. Jahrhundert stehen in der Straße am Swistbach.

Die heutige, das Ortsbild von Flerzheim beherrschende Ortspfarrkirche St. Martin ist ein neugotischer Bau aus dem Jahr 1909, der aber noch Teile der Ausstattung der Vorgängerkirche in sich birgt. So stammen die Altaraufsätze aus dem 17. Jahrhundert, die Holzskulptur der thronenden Muttergottes aus dem Jahr 1340 und die Rokokofiguren am Zelebrationsaltar aus dem ersten Viertel des 18. Jahrhunderts.

Müttinghoven

Auf dem Weg zwischen Flerzheim und Morenhoven liegt etwas zurückversetzt von der Landstraße in der Swistbachaue Haus Müttinghoven, eine ehemals wasserumwehrte, vierflügelige Anlage. Den ersten Hinweis auf die Burg liefert eine Belehnungsurkunde des Kölner Domstifts an Reinhard von Buschhoven aus dem Jahr 1371. Nach vielen Eigentümerwechseln fiel der inzwischen freiadelige Rittersitz 1671 an die Goer von Müttinghoven. Heute ist die Anlage im Besitz der Familie Raitz von Frentz, die das Anwesen seit 1998 zur landwirtschaftlichen Nutzung verpachtet. Das barocke Herrenhaus ist ein zweigeschossiger, siebenachsiger, verputzter Baukörper unter Mansarddach mit einer Freitreppe zum Mitteleingang. Das Herrenhaus wurde vermutlich auf den Fundamenten der vormaligen Burg errichtet. Die Wirtschaftsgebäude, die dem 19. Jahrhundert entstammen, gruppieren sich um einen von ihnen gebildeten Innenhof. Auf das inzwischen renovierte Hauptgebäude führt eine Allee zu, zur Anlage gehört auch ein Park mit schönen alten Bäumen.

Morenhoven

Morenhoven ist durch die hier alljährlich stattfindenden Kreatage, aus denen die Morenhovener Kabarett-Tage hervorgegangen sind, weit überregional bekannt. Im Ortskern, umgeben von kleinen Fachwerkhäusern, steht die klassizistische katholische Pfarrkirche St. Nikolaus, entstanden 1840 als Saalbau mit einbezogener Halbkreisapsis. Die barocken Einzelteile des 1868 zusammengesetzten Altars entstammen

▲ Burg Morenhoven.

dem nach der Säkularisation abgerissenen Servitenkloster an der Rheinbacher Waldkapelle.

Die zweiteilige, von Wassergräben umgebene Burg des Ortes wurde erstmals 1229 erwähnt. Nach den Herren von Morenhoven belehnte der Kölner Erzbischof Walram von Jülich den Ritter Heinrich von Itter mit der Burg. Nach vielen Besitzerwechseln blieben die Schall von Bell bis zum Ende der Feudalzeit Herren auf Morenhoven.

Von der frühen Baugeschichte der Burg Morenhoven ist wenig bekannt. 1682 entstand unter der offensichtlichen Verwendung von Bauteilen der Vorgängeranlage ein dreiflügeliges Schlossgebäude, das 1827 durch Zubau eines Galerieflügels zur Vierflügelanlage erweitert wurde. Damit existiert bis heute ein barocker Gebäudekomplex aus drei zweigeschossigen Flügeln und einem niedrigeren Zwischentrakt, so dass ein kleiner Innenhof umschlossen wird. Der spätgotische Torturm stammt noch von der ursprünglichen Anlage. Der Torturm wurde in der zweiten Hälfte des 18. Jahrhunderts erneuert, die Wirtschaftsgebäude der Vorburg entstanden im 19. Jahrhundert.

THEMA Krea Morenhoven

Die Kreativitätsschule (Krea) Morenhoven e. V. ist ein seit 1970 in der außerschulischen Bildungsarbeit tätiger gemeinnütziger Verein. Hier können Kinder unter Anleitung geschulter Fachkräfte eigene Ideen verwirklichen. Gearbeitet wird in kleinen Gruppen von höchstens zehn Kindern. So ist es den Mitarbeitern möglich, in Spielwerkstätten, Workshops und Freizeiten auf jedes Kind einzugehen. Darüber hinaus bietet die Krea für Kinder und Jugendliche noch Musicalwerkstätten an, Kabarett-, Pantomime-, Schwarzlichttheaterveranstaltungen sowie Batik-, Maskenbau-, Seidenmalerei-, Vogelscheuchenbau-, Drachenbau-, Porzellanmalerei-, Musik-, Speckstein-, Indianer- und Zirkusprogramme.

Hervorgegangen aus der Kreativitätsschule ist die Kabarett-Initiative KuSS (Kultur und Spektakel in Swisttal), die sich ganz dem facettenreichen Bereich Comedy widmet. Längst haben sich die Morenhovener Kabarett-Tage jeweils zwischen Ende Oktober und Anfang Dezember auf der Bühne des Krea-Theaters zu einem großen Kabarett- und Comedy-Vergnügen im Köln / Bonner-Raum entwickelt. Alljährlich seit 1988 wird die Morenhovener Lupe an die Größten des Genres vergeben. Preisträger waren unter anderem Konrad Beikircher, Hans Dieter Hüsch, Norbert Alich & Reiner Pause, Dieter Nuhr, Jürgen Becker und Bill Mockridge.

INFOS

- ***Kreativitätsschule Morenhoven e. V.:** 53913 Swisttal-Morenhoven, Eichenstraße 3 / Ecke Vivatsgasse, 0228 649322, www.krea-morenhoven.de.*
- ***KuSS – Kultur und Spektakel im Swisttal:** 53913 Swisttal-Morenhoven, Eichenstraße 3 / Ecke Vivatsgasse, Tel. 02226 3803, www.morenhovener-kabarett-tage.de.*

▲ Schloss Miel.

Miel

Am Swistübergang, der in nachrömischer Zeit als Lützermiel bezeichnet wurde, gab es bis in das 19. Jahrhundert hinein eine Siedlung. Heute erinnert nur noch ein Straßenname daran. Allerdings wurde hier vor wenigen Jahren ein römischer Flussübergang freigelegt und für Besucher zugänglich gemacht. Der heutige Ort Miel nahebei wurde erstmals in einer Kölner Besitzurkunde aus dem Jahr 1140 erwähnt, aus der hervorgeht, dass Miel zu den Besitzungen der Abtei Siegburg zählte. Ein Ritter von Myle fand 1218 als Lehnsträger der Herren von Tomburg seine früheste Erwähnung.

Die Errichtung der Ortspfarrkirche St. Georg in Miel geht auf das 12. Jahrhundert, die Zeit der Herren Spies von Büllesheim, zurück. Es ist eine Saalkirche mit vorgesetztem Westturm, dessen Holzaufbau verschiefert ist. Im 13. Jahrhundert vergrößerte man den Chorraum und versah ihn mit einem Kreuzrippengewölbe, das im 14. Jahrhundert mit einem Freskenzyklus mit Szenen aus dem Leben Mariens ausgemalt wurde. Reste dieser Fresken sind bis heute erhalten. In der Reformationszeit nahmen die Herren auf Schloss Miel den evangelischen Glauben an. Die Rekatholisierung der Kirche erfolgte durch die Kölner Äbtissin von St. Maria auf dem Kapitol. Das Gotteshaus wurde nunmehr dem heiligen Georg geweiht. 1636 erhielt es eine Stuckdecke und Barockaltäre. Die letzte Veränderung erfolgte 1966 mit der Erweiterung durch das Nordschiff und die Sakristei.

An der Stelle des heutigen Schlosses Miel hatte das Adelsgeschlecht der Spies von Büllesheim eine Burg errichtet, die Ende des 14. Jahrhunderts durch Konrad von Tomburg zur Wohnburg ausgebaut wurde. Er übertrug sie 1396 dem Kölner Erzbischof als Lehen und Offenhaus. Damit stellte er dem Erzbischof im Bedarfsfall die Burg zur Verfügung, womit ihm eine Unterhaltszahlung geleistet wurde. Seither war Miel eine Unterherrschaft Kölns im Amt Bonn. Mitte des 18. Jahrhunderts war der schon verfallene Mieler Rittersitz dem preußischen Geheimrat von Raesfeldt zu eigen, der ihn 1768 an den kurkölnischen Minister Caspar Anton Freiherr von der Heyden, genannt Belderbusch, verkaufte. Belderbusch ließ hier durch Johann Georg Leydel aus Bonn-Poppelsdorf, der seit 1756 kurfürstlicher Oberbaukommissar war, ein schon fast klassizistisch anmutendes Domizil als *Maison de plaisance* errichten. Der Garten wurde vom Hofgärtner Lenné angelegt, allerdings Anfang des 19. Jahrhunderts in einen Landschaftspark umgeformt.

Heute glänzt Schloss Miel als wasserumwehrte Anlage, deren Hauptgebäude und die Remise auf der inneren Insel und das Gartenparterre auf der südlichen Insel stehen. Auf der westlichen Insel befindet sich ein Obstgarten. Das Herrenhaus ist ein mit einem Walmdach eingedeckter zweigeschossiger, gelb gestrichener Putzbau mit übergiebeltem Eingangsrisalit. An der Rückseite tritt für den Gartensaal im Parterre und den mittleren Saal im Obergeschoss ein Risalit mit zwei Fensterachsen weit vor. Der zurückstehende schlichte dreigeschossige Personalbau ist an der Nordseite des Schlossbaus mit etwas niedrigerem Walmdach angebaut.

In seinem Mieler Anwesen traf sich Belderbusch mit seiner Geliebten Caroline von Satzenhofen, Äbtissin des Damenstifts Vilich. Er machte kein Geheimnis daraus – im Giebel über dem Hauptportal ließ er ein Allianzwappen Belderbusch-Satzenhoven anbringen.

Glücklicherweise ist die Inneneinrichtung von Schloss Miel vorzüglich erhalten, so vor allem die des Gartensaals. Hier hängt noch das Portrait des Kurfürsten und Arbeitgebers Max Friedrich über dem fein gearbeiteten Marmorkamin. Die Gemälde des Raums stammen vom kurkölnischen Hof- und Dekorationsmaler François Rousseau, der auch für Schloss Brühl tätig war. Sie stellen ländliche Szenen und Jahreszeiten dar. Heute ist die »Golf-Club Schloss Miel GmbH« Besitzerin des Anwesens. Sie ließ auf den Ländereien um das Schloss einen Golfplatz einrichten, das Schloss selbst ist Besuchern zum Teil zugänglich. In der ehemaligen Remise neben dem Hauptgebäude befindet sich das Restaurant Graf Belderbusch. Der Wald auf dem Gelände des Golfplatzes ist seit 1998 unter Naturschutz gestellt. Diese historische Waldanlage mit ihren Schneisen und dem Grabensystem bietet Lebensraum für Greifvögel, wie Rot- und Schwarzmilan *(Milvus milvus* und *M. migrans)*, Eulen, Spechte, Amphibien wie etwa den Springfrosch *(Rana dalmatina)*.

Springfrosch.

Gleichfalls seit 1998 stehen die Swistauen bei Miel unter Naturschutz. Es geht dabei um die weitere naturnahe Entwicklung der Swistniederung für diesen Auenbereich und die anschließenden aufgelassenen Kiesgruben. Es gilt seltene Pflanzen- und Tierarten zu schützen, die hier ihre Rückzugsräume gefunden haben, wie zum Beispiel die Kreuzkröte *(Bufo calamita)*, Insekten, wie die Blauflügelige Ödlandschrecke *(Oedipoda caerulescens)*, und Pflanzen auf Pionierstandorten, wie die Gemeine Ochsenzunge *(Anchusa officinalis)*.

Gemeine Ochsenzunge.

INFOS

- ***Schloss Miel:*** *53913 Swisttal-Miel, Schlossallee 1, Tel. 02226 10050, www.schlossmiel.de.*
- ***Schlossrestaurant Graf Belderbusch:*** *Restaurant in der Remise von Schloss Miel, Schlossallee 17, Tel. 02226 9078807, www.belderbusch.de. Geöffnet Di. bis So. 12:00–22:00 Uhr, von Mai bis Oktober auch Mo. und So. ab 10:00 Uhr.*
- ***Golf-Club Schloss Miel:*** *53913 Swisttal-Miel, Schlossallee 1, Tel. 02226 10050, www.golfschlossmiel.de. 18-Loch-Platz auf abwechslungsreichem Gelände mit anspruchsvollen Wasser- und Bunkerhindernissen und über 12 Hektar großem Laubwald im Zentrum; führt Turniere durch, mit Golf-Akademie (Tel. 02226 17093) und Golfshop (Tel. 02226 907909).*

Buschhoven

Bereits in der Keltenzeit war die Gegend des heutigen Ortes Buschhoven besiedelt, wie archäologische Funde belegen. In der frühen Römerzeit wurde hier ein Kastell an der Heerstraße von Bonn nach Trier errichtet und unter Kaiser Hadrian die Wasserleitung nach Köln fertiggestellt. Im Jahre 796 schenkte Karl der Große dem Kölner Erzbischof Hildebold die Rechte an *Bischofshuova*. Der »Bischofshof« blieb bis zum 16. Jahrhundert im Besitz der Erzbischöfe von Köln, daneben waren noch das Frauenkloster Dietkirchen zu Bonn und das Frauenstift Schillingscapellen in Buschhoven begütert. Im Jahre 1529 erwarb Hermann von Wied, Kurfürst und Erzbischof von Köln, die Vogtei Buschhoven. Er ließ die längst zerfallene Burg als Schloss wieder errichten, das dann drei Kölner Kurfürsten als Jagd- und Wohnsitz diente. Im Zuge der Reformationsbemühungen, die auch das Erzbistum Köln erfassten, konnten sich die Reformatoren Martin Bucer und Philipp Melanchthon im Schloss aufhalten. Hier entstand das Reformationspapier »*Einfaltigs Bedencken*« von Philipp Melanchthon. Das Schloss wurde im Dreißigjährigen Krieg zerstört und dann durch Leonard Danziger, Burggraf von Buschhoven, wiederhergestellt, doch Anfang des 18. Jahrhunderts erneut durch kriegerische Eingriffe zerstört. 1793 vernichtete der große Brand von Buschhoven die Reste des Schlosses, den Burghof, den Dietkirchener Hof und weitere 40 Gebäude. Der Wiederaufbau erfolgte in preußischer Zeit. Heute existiert vom Buschhovener Schloss nur noch der alte Burgweiher als Rest des früheren Burggrabens, denn schon Kurfürst Clemens August hatte nur ein geringes Interesse an seinen Besitzungen in Buschhoven, weshalb er gestattete, die Mauern des Schlosses abzutragen und sie als privaten Steinbruch zu nutzen.

Von der Römischen Wasserleitung gibt es in Buschhoven noch zahlreiche Fundstellen, darunter ein Original-Teilstück am Burgweiherufer, im Biergarten des Gasthauses Zum Römerkanal sowie am Waldrand auf der Nordseite der B56 in der Nähe des Kapellchens.

Die 1968 neu am Burgweiher errichtete katholische Pfarr- und Wallfahrtskirche Sankt Katharina birgt die Statue der *Rosa Mystica*, die ursprünglich aus dem Kloster Schillingscapellen im nahegelegenen Dünstekoven als Geschenk der damaligen Herrschaft kam, als das Kloster in napoleonischer Zeit aufgelöst wurde.

Die evangelische Versöhnungskirche war bis 1968 katholische Pfarrkirche Buschhovens. Der gelb verputzte, schlichte barocke Saalbau von 1723 mit vorgesetztem Westturm von 1804 steht inmitten eines ummauerten Friedhofs. Sehenswert und mit guter Akustik versehen ist die Wilhelm-Korfmacher-Orgel aus dem Jahr 1848.

INFOS

- ***Gasthof Zum Römerkanal:*** *53913 Swisttal-Buschhoven, Alte Poststraße 77, Tel. 02226 4442. Bürgerliche Küche, Biergarten, Fremdenzimmer, ein Stück der Römerleitung ist im Inneren eines Brunnens zu sehen, Di. Ruhetag.*
- ***Rosenfest:*** *Wallfahrt jeweils am Sonntag vor dem Johannistag (24. Juni) zum Gnadenbild der Rosen-Madonna, der romanischen Holzskulptur der thronenden Muttergottes, Ziel einer der ältesten Marienwallfahrten im Rheinland. Im Rahmen des Rosenfestes wird seit 2008 zusätzlich eine spezielle Familienwallfahrt durchgeführt.*
- ***Museumstube Buschhoven:*** *53913 Swisttal-Buschhoven, Am Steinrausch 27, Tel. 02226 16669, www.museumstube-buschhoven.de. Zeigt Exponate aus dem Alltagsleben der Urgroßeltern, besonders für Kinder geeignet, ganzjährig auf Anfrage geöffnet.*

Kloster Schillingscapellen

Der Sage nach war Ritter Schilling von Buschfeld, Herr zu Bornheim, im Jahre 1190 auf der Jagd im Kottenforst, als er in einer Rosenhecke zwischen zwei brennenden Lichtern eine Muttergottesfigut fand. Andächtig nahm er das Marienbild an sich und ließ es in seiner Burgkapelle zu Bornheim aufstellen. Doch als er am anderen Morgen in der Kapelle sein Gebet verrichten wollte, war das Bildnis verschwunden. Tief betrübt ging er zu der Fundstelle im Wald zurück, wo er es zu seiner größten Freude an der Rosenhecke wieder fand. Ritter Schilling sah darin einen Wink Gottes und ließ an dieser Stelle eine kleine Kapelle errichten, in der er das Gnadenbild aufstellte. Das kleine Heiligtum entwickelte sich schon schnell zu einer Pilgerstätte, zu der die umwohnenden Christen in Scharen zusammenströmten.

In der Tat geht der heutige Gutshof Kapellen bei Dünstekoven in der Swistaue am Rande des Kottenforstes auf eine Stiftung des Ritters Schilling von Buschfeld zurück. Er ließ eine von ihm hier errichtete Kapelle nach seiner Rückkehr von einem Kreuzzug 1197 zum Kloster ausbauen, das er mit Fisch- und Mühlenteichen versah. Anderen Quellen zufolge war er zu diesem Zeitpunkt schon verstorben. Seine jüngere Tochter wurde zur ersten Äbtissin des Klosters berufen, das im Laufe der Jahrhunderte seinen Besitz um beträchtliche

Das ehemalige Kloster Schillingscapellen.

Ländereien, Höfe, Reliquien und Schätze erweitern konnte. Im Jahre 1222 bestätigte Papst Honorius III. dem Kloster Capellen seine Besitzungen. Die romanische Marienfigur, längst unter dem Namen *Rosa Mystica* bekannt, wurde in der alten Kapelle aufgestellt und machte diese zu einer regen Wallfahrtsstätte.

Noch heute umgibt die alte Umfassungsmauer des Immunitätsbereichs das ehemalige Kloster Schillingscapellen. Vom Westen führt eine barocke Bogenbrücke über den Mühlengraben zum Torbogen der Anlage. Im Eingangsbereich geht man zunächst an einem alten Fachwerkgebäude vorbei und gelangt zu einem aus dem Jahr 1200 stammenden zweigeschossigen ehemaligen Wohnhaus der dem Kloster angegliederten Kanoniker, das im 18. Jahrhundert sein Mansarddach erhielt. Darauf folgt das eigentliche ehemalige romanische Klostergeviert, von dem noch der West- und Ostflügel stehen, die jeweils unter anderem auch mit Quadern aus der alten römischen Wasserleitung errichtet wurden. An der Innenseite des Westflügels sind Stützmauerverstrebungen angebracht und noch die vermauerten Rundbogenöffnungen des Kreuzgangs zu sehen. Der zweigeschossige Turm des Westflügels mit Wasserdurchlass erhielt im 17. Jahrhundert ein zwiebelgekröntes Schweifdach. Die Stiftskirche füllte den Nordteil des Gevierts aus, von ihr sind noch Mauerreste erhalten. Die Gutsanlage wird im Süden von historischen Teichanlagen und altem Laubwald mit viel Totholz umgeben. Als großflächiger, ungestörter Feuchtlebensraum für Amphibien und Vögel stehen die Teiche unter Naturschutz. Hier trifft man den Rotmilan *(Milvus milvus)*, den Wespenbussard *(Pernis apivorus)*, Eulen, Spechte und Wasservögel wie die Wasserralle *(Rallus aquaticus)* und Krickente *(Anas crecca)* an. Dazu hat sich die feuchte Standorte liebende Blasen-Segge *(Carex vesicaria)* angesiedelt.

Seit 1829 ist die Familie von Boeselager im Besitz des Gutes, das heute privaten Wohnzwecken dient und nur von außen besichtigt werden kann.

THEMA Kiesgrube Dünstekoven

Am Westrand der Villewälder fand auf der Hauptterrasse des Rheins bei Dünstekoven lange Zeit Kiesabbau statt. In den 1980er Jahren wurde der Abbau eingeschränkt und in den 1990er Jahren vollständig aufgegeben. Sukzessive erfolgte die Unterschutzstellung dieses wertvollen und vielseitigen Biotops, das durch Steilwände, Böschungen, Hecken, lichte Wälder, magere Rohböden und dauerhafte wie temporäre Wasserflächen sehr abwechslungsreich ist. Die Vegetation ist durch großflächige Rohrkolbenbestände in Flachgewässern gekennzeichnet, an Kiessteilrändern wächst Besenginster (Cytisus scoparius)*, teilweise wurden zur Stabilisierung der Böschungen Linde* (Tilia platyphyllos) *und Ahorn* (Acer pseudoplatanus) *angepflanzt, dazu gibt es Weiden- und Brombeergebüsch, Heckenbewuchs sowie Naturverjüngung überwiegend mit Sandbirke* (Betula pendula) *und Schlehe* (Prunus spinosa)*. Zur Vermeidung der Verbuschung werden Rinder der Dexter-Rasse eingesetzt. Diese kleinen, kaum mehr als einen Meter großen Tiere sind robust und können über Winter im Gelände verbleiben.*

Bienenfresser.

Innerhalb von kürzester Zeit siedelten sich im ehemaligen Kiesgrubengelände die unterschiedlichsten Tierarten an. Allein über 120 Vogelarten wurden schon gezählt, davon 55 Brutvogelarten. Herausragend unter den Gastvogelarten ist der Silberreiher (Egretta alba)*, von außergewöhnlicher Schönheit ist der Bienenfresser* (Merops apiaster)*, der hier als Brutvogel auftritt. Unter den ganz seltenen Vögeln sind die Weißwangengans* (Branta leucopsis) *sowie die sehr scheue Rohrdommel* (Botaurus stellaris) *zu erwähnen. Eine absolute Rarität ist die Zwergschnepfe* (Lymnocryptes minimus)*, für die die verschiedenen Wasserstände im Areal ideal sind. Die in den Sümpfen und Mooren der Taiga lebenden Zwergschnepfen sind wegen ihrer Tarnung und ihrer geduckten Haltung kaum auszumachen.*

Heimerzheim

In einer Urkunde aus dem Jahr 1074 wurde Heimerzheim erstmalig als *heimvordeshem* erwähnt. Hier war das Kölner Stift St. Kunibert begütert, die Besitzungen in Heimerzheim zählten sogar zu seinen bedeutendsten. Die wechselvolle Geschichte der zweiteiligen Wasserburg Heimerzheim reicht vermutlich bis in die Mitte des 13. Jahrhunderts zurück. Als Bauherren gelten die bis 1355 urkundlich nachweisbaren Herren von Heimerzheim. 1324 wurde die Burg Sitz einer Kommende des Deutschen Ritterordens. Nun schrieb man den Ort *heimordesheim*. 1360 veräußerte der Orden die Burg an Johann von Alfter und seine Gattin Rikarda von Kerpen. Die beiden trugen die Burg mitsamt ihren Besitzungen dem Kölner Erzstift zu Lehen auf. Seither waren die Kölner Kurfürsten Herren in Heimerzheim. 1490 verpfändete das Erzstift Burg und Herrschaft Heimerzheim. In der Folgezeit wechselten die Besitzer mehrmals, bis sie im 18. Jahrhundert in den Besitz der Familie des kurkölnischen Ministers Caspar Anton von der Heyden, genannt Belderbusch, gelangte. Durch die Eheschließung der Gräfin Josephine von Belderbusch mit dem Freiherrn Karl von Boeselager-Heessen ging der Besitz 1825 an die Familie von Boeselager über. Bis heute bewohnen ihre Nachkommen die Burg.

Die Hauptburg von Heimerzheim, die sich hufeisenförmig zum heutigen Park hin öffnet, entstand im 15. und 16. Jahrhundert. Quellen, die Aufschluss über die Baugeschichte der Burg geben, sind nicht bekannt. Es entstand ein dreiflügeliges Gebäude, zweigeschossig in Backsteinbauweise errichtet, heute verputzt und weiß gestrichen. Der Nord- und der Westtrakt tragen steile Stufengiebel. Im Erdgeschoss des im 17. Jahrhundert zugefügten Turms an der Nordwestecke ist die Kapelle untergebracht. Das Erscheinungsbild des Herrenhauses wird im Wesentlichen durch die Um- und Erweiterungsbauten von 1687 bis 1701 geprägt.

Burg Heimerzheim.

Eine umfassende Restaurierung von Vor- und Hauptburg erfolgte Mitte der 1960er Jahre, eine weitere Restaurierung der Vorburg 1998/99.

Die ebenfalls dreiflügelige Vorburg ist etwas jüngeren Datums als das Herrenhaus, ebenfalls in Backsteinbauweise errichtet, aber nicht verputzt. Der mittig angelegte Torbau ist durch quer verlaufende Stufengiebel gekennzeichnet. Eine Portalblende zeigt die Zugbrücke an, die heute nicht mehr existiert. Die beidseitig anschließenden Gebäudeteile des Wirtschaftshofs werden an den Ecken durch quadratische Ecktürme flankiert. Eine Holzgalerie am Seitenflügel gibt dem Vorburghof sein besonderes Gepräge.

Die zweiteilige Wasserburg ist bis heute von Gräben umgeben, jeder Burgteil auf einer Insel. Eine Brücke führt von der Vorburg, eine weitere rückseitige Brücke vom Park zum Herrenhaus. Der Schlosspark wurde von Graf Belderbusch angelegt und im 19. Jahrhundert neu gestaltet. Von der barocken Gartenarchitektur zeugt aber noch die großartige Parkachse, die exakt auf die Tomburg am Horizont ausgerichtet ist. Schmuckstück des Parks ist eine aus dem Wassergraben herauswachsende Sumpfzypresse *(Taxodium distichum)*. Das Waldareal mit seinem hohen Alt- und Totholzanteil wurde zur Erhaltung und Wiederherstellung eines naturnahen Abschnitts der Swist unter Naturschutz gestellt.

Zur Ausstattung von Burg Heimerzheim gehören viele Gegenstände aus dem Boeselager-Hof in Bonn, die man rechtzeitig vor dessen Zerstörung im Zweiten Weltkrieg hierher in Sicherheit gebracht hat. Hierzu zählen vor allem eine Holzfigur der Heiligen Anna Selbdritt aus dem 16. Jahrhundert sowie eine wertvolle Jesusstatue aus der Barockzeit.

Die derzeitigen Besitzer haben Burg Heimerzheim zu einer Event-Burg ausgebaut. Die repräsentativen Räume der Hauptburg und der große Festsaal der Vorburg werden für festliche und geschäftliche Anlässe vermietet. Dazu gibt es sieben exklusive Doppelzimmer und Appartements für Übernachtungsgäste. Der neue Pavillon vor der Burg wurde als Tagungsort mit moderner Konferenztechnik ausgestattet.

INFOS

- ***Burg Heimerzheim:** 53913 Swisttal-Heimerzheim, Kölner Straße 1, Tel. 02254) 83605314, www.burg-heimerzheim.de.*

Burg Metternich.

Im Norden von Heimerzheim steht Burg Kriegshoven. Die Ursprünge der Anlage gehen auf das 13. Jahrhundert zurück. Eine erste Nennung erfolgte 1247 mit der Übereignung eines Teiches durch das Kölner Stift St. Kunibert an Henricus de Creshoven. Im 14. Jahrhundert wurde die Anlage als Brühler Burglehen des Kölner Erzbischofs genannt und diente dem Brühler Amtmann als Dienstsitz. 1332 war das Lehen in der Hand von Gerhard von Alfter zu Kirspenich. Ab 1424 befand sich die Burg im Besitz des Adelsgeschlechts von Metternich. 1654 wurde sie mit ihren umfangreichen Ländereien Eigentum des kurkölnischen Geheimen Rats Peter Buschmann, der sie in eine Barockanlage umfunktionierte. Nach weiteren Besitzerwechseln erwarb Emil Wülfing, der einer Elberfelder Fabrikantenfamilie entstammte und später geadelt wurde, Burg Kriegshoven im Jahr 1868. Er ließ 1868–70 das Herrenhaus entsprechend dem heutigen Erscheinungsbild ausbauen. Die Anlage ist immer noch in Familienbesitz.

Die Bausubstanz des Herrenhauses besteht in einem renaissancezeitlichen Adelssitz, der aus einer mittelalterlichen Burganlage hervorgegangen ist. In der barocken Bauphase des 17. Jahrhunderts wurde diese in einen zweiflügeligen Winkelbau mit polygonalem Treppenturm umgestaltet und mit einer vergrößerten Vorburg versehen. Im Zuge der Erweiterung in den 1870er Jahren entstand eine stattliche Dreiflügelanlage. Der barocke Treppenturm im Hofwinkel erhielt ein Gegenstück. Die gesamte Außenfassade wurde im Stil der Neorenaissance überformt. Um 1900 wurden die Wassergräben teilweise zugeschüttet und die Vorburggebäude modernisiert, deren Westteil ist allerdings nicht mehr existent.

Metternich

Der Verlauf des Swistbaches von Heimerzheim nach Metternich weist mit seinen Böschungen und angrenzenden Grünländereien noch naturnahen Charakter auf und steht deshalb hier unter Naturschutz. Besonderes Augenmerk dieses Schutzes gilt den alten Brachen mit Pestwurzflur *(Petasites hybridus)* und dem Vorkommen des Eisvogels *(Alcedo atthis)*.

Auch der Bereich der Gemarkung Metternich ist altes römisches Siedlungsgebiet. Allein an zwölf Stellen wurden römische Hinterlassenschaften gefunden, 1853 sogar eine *villa rustica* entdeckt. Ein erster Hinweis auf die mittelalterliche Ansiedlung erfolgte 1303. Die Burg Metternich wurde als Sitz einer Nebenlinie der Herren von Alfter gegründet, die sich von Metternich nannte und das Löwenwappen der

Alfterer übernahmen. 1348 wurde das Anwesen als Kölner Lehen genannt. Die Familie von Metternich blieb bis 1692 in seinem Besitz.

Von der Burg des 13. Jahrhunderts unmittelbar an der Swist ist noch doppelschaliges Kellermauerwerk erhalten. Darüber wurde im 14. Jahrhundert ein Burghaus in Backsteinbauweise errichtet. Im 15. Jahrhundert kamen zum Schutz des mittleren Eingangs der Anlage ein Turm, ein Zwinger und runde Eckbefestigungen hinzu. 1626 wurde der Saalbau im Winkel angefügt und das Innere wohnlich gestaltet. Die ehemalige Vorburg war dreiteilig, wurde vom damaligen Besitzer 1879 jedoch als vierflügeliger Wirtschaftshof komplett erneuert. Die Gräben der Vorburg wurden überwiegend zugeschüttet. Im Zuge dieser Bauarbeiten erhielt das Herrenhaus erhöhte Dächer und große Kreuzstockfenster. Es ist weiß verputzt und nach wie vor von einem großen Weiher umgeben, um die Pfähle unter dem Fundament ständig unter Wasser zu halten – nur so ist die Stabilität des Bauwerks zu bewahren.

Von einer zweiten Burg einer Nebenlinie der Metternichs im Ort ist fast nichts mehr erhalten. Dieses Haus Velbrück schloss sich unmittelbar an die Burg Metternich an und ging auf einen wasserumwehrten Hof aus dem 14. Jahrhundert zurück. Seit 1720 stand dort ein zweigeschossiges verputztes Herrenhaus, das nach Zerstörung im Zweiten Weltkrieg wegen Baufälligkeit abgerissen werden musste.

Die Ortspfarrkirche von Metternich wurde an der Stelle einer römischen Matronenweihestätte errichtet. Christen übernahmen diese wohl im 4. Jahrhundert. Im romanischen Kirchturm wurden jedenfalls römische Matronensteine und Ziegel als Baumaterial eingebracht. Eine erste Erwähnung fand die Kirche im 1303 erstellten *Liber valoris*, dem Güterverzeichnis des Erzbistums Köln. Die vor dem Dreißigjährigen Krieg weitgehend abgebrannte Kirche wurde in der zweiten Hälfte des 17. Jahrhunderts erneuert. Größeren Schaden als nachfolgende Kriege richtete die Grundwasserabsenkung durch den Braunkohletagebau an der Kirche an. Die Renovierungsarbeiten zur Behebung dieser Schäden konnten erst 2009 abgeschlossen werden.

Am Orbach

Der wichtigste Zufluss der Swist ist der 20 Kilometer lange Steinbach, der als Jungbach unterhalb von Miel linksseitig in die Swist mündet. Zuvor trägt er zwischen Schweinheim und Essig den Namen Orbach. Das Bachsystem füllt in seinem oberen Bereich zwei Talsperren: die Steinbachtalsperre als großen touristischen Anziehungspunkt und die weniger bekannte Madbachtalsperre – beide liegen schon außerhalb des Naturparkbereichs. Der Gewässerverlauf des Orbachs ist regelmäßig durch bis zu 6 Meter hohe Steilufer gekennzeichnet. Ufer und Uferkronen sind überwiegend mit Laubbäumen, Sträuchern und Gräsern bewachsen, wodurch der Bachlauf auch stellenweise ausreichend beschattet wird. Er ist weitgehend naturbelassen, was auch der Grund dafür ist, dass er über weite Strecken unter Naturschutz steht. Hier haben viele nach der Roten Liste in Nordrhein-Westfalen gefährdete Tierarten wie zum Beispiel der Eisvogel *(Alcedo atthis)*,

▲ Eisvogel.

der Steinkauz *(Athene noctua)*, die Nachtigall *(Luscinia megarhynchos)*, die Rauchschwalbe *(Hirundo rustica)* und die Mehlschwalbe *(Delichon urbicum)*, ihren Lebensraum.

In Schweinheim entsteht mit dem Zusammenfluss von Stein- und Sürstbach der Orbach. Die Dreifaltigkeitskapelle des Ortes ist ein einschiffiger verputzter Bruchsteinbau aus dem 15. Jahrhundert, der aber im Kern romanisch ist. Heute stellt sich die Kapelle in ihrem barocken Umbau dar. Barock sind auch wertvolle Ausstattungsstücke wie der Altaraufsatz und die Orgelempore. Ein hölzernes Vesperbild aus der Kölner Schule stammt noch vom Anfang des 16. Jahrhunderts. Die Burg von Scheinheim wurde im 14. Jahr-

hundert als Jülicher Lehen erwähnt. Es handelte sich dabei um eine zweiteilige Wasserburg. Die Anlage war schon weitgehend ruinös, als im 19. Jahrhundert die Vorburg bis auf einen Eckturm abgerissen und an ihrer Stelle ein Wirtschaftshof errichtet wurde.

Nördlich von Schweinheim findet man in der Orbachaue das weitläufige Areal von Burg Ringsheim, die 1249 erstmals erwähnt wurde und Sitz einer kurkölnischen Unterherrschaft war. Im 14. Jahrhundert stand dort eine dreiteilige wasserumwehrte Anlage. Das Herrenhaus erhob sich auf einer eigenen ummauerten Insel. Ihm war die innere Vorburg nach Westen hin vorgelagert, an ihrer Stelle befindet sich heute das Areal des Wirtschaftshofs. Nach Nordwesten erstreckte sich die äußere Vorburg, wo auch das nicht mehr existente Ringsheim lag. Von diesem im 17. Jahrhundert untergegangenen Dorf ist nur noch die Kirchenruine im Schlosspark verblieben. Das Herrenhaus der Burg Ringsheim entstand im dritten Drittel des 17. Jahrhunderts unter Verwendung der mittelalterlichen Bausubstanz. Vollendet wurde der Umbau 1713 in Bruchsteinbauweise unter schiefergedecktem Walmdach im italienischen Stil mit Ecktürmen und übergiebeltem Vorbau an der dem Park zugewandten Seite und einer Loggia an der Hofseite. Durch Zufügung von kurzen Seitenflügeln entstand ein Ehrenhof. Die Ecktürme erhielten Schweifhauben.

Die Herren von Ringsheim hatten neben der Burg mit dem Dorf und der Kirche noch weitere Besitzungen im Umfeld. 1455 waren sie allerdings so verschuldet, dass sie Burg und Herrschaft Ringsheim veräußern mussten. Im Laufe der nächsten Jahrhunderte kam es zu häufigen Eigentümerwechseln. Die heutigen Bewohner gelangten 1990 in den Besitz der Burganlage.

Hauptort am Orbach ist Odendorf. Wie in den meisten anderen Orten der Börde gibt es hier vorgeschichtliche Siedlungsspuren. Die Gründung der heutigen Ortschaft geht wahrscheinlich auf die frühe Phase der merowingisch-karolingischen Epoche zurück. Im Mittelalter gehörte Odendorf zur Herrschaft Tomburg, nach deren Untergang im Jahr 1473 zum Herzogtum Jülich, aber auch die Grafen von Blankenheim und Manderscheid hatten hier Rechte. 1481 erwarb das Trierer Kartäuserkloster St. Alban den Blankenheimer Hof der Herren von Dollendorf, Blankenheim, Schleiden und Manderscheid in *Odendorph*, den späteren Kartäuserhof. Auf dessen Gelände errichtete das Kloster sein Zehnthaus. Durch die Besetzung der Franzosen im Rheinland fiel Odendorf im Jahr 1794 wie die anderen Swisttaler Ortschaften an die *Mairie d'Ollheim* und ist seit 1969 Teil der neuen Gemeinde Swisttal.

Das Zehnthaus ist das wohl prägnanteste historische Gebäude Odendorfs. Hier lagerte das Kartäuserkloster die ihm zustehenden Naturalabgaben der abhängigen Bauern an die Kartause und den Pfarrer des Dorfes. Die massiven Außenwände bestehen aus Bruchstein. Beide Geschosse durchzieht eine massive Längswand mit Bogenöffnungen, mit der die Spannweite der hölzernen Deckenbalken halbiert werden konnte, was ihre Tragfähigkeit erheblich erhöhte. 1810 wurde nach der Säkularisation des Kartäuserklosters in Trier auch der Kartäuserhof in Odendorf samt Zehnthaus öffentlich versteigert. 1971 kaufte die Gemeinde das Zehnthaus, so dass es vor dem Verfall gerettet werden konnte und heute als Veranstaltungshaus dient.

Die alte katholische Kirche, den Aposteln St. Petrus und Paulus gewidmet, wurde am Platz einer vorchristlichen Gerichtsstätte in der ersten Hälfte des 12. Jahrhunderts als dreischiffige Pfeilerbasilika mit Chorquadrat und halbrunder Apsis auch unter Verwendung römischen Baumaterials aus der Wasserleitung errichtet. Die Spitzbogenfenster in den tonnengewölbten Seitenschiffen entstammen einem gotischen Umbau. Mit dem Neubau der katholischen Pfarrkirche wurde das alte Gotteshaus in das benachbarte Hospital einbezogen und in den 70er Jahren des vorigen Jahrhunderts von den nachträglichen Einbauten befreit. Die neugotische Pfarrkirche an der Flamersheimer Straße gegenüber dem Zehnthausplatz entstand mit ihrem hohen Turm im Jahr 1903.

Sehenswert in Odendorf ist des Weiteren die Alte Burg in der Orbachstraße an dem hier leider zubetonierten Bett des Orbachs. Die einstige Wasserburg entstand 1678 als Herrenhaus des seit dem 14. Jahrhundert urkundlich bezeugten Adelsgeschlechts von Odendorp mit anschließendem Torbogen zum nicht mehr vorhandenen Geviert der Anlage. Gegenüber der Burg auf der anderen Uferseite steht noch das reizvolle Fachwerkensemble der alten Schule aus dem Jahr 1791.

Nördlich von Odendorf jenseits der B266 nach Euskirchen befand sich in der kleinsten Swisttaler Ortschaft Essig das ehemalige Kloster Mariastern. Die Eheleute Edelherr Johann von Schleiden und Anna von Blankenheim, Besitzer des Blankenheimer Hofs neben der alten Kirche in Odendorf, hatten hier 1432 zur Gründung des Klosters mit Hospital und Armenfriedhof ein Grundstück mit der Bezeichnung »Auf dem Essig« gestiftet. Es lag an der alten Aachen-Frankfurter Heerstraße, die auch als Pilgerweg genutzt wurde. Die Klosterkapelle wurde 1437 zu Ehren Unserer lieben Frau, des hl. Apostels Jacobus sowie der heiligen kölnischen Marschälle geweiht und zunächst von Birgittinnen und später von Augustinerinnen bewirtschaftet, bis 1802 die Säkularisation auch das Ende des Essiger Klosters herbeiführte. Heute sind nur noch die Umfassungsmauern an der B266 zu sehen.

Reh in der Eifel.

Eifelanstieg

Dort, wo die Zülpicher Börde in der Rheinbacher Lössplatte ausläuft, geht die Landschaft des Naturparks Rheinland südwärts in den Eifelanstieg über. Dieser Teil der Voreifel wird von den Ausläufern des Ahrgebirges mit dem Rheinbacher Wald im Osten und dem Flamersheimer Wald im Westen gebildet. Genau im Übergang von der Voreifel zur Kölner Bucht findet man die drei Orte Meckenheim, Rheinbach und Euskirchen.

THEMA Die römische Eifelwasserleitung

Römische Wasserleitung. Nachbau eines Aquädukts, Vussem.

Die rund 100 Kilometer lange Eifelwasserleitung von Nettersheim nach Köln zählt zu den längsten Fernwasserleitungen des Römischen Reichs. Sie versorgte vom Ende des 1. bis zum 3. Jahrhundert n. Chr. Köln als Provinzhauptstadt Niedergermaniens mit Frischwasser. Als reine Gefälleleitung hat sie ihren Ausgangspunkt in der Quellfassung »Grüner Pütz« bei Kall und erreicht im Billiger Wald das Gebiet des Naturparks Rheinland. Unterhalb von Kreuzweingarten überquert die Leitung die Erft in einem 5 Meter hohen Aquädukt. Weiter führt sie an Flamersheim vorbei und nördlich des Schornbuschs entlang, durch Rheinbach, in einem 1 400 Meter langen und bis zu 10 Meter hohen Aquädukt über die Swistaue, um bei Buschhoven in den Kottenforst einzuschwenken. Von dort senkt sich die Leitung am Vorgebirge entlang, an Brühl vorbei, um letztendlich in Colonia Claudia Ara Agrippinensium *(Köln) zu enden.*

Die Leitung wurde zum Schutz vor Frost weitgehend etwa einen Meter unterhalb der Erdoberfläche verlegt. Sie hat innen eine Breite von 70 Zentimetern und eine Höhe von einem Meter und konnte somit begangen werden. Das Innere der Leitung war mit einem rötlichen Putz versehen, der neben Kalk auch zerstoßene Ziegelsteine enthielt. Dieses Material erhärtete unter Wasser und diente zur Abdichtung der Leitung gegen Wasserverluste.

Eine zweite Verwendung fand die römische Eifelwasserleitung im Mittelalter. Die rheinischen Baumeister der Kirchen, Klöster und Burgen nutzten die längst ruinöse Leitung als Baumaterial, vor allem auch den Kalksinter, der sich in ihrem Inneren durch das von den Römern so geschätzte kalkhaltige Eifelwasser abgesetzt hatte. Der bis zu 30 Zentimeter dicke Kalksinter wurde wie Marmor verwendet – daher auch sein Name »Eifelmarmor«. Diese Kalkablagerungen sind in dem Aufschluss der Römischen Wasserleitung bei Kreuzweingarten besonders deutlich zu sehen.

Meckenheim

Als die Römer ihre Wasserleitung aus der Eifel nach Köln errichteten, bereitete ihnen der kleine Swistbach große Schwierigkeiten. Sie mussten die Leitung zwischen Lüftelberg und Meckenheim »auf Stelzen« verlegen, denn nur so ließ sich die Swistbachaue überwinden. Deshalb konstruierten sie an dieser Stelle das längste Aquädukt der Leitung, das so gut wie vollständig verschwunden ist, von dem aber ein Pfeiler am Radweg nach Lüftelberg nachgebaut wurde.

Schon die Römer wussten die klimatischen Vorzüge des Standorts der heutigen Stadt Meckenheim zu schätzen, denn hier im Windschatten der Eifel flauen die rauen Westwinde ab und der Niederschlag ist geringer als im unmittelbaren Umland. Überreste von Gutshöfen, Grabanlagen und Militärlagern zeugen von ihren Siedlungsaktivitäten. Im frühen Mittelalter dienten die Steine des Aquädukts als Baumaterial für Burgen und ihr verkalktes Inneres, wie erwähnt, als Marmorersatz. Bis heute kann man diese Steine noch im Mauerwerk altehrwürdiger Bauten entdecken, wie etwa im Sockel des runden Bergfrieds der nahegelegenen Burg Münchhausen.

Die erste urkundliche Erwähnung Meckenheims datiert aus dem Jahr 853. Zu diesem Zeitpunkt schenkte der Priester Herigar seinen Grundbesitz in *Meckedenheym* dem Bonner Cassiusstift, das hier zusammen mit dem ebenfalls in Meckenheim begüterten Kölner Mariengradenstift die Grund-

Apfelblüte in Meckenheim.

Apfelplantage in Meckenheim, kurz vor der Ernte.

herrschaft ausübte. Bis zum Beginn des 17. Jahrhunderts konnte das Meckenheimer Rittergeschlecht sein Lehen am Burghof halten, musste es dann aber wegen Überschuldung an das Stift zurückgeben. Die schwierigen Zeiten des Dreißigjährigen Krieges führten dazu, dass Meckenheim, das zwar schon 1338 als *oppidum*, also als mit Wällen umwehrte Siedlung, bezeichnet worden war, mit einem richtigen Mauerring umgeben wurde. Doch trotz dieser Stadtbefestigung litt es im Dreißigjährigen Krieg schwer unter Belagerungen und Truppeneinquartierungen. Auferlegte Kontributionszahlungen hinterließen der Stadt und ihren Grundbesitzern große Schuldenlasten, so dass sich das Mariengradenstift 1726 gezwungen sah, seinen Meckenheimer Besitz an den Herrn de Cler zu veräußern. Mit diesem Landverkauf ging auch der Besitz am Meckenheimer Burghof an diese Junkerfamilie über, die wenig später in den Freiherrenstand erhoben wurde.

Nach der napoleonischen Besatzung setzte unter preußischer Hoheit eine neue Zeit für Meckenheim ein. Die Stadt wuchs aus ihrer Eingrenzung heraus, 1832 riss man deshalb die Reste der noch existierenden Stadtmauer ab. Das Jahr 1848 ist als Beginn der neuen Wirtschaftsausrichtung Meckenheims zu nennen, die ihm bis heute das Profil als »Baumschul- und Rosenstadt« verleiht. Doch im Zweiten Weltkrieg wurde fast die gesamte Stadt durch Bombenangriffe zerstört. Der Wiederaufbau setzte noch in den 1940er Jahren ein und war in den 1950er Jahren weitgehend abgeschlossen. Dann gab es neuen Aufschwung, diesmal durch die sich etablierende nahe Hauptstadt Bonn, die Siedlungsraum im Umland benötigte. 1969 wurde dazu im Rahmen einer kommunalen Neuordnung Meckenheim mit seinen Nachbargemeinden Merl, Altendorf, Ersdorf und Lüftelberg zusammengelegt. Längst hat die Stadt über 25 000 Einwohner.

Mächtig erhebt sich im alten Zentrum an der Hauptstraße der romanische Turm der Pfarrkirche St. Johannes der Täufer aus dem 12./13. Jahrhundert. Das Kirchenschiff stammt aus dem späten 19. Jahrhundert und wurde 1974 anlässlich der letzten Renovierung noch erweitert. Architektonisch geschickt gelöst ist der offene Chorraum, sehenswert sind das Tabernakel und die Marienfigur, die aus einem Holzbalken des Glockenturms geschnitzt wurde.

Beachtenswert sind des Weiteren die Bemühungen in Meckenheim, die historische Obere Mühle als Denkmal zu erhalten. Erstmals wurde sie 1413 urkundlich als Bannmühle des Bonner Cassiusstifts erwähnt. Sie besteht aus einem zweigeschossigen Wohnhaus mit Grundmauernkern aus dem 18. Jahrhundert, dem Wassermühlenbau mit Mahlwerk von 1911 und einem Anbau aus dem Jahr 1921. In Letzterem wurden moderne Mahlwerke eingerichtet. Die Gerätschaften sind bis heute ursprünglich erhalten und weiterhin funktionsfähig. 1987 nahm die Stadt Meckenheim die Obere Mühle, die inzwischen in ihren Besitz gelangt ist, als Zeugnis der Arbeits- und Produktionsverhältnisse des vergangenen Jahrhunderts in die Denkmalliste der Stadt auf.

THEMA Israhel van Meckenem

Es ist zwar nicht bewiesen, aber vermutlich stammt Israhel van Meckenem (1440–1503), der wichtigste und auch produktivste Kupferstecher seiner Zeit, aus Meckenheim. Schon sein Vater, der in Bocholt und Bonn tätig war, hatte sich als Kupferstecher mit seinen Ornamentstichen einen Namen gemacht. Auch Israhel war in Bocholt tätig, wo er verstarb und seiner Nachwelt 550 Kupferstiche hinterließ. Er hatte erkannt, welch große Verbreitungsmöglichkeit diese neue Kunsttechnik versprach. Und so widmete er sich nicht nur religiösen Themen wie seine spätmittelalterlichen Vorgänger, sondern auch solchen des täglichen Lebens. Dabei bediente er sich Motiven von Dürer, Schongauer und anderen zeitgenössischen Künstlern. Am berühmtesten sind seine genrehaften »Szenen aus dem Alltagsleben« mit charmant-humorvollen Blicken auf Liebespaare.

Israhel van Meckenem, Selbstbildnis mit seiner Frau, Kupferstich, um 1490.

Obere Mühle.

Der heutige Meckenheimer Ortsteil Merl wurde erstmals im Jahre 1199 unter der Bezeichnung *Merlo* urkundlich erwähnt. Sein Ursprung war ein Gutshof des Bonner Cassiusstifts, um den herum sich eine kleine Ansiedlung bildete. Dieser alte Dorfkern befindet sich nördlich der heutigen Michaelskapelle, die im Volksmund als »Merler Dom« bezeichnet wird. Im Laufe der Jahrhunderte gelangte der Gutshof an die Gudenau und damit an deren Eigner, die Herren Waldbott von Bassenheim. Otto Waldbott von Bassenheim kaufte im 16. Jahrhundert systematisch eine Vielzahl verschuldeter Besitztümer im Umkreis seines Gudenauer Herrschaftsbereichs auf. Durch diese Zukäufe konnten sich die Herren Waldbott von Bassenheim nicht nur Erbburggrafen des Erzstifts Köln, Herren des Ländchens Drachenfels, sondern auch Herren zu Villip, Oedingen, Nierendorf, Roitzheim, Billig und Merl nennen. Das Holz zum Bau der Dorfkirche stiftete das kinderlose Merler Ehepaar Michel Roprich und Anna Maria geb. Hullens. Diese 1690 errichtete Kapelle war baufällig geworden und wurde 1899 abgerissen. An ihrer Stelle entstand ein Jahr später der »Merler Dom« als kleines neugotisches Meisterwerk. An die Stifter der ersten Kapelle erinnert noch ein Steinkreuz am Blindfenster der Kapellensakristei mit der Inschrift:

1707
DEN 25
STARB DER EHRBAR
MICHEL ROPRICH
ANNA MARIA
HULLENS
EHELEUT
GGDS
(GGDS = Gott Gebe Die Seligkeit)

Altendorf und Ersdorf sind die beiden ineinander übergehenden Meckenheimer Ortsteile im Anstieg zur Voreifel, entwässert vom Ersdorfer und Altendorfer Bach. In ihrer über tausendjährigen Geschichte haben sie viele Gemeinsamkeiten. Ersdorf wurde bereits in der schon genannten Urkunde aus dem Jahr 853 erwähnt, mit der der Priester Herigar seinen Grundbesitz dem Bonner Cassiusstift vermachte. Als ursprüngliche Reichsgüter waren die Dörfer im 9. und frühen 10. Jahrhundert in den Besitz der Tomberger Pfalzgrafen gelangt, von denen sie über die Grafen von Neuenahr 1545 an den Herzog von Jülich kamen. Auch kirchlich gehörten sie in einer Gemeinde zusammen, denn die Kirche des Virneburger Hofs, eines freiadeligen Guts in Altendorf, war der Ersdorfer Kirche inkorporiert.

Historisch wichtigstes Gebäude in Altendorf ist die zum Herrenhaus umgebaute alte Burg der Herren von Hambroich zu Wolfskeil aus einem klevischen Adelsgeschlecht. Als die Kölner Familie Zum Pütz die wohl im Jahre 1673 zerstörte und einst von Gräben umgebene Burg übernommen hatte, ließ sie sie im 18. Jahrhundert als Herrenhaus neu errichten – der 1770 verstorbene Johann Kaspar Josef Zum Pütz nannte sich dann auch Herr zu Groß-Altendorf. Sein Herrenhaus gilt als ein typisches Beispiel für die Geschichte der Wohnsitze freiadeliger rheinischer Geschlechter. Der Neubau erfolgte zweigeschossig auf hohem Sockel mit hoch ausgebautem Mansarddach. An der nördlichen Traufseite schließen sich die ehemaligen Gesindehäuser und Teile des 1750 errichteten Wirtschaftshofs an, der heute Wohnzwecken dient.

INFOS

- ***Obere Mühle:*** *53340 Meckenheim, Obere Mühle 8a, Tel. 02225 947409; Führungen für Gruppen nach Terminabsprache mit dem Förderverein Pro Obere Mühle Meckenheim e. V., www.meckenheimer-muehle.de.*
- ***Blütenfest für Groß und Klein:*** *Wenn rund um Meckenheim die Obstbäume in voller Blüte stehen, geht es auf einer 10-Kilometer-Fahrradtour durch die blühenden Apfelplantagen von Hof zu Hof mit Kind und Kegel; jeweils am letzten So. im April. Informationen über Rhein-Voreifel-Touristik e. V., Tel. 0228 9544100, www.rhein-voreifel-touristik.de oder Stadt Meckenheim, Tel. 92225 917214, www.meckenheim.de.*

Rheinbach

Der Name Rheinbach ist aus *Reginbach* entstanden, dem Ort *am Bache*, an dem einmal ein fränkischer Herr mit Namen Regin ansässig war. Die erste Erwähnung der Ansiedlung erfolgte im Jahr 762, als der fränkische König Pippin und seine Frau Bertrada der Abtei Prüm Ländereien im Umfeld der heutigen Stadt Rheinbach schenkten. Das im Jahr 893 erstellte *Prümer Urbar* führt für Rheinbach 49 Bauernstellen im Besitz der Abtei auf und weist diese damit als größten Grundherrn der Region aus. 943 erwähnte eine Urkunde des Prümer Abtes Farabert II. eine Pfarrkirche in Rheinbach, die auf dem Gelände des heutigen Martinsfriedhofs stand.

Im Jahr 1178 tauchten in den Annalen die Ritter von Rheinbach als Lehnsleute der Prümer Abtei auf. Sie bestimmten maßgeblich die frühe Geschichte der Stadt. Auf Emelricus von Rheinbach ging der Bau der Burg Rheinbach zurück. Dendrochronologische Untersuchungen konnten den im runden Hauptturm befindlichen Abortsitz auf das Jahr 1175 datieren.

Das Recht der niederen und hohen Gerichtsbarkeit in Rheinbach hatten die Grafen von Hochstaden als Prümer Vögte inne. Als Dietrich von Hochstaden Prümer Vogt war, übertrug er angesichts der Tatsache, dass er keinen rechtmäßigen Erben vorzuweisen hatte, diese Rechte 1246 an seinen Bruder Konrad, Erzbischof von Köln. Damit hatten die Kölner das Sagen in Rheinbach. Sie befestigten die Stadt mit Mauern, Türmen und Halbtürmen, die in Teilen noch erhalten sind. Als die Kölner in der Schlacht von Worringen 1288 eine schwere Niederlage erlitten und somit geschwächt waren, nahmen die Herren von Rheinbach wieder das Heft in die Hand. Doch 1342, als ihr Geschlecht ausgestorben war, machten die Kölner ihre alten Rechte erneut geltend und brachten ein Jahr später die Burg und die Stadt Rheinbach vollständig in ihren Besitz. So blieb Rheinbach bis zum Einmarsch französischer Truppen im Jahr 1794 unter der Kontrolle der Kölner Erzbischöfe.

Im Zweiten Weltkrieg erlitt die Stadt großen Schaden, durch Bomben gingen drei Viertel ihrer Bausubstanz verloren. Der Wiederaufbau setzte nach dem Krieg rasch ein. Aus dem Sudetenland geflohene Glasveredler siedelten sich in Rheinbach an. Bis September 1947 hatten sich acht Glasfachbetriebe aus Böhmen in der Stadt niedergelassen und den Ruf Rheinbachs als »Glasstadt« begründet. Im Zuge der Gebietsreform von 1969 wurde diese mit den Nachbargemeinden zusammengelegt und das Stadtgebiet so bis weit in die Voreifel hinein ausgedehnt. Inzwischen hat Rheinbach schon deutlich mehr als 25 000 Einwohner.

Von der antiken Vergangenheit der Stadt zeugt beispielsweise noch ein Stück der römischen Wasserleitung, das an der Pützstraße aufgestellt wurde. Die Wasserleitung verlief in Rheinbach unter der heutigen Münstereifeler Straße und der Bahnhofstraße. Die mittelalterliche Stadtbefestigung ist noch in Teilbereichen erhalten, so mit Resten der südlichen Mauer und zwei Rundtürmen, die teilweise in den 1980er Jahren wieder aufgemauert wurden. Dies sind der Wasemer Turm an der Südwestecke aus dem 13. Jahrhundert mit neu aufgesetztem Kegeldach, daneben das rekonstruierte Neutor mit Querwalmdach und Durchfahrt sowie an der Nordseite der Kallenturm in der Grabenstraße. Die von den Herren von Rheinbach in der zweiten Hälfte des 12. Jahrhunderts errichtete Burg war in die spätere Stadtbefestigung einbezogen worden und erhielt im 13. Jahrhundert die Vorburg.

Die Rheinbacher Burg war ein eigenständiges ummauertes Befestigungswerk mit mehreren Türmen, von Gräben umgeben. Die Hauptburg stand auf einer Insel, der Torbau und der Bergfried sind noch erhalten. Es ist ein mächtiger, viergeschossiger Rundturm aus Bruchstein, in dem vier Steinblöcke aus der römischen Wasserleitung verarbeitet wurden und der einen Durchmesser von 9 Metern und eine Höhe von 34,5 Metern aufweist. Der im untersten Geschoss liegende Raum wurde in den Jahren der Hexenverfolgungen als Kerker benutzt, weshalb das Gebäude auch als »Hexenturm« bezeichnet wird.

An der Hauptstraße erhebt sich der Turm der St. Martinskirche. Als 1680 ein neuerlicher Brand die Stadt vernichtete, wobei nur zwanzig Häuser verschont blieben, war auch die Martinskirche betroffen. Sie wurde danach als dreischiffiger Bau in spätgotischer Form mit vorgelagertem Westwerk und zwei polygonalen Chören neu errichtet. Erst 1789 wurde sie dann, nachdem ein Blitzeinschlag die außerhalb gelegene alte Pfarrkirche zerstört hatte, von der Filialkirche zur städtischen Pfarrkirche erhoben. Am Ende des Zweiten Weltkrieges stand nur noch der Turm. Ab 1948 erfolgte der Wiederaufbau nach Plänen des Bonner Architekten Kleefisch. Den Bombenangriff überstanden hat vor allem die lebensgroße Muttergottesstatue in der Marienkapelle links vom Eingang.

Trotz aller Kriegsschäden weist Rheinbach noch einige liebevoll restaurierte Fachwerkhäuser auf. Das wichtigste unter ihnen ist das Bauensemble des Himmeroder Hofs am Himmeroder Wall. Der Kern seiner heutigen Bausubstanz ist etwa 300 Jahre alt. 1969 erwarb die Stadt den Hof und ließ ihn 1989 zum Kulturzentrum mit Tagungs- und Vortragsräumen und Museum renovieren. Hier sind das für seine einmalige Sammlung nordböhmischen Hohlglases bekannte Glasmuseum und auch das Haus der Natur des Naturparks Rheinland untergebracht.

▲ Rheinbach, Glaspavillon.

THEMA Rheinbach Classics

Die ganze Stadt steht Kopf, wenn 120 Oldtimer zur Parade durch Rheinbach fahren, vom Ford-A-Modell bis zum alten Porsche. An die 20 000 Besucher versammeln sich in der Innenstadt, wenn alljährlich Mitte Juli an einem verlängerten Wochenende von Freitag bis Sonntag die Rheinbach Classics stattfinden. Programm gibt es auf vier Bühnen am Himmeroder Wall, Prümer Wall, am Bürgerhaus und an der Grabenstraße, gestaltet von über zehn Bands wie »Jailhouse Rock« und »Rock around the clock« – und Röcke bauschen sich beim Petticoat-Wettbewerb. Dazu ein historischer Markt mit Produkten von »damals«. Und der Rheinbacher Gewerbeverein unterstützt die Veranstaltung mit einem verkaufsoffenen Sonntag, an dem das schönste Schaufenster prämiert wird.

INFOS

- ***Rheinbach Classics e. V.:*** *Marie-Curie-Straße 1, 53359 Rheinbach, www.rheinbach-classics.de.*
- ***Glasmuseum Rheinbach:*** *53359 Rheinbach, Himmeroder Wall 6, Tel. 02226 917501, www.glasmuseum-rheinbach.de. Spezialmuseum für nordböhmisches Hohlglas, geöffnet Di. bis Fr. 10:00–12:00 Uhr und 14:00–17:00 Uhr, Sa., So. und feiertags 11:00–17:00 Uhr, ; bietet Führungen für verschiedene Gruppen an, mit Museumsshop, behindertengerecht.*
- ***Naturparkzentrum Himmeroder Hof:*** *Im Glasmuseum (s. o.), Tel. 02226 2343, www.naturpark-rheinland.de. Kleine Ausstellung; bietet Info-Materialien über den Naturpark; geöffnet Di. bis Fr. 10:00–12:00 Uhr und 14:00–17:00 Uhr, Sa. 14:00–17:00, So. 11:00–17:00 Uhr.*
- ***Kutschenmuseum:*** *Fahrstall Mostert, 53359 Rheinbach, Koblenzer Straße 4, Tel. 02226 9117040, www.coachhaus.de/kutschenmuseum. Privatmuseum mit 30 historischen Kutschen, Besuch während der Öffnungszeiten der Schreinerei Coach-Haus Mo. bis Do. 8:00–17:00 Uhr, Fr. 8:00–13:00 Uhr, weitere Termine und Führungen auf Anfrage.*

Rheinbacher Wald

Unmittelbar südlich von Rheinbach setzt der Eifelanstieg ein. Hier erstreckt sich ein breiter Waldgürtel, angefangen beim Schornbusch über den Rheinbacher Stadtwald bis hin zum Wormersdorfer Wald. Südlich davon finden sich weitere Wälder um den Hochkopf und Münchhardt sowie um den Blitzenhardt, wo sich bei Todenfeld eine 406 Meter hohe Kuppe als höchster Punkt auf dem Stadtgebiet von Rheinbach erhebt. Insgesamt macht die Waldfläche knapp 1 900 Hektar aus, größter Eigner ist die Stadt Rheinbach, die andere Hälfte teilt sich in Staats- und Privatwald. Es herrscht überwiegend Mischwald vor, teilweise gibt es große Bestände an über 100-jährigen Laubbäumen. Neben der rein forstlichen Nutzung unternimmt die Stadt viel, um die Erholungsfunktion dieser Wälder zu stärken.

Die Kenntnisse über den Rheinbacher Wald reichen bis in die Zeit des Kölner Erzbischofs Friedrich von Saarwerden in der zweiten Hälfte des 14. Jahrhunderts zurück. Er veranlasste die Übertragung des zum Rheinbacher Bannbezirk gehörenden landesherrlichen Waldes zur Verwaltung an den Magistrat, womit der Grundstein zur Entstehung des Gemeindewaldes gelegt worden war. In napoleonischer Zeit übernahm die französische Forstverwaltung den Rheinbacher Wald und betrieb Raubbau an dessen Holzbestand. Unter preußischer Verwaltung erhielt die Stadt 1825 nach einem Urteil des Rheinischen Appellationsgerichtshofs zu Köln den Wald als ihr Eigentum zurück. In dieser Zeit setzte die planmäßige Forstwirtschaft auch im Rheinbacher Wald ein, wovon die Besucher bis heute profitieren. Die ältesten vorhandenen Eichenbestände stammen übrigens noch aus der frühen preußischen Zeit.

Seit dem Jahr 2005 stehen 660 Hektar des Rheinbacher Waldes unter Naturschutz. Es geht dabei darum, die vorherrschenden ökologisch wertvollen Waldgesellschaften aus Buchen- und Eichenwäldern, speziell auch den Laub-Mischwald der Basaltkuppen auf dem Tomberg, sowie auch die bachbegleitenden Auenwälder zu erhalten. Hier sind der Schwarzspecht *(Dryocopus martius)*, die Hohltaube *(Columba oenas)*, der Mittelspecht *(Leipicus medius)* und viele Fledermausarten als spezielle Indikatoren intakter alter Ökosysteme zu Hause

Seit einiger Zeit hat sich auch die Wildkatze *(felis silvestris)* wieder eingebürgert. Die vorhandenen Tümpel und Erdkuhlen, teilweise alte Bombentrichter aus dem Zweiten Weltkrieg, sowie von der Forstverwaltung angelegte Teiche bieten Lebensvoraussetzungen für bedrohte Pflanzen-, Insekten- und

▲ Wildkatze.

▲ Blick über blühende Rapsfelder auf die Tomburg.

Amphibienarten – hier gibt es den Feuersalamander *(Salamandra salamandra)*, den Bergmolch *(Ichthyosaura alpestris)*, Fadenmolch *(Lissotriton helveticus)* und Teichmolch *(Lissotriton vulgaris)*, die Gelbbauchunke *(Bombina pachypus)*, die Erdkröte *(Bufo spinosus)*, den Teichfrosch *(Pelophylax esculentus)* und den Grasfrosch *(Rana temporaria)* sowie nicht zuletzt viele Libellen *(Odonata)*.

Übrigens kommt man auf dem Weg von Rheinbach nach Todenfeld an einer kleinen Waldkapelle vorbei, die in der zweiten Hälfte des 17. Jahrhunderts als Gebetshaus eines kleinen Franziskanerklosters errichtet wurde. Sie steht auf einer ovalen Lichtung, umgeben von zwölf Kreuzwegstationen. 1714 übernahmen Serviten von der Bonner Kreuzbergkirche das Kloster, dessen Ende mit der Säkularisation kam. Die Kapelle wurde 1847 für Wallfahrten wieder instand gesetzt. Nach starkem Verfall konnte sie nach dem Zweiten Weltkrieg restauriert werden.

Tomburg

Am Ostrand des Naturschutzgebiets Rheinbacher Wald erhebt sich der Tomberg als 316 Meter hoher Basaltkegel, der auf eine tertiäre Eruption zurückgeht, inmitten einer abwechslungsreichen Gemengelage aus Wäldern, Wiesen und Obstbaumkulturen. Von hier aus war die Swistebene weithin zu übersehen, insofern hatten schon die Römer auf dem Kegel einen Beobachtungsposten angelegt. Auch im Mittelalter war der Standort im karolingischen Kernland von strategischer Bedeutung, konnte man von hier aus doch den Zugang zur Zülpicher Börde und damit einen entscheidenden Abschnitt des Aachen-Frankfurter-Königswegs, der einen der wichtigsten Verkehrswege im Hochmittelalter darstellte, beherrschen.

Ende des 9. Jahrhunderts befand sich der Tomberg im Besitz des Flamersheimer Königshofs. Um das Jahr 900 wurde

Die Ruine der Tomburg.

er befestigt. In der Folgezeit entstand auf dem Berg die Amtsburg der rheinischen Pfalzgrafen. Pfalzgraf Ezzo und seine Ehefrau Mathilde, eine Schwester Kaiser Ottos III., residierten um die Jahrtausendwende auf der Tomburg. Im Jahr 1024 gründeten die Eheleute das Benediktinerkloster Brauweiler. Nach dem Aussterben des Geschlechts der Ezzonen kam Graf Rutger I. von Flandern, Vogt der Abtei Brauweiler, in Besitz der Tomburg, die dann ab 1090 als Lehen an die Grafen von Kleve überging. Ihnen folgten ab 1230 die Herren von Müllenark, die sich fortan Herren von Tomberg nannten, als Burgherren. Sie waren es, die auf dem Basaltkegel des Tombergs eine neue wehrhafte Anlage errichteten, deren Ruine noch heute zu sehen ist. Ihr eigenständiges Territorium konnten sie eine beträchtliche Zeit selbstständig halten und durch glückliche Umstände sogar ausweiten. Doch im Laufe der Jahrhunderte verschuldeten sich die Herren der Tomburg, als »arme Rittersleut« versuchten sie ihr Heil in der Raubritterei. Friedrich von Tomberg starb als letzter seines Geschlechts im Jahr 1420. Nach heftigen Erbauseinandersetzungen gewann Friedrich von Sombreff als einer der Erben die Oberhand über die Burg. Als 1473 die Kölner Stiftsfehde ausbrach, geriet er zwischen die Fronten. Jülicher Truppen belagerten seine Anlage acht Wochen lang. Friedrich floh zusammen mit zwei Begleitern, noch am selben Tag kapitulierte die Burgbesatzung und die Jülicher zerstörten die Tomburg.

Sie wurde nie wieder aufgebaut. Bis in die Neuzeit dienten die Ruine und der Burgberg als Basaltsteinbruch, wodurch das ovale Burgplateau entsprechend verkleinert wurde. Ein Graben trennte früher die Ober- von der Unterburg. In der Oberburg erhebt sich noch der halbierte Rest des einst so mächtigen, Ende des 13. Jahrhunderts errichteten runden Bergfrieds, für den auch Bruchstein der spätrömischen Wehranlage des 4. Jahrhunderts verwendet worden war. Die Wölbungen seiner drei Geschosse sind noch gut zu erkennen. Reste von Burgbauten des 13. bis 15. Jahrhunderts sind östlich des Bergfrieds zu sehen, so etwa ein offener Innenhof und ein Wohnbau mit Wirtschaftsgebäuden einschließlich eines Backofens. Der Tiefbrunnen befand sich in der Unterburg.

Ipplendorf

Ein historisches Kuriosum stellt der heutige Rheinbacher Ortsteil Ipplendorf dar. Hatte Richeza, die Tochter des auf der Tomburg residierenden Pfalzgrafenpaares Ezzo und Mathilde, ihre ererbten Besitzungen in *Klein Altendorp* und *Wurmersdorp* der Abtei Brauweiler vermacht, so ging 1052 der Besitz von Ipplendorf an den Kölner Erzbischof Hermann II. über. Wormersdorf, Klein Altendorf und Ipplendorf bildeten seit jeher ein gemeinsames Kirchspiel, das urkundlich 1122 dokumentiert wurde, offensichtlich aber schon vorher bestanden haben muss. Seit 1256 betreute die St. Martinskirche in Ipplendorf die Gesamtpfarrei von Wormersdorf, dies tat sie im Übrigen bis 1317 in ihrer Eigenschaft als Filialkirche von St. Martin in Rheinbach. Beide Martinskirchen unterstanden dem Patronat des Stifts in Münstereifel und waren diesem wie auch der Abtei Himmerod zehntpflichtig. Beurkundet wurde um 1330, dass ein Ritter Daniel von Ipplendorf in dem Ort, nach dem er sich benannte, einen Gutshof innehatte. 1391 konnte sich die Ipplendorfer von der Rheinbacher Pfarre lösen. Die Baupflicht des Turmes und des Beinhauses mit dem Kirchhof hatte die Ortsgemeinde, die des Schiffes die Kirche, die des Chores der Propst von Münstereifel. Wechselhaft verlief die weitere Geschichte des fünf Hektar großen Orts. Nachdem er im Besitz des Freiherrn Ludwig von Blankhart, Herr auf Burg Lantershofen, gewesen war, gelangte er an die Familie von Friemersdorf, genannt Pützfeld. 1786 war Ipplendorf sogar zu einer unmittelbaren Reichsherrschaft erhoben worden. Diese kaufte der kurkölnische Geheimrat von der Gruben. Seine Familie besaß die Herrschaft bis zum Ende der Feudalzeit im Jahr 1794.

Die Ipplendorfer Kirche war in ihrem Ursprung wohl eine hofeigene Kirche. Mit ihrer Übertragung an den Kölner Erzbischof setzte dieser vor Ort Ministeriale als Lehensträger ein. In dieser Übergangszeit wurde Amelricus de Wormerstorph als Kölner Ministerialer genannt. Die heutige Ipplendorfer Martinskapelle entstand 1714–17 als Saalbau mit fünfseitigem Chor, vorgesetztem Westturm und hölzernen Kreuzrippengewölben. Die 1514 gegossene Glocke stammt noch vom Vorgängerbau. Ansonsten fertigte der Mainzer Rokokokünstler Isaac Ferber die Innenausstattung. Auf dem Kirchfriedhof stehen noch viele steinerne Grabkreuze aus dem 17. und 18. Jahrhundert.

Euskirchen

Der dritte auf dem Gebiet des Naturparks Rheinland am Eifelanstieg befindliche Ort ist Euskirchen, westlich der Erft gelegen. Der Veybach streift das Altstadtzentrum und mündet unmittelbar unterhalb der Stadt in die Erft. Nördlich breiten sich die weiten Ackerebenen der Zülpicher Börde aus, südlich auf welligem Voreifelgrund der Billiger Wald, der kleine Broicher Bruch sowie der Hardtwald.

Im unmittelbaren Umfeld von Euskirchen ergrub man jungsteinzeitliche, keltische und römische Siedlungsreste. Die Römer hatten hier ein dichtes Wegenetz angelegt, im Südwesten gab es einen Straßenknotenpunkt in der Handelssiedlung *Belgica vicus*, dem heutigen Euskirchener Ortsteil Billig. Auf einem römischen Trümmerfeld entstand die dem fränkischen Nationalheiligen geweihte St. Martinskirche unweit eines fränkischen Gräberfelds aus dem 7./8. Jahrhundert. Dem hier ansässigen fränkischen Königshof diente

Der Marktplatz in Euskirchen, im Hintergrund der Rathausturm.

▲ Chor der Martinskirche in Euskirchen, mit Schnitzretabel und Sakramentshaus.

▲ Die Orgel der Martinskirche.

das Gotteshaus als Eigenkirche. Der Name der fränkischen Siedlung wurde 870 erstmals als *Auelskirchen* überliefert, abgeleitet von »Kirche in der (Vey)Aue«. Angesichts unruhiger Zeiten, schon beginnend mit den Normanneneinfällen des späten 9. Jahrhunderts, gaben die Bewohner der nahegelegenen Siedlungen Disternich, Rüdesheim und Kessenich nach und nach ihre Wohnstätten auf und vereinten sich mit dem Kirchdorf Euskirchen. Die St. Martinskirche wurde erstmals 1190 als Ortspfarrkirche erwähnt.

Mitte des 12. Jahrhunderts wurde ihre Erweiterung infolge der Bevölkerungszunahme erforderlich. Zu diesem Zeitpunkt waren die Herzöge von Limburg die Herren der aufstrebenden Siedlung. Um 1270 wurde diese unter der Ägide der Herren von Monschau-Falkenburg als Nachfolger der Limburger aus einer ihrer Seitenlinien mit Wall und Graben versehen und nach Osten und Südosten erweitert, um Müllern und Gerbern den Zugang zum Wasser des Mühlbaches zu sichern. In dieser Zeit wuchsen die Dörfer Euskirchen, Disternich und Rüdesheim endgültig zu einer Siedlungs- und Wehrgemeinschaft zusammen. 1302 verlieh Walram VIII. von Monschau-Falkenburg Euskirchen die Stadtrechte, um den Ort zur Grenzfeste gegen Kurköln auszubauen. Nachdem die Linie der Monschau-Falkenburger im Mannesstamm erloschen war, ging die Stadt um 1355 an das Herzogtum Jülich über. Die Herzöge umgaben sie im folgenden Jahrhundert mit einer Stadtmauer und drei Toren. Bis Mitte des 15. Jahrhunderts war Euskirchen dann eine der vier Hauptstädte des Herzogtums Jülich. Die Anfänge der Tuchindustrie reichen bis in das 18. Jahrhundert zurück, die Tuch- und die Zuckerindustrie prägten die wirtschaftliche Entwicklung der Stadt im 19. Jahrhundert. Nach weitgehender Zerstörung im Zweiten Weltkrieg wurden Euskirchen viele auch kulturhistorisch interessante Nachbarorte eingemeindet. Heute hat es weit über 50 000 Einwohner.

Die Martinskirche ist mit ihrem hohen Turm das Wahrzeichen Euskirchens. Der im Kern romanische Bau wurde in gotischer Zeit weitgehend erneuert. Das Mittelschiff stammt mit seinen schweren Arkadenpfeilern aus der Entstehungs-, der Chor aus gotischer Zeit. Im 15. Jahrhundert wurden die Seitenschiffe erneuert. 1711 erhielt der Turm seine Schiefer-

▲ Maria Rast, das ehemalige Herrenhaus.

pyramide. Die Ausstattung der Martinskirche ist höchst wertvoll. Zunächst fällt das Schnitzretabel im Chor auf, eine Antwerpener Arbeit aus der Zeit um 1510. Neben dem Retabel steht das hohe turmartige Sakramentshaus aus Sandstein, das etwas später entstanden ist. Der Taufstein in einer Seitenkapelle ist eine Arbeit aus dem 12. Jahrhundert und trägt Flachreliefs mit Fabeltiermotiven. Die Orgel auf der Westempore wurde 1717 eingebaut und durch Kaspar König zu einer der klangschönsten im Rheinland fertiggestellt. Gemälde, das Epitaph des 1576 verstorbenen Heinrich von Binsfeld und nicht zuletzt Skulpturen, darunter eine Tilman Riemenschneider zugeschriebene kleine Schnitzfigur der Muttergottes, vervollständigen die Ausstattung.

Billiger Wald, Broicher Bruch und Hardtwald

Im Osten des Euskirchener Eifelanstiegs befindet sich der Billiger Laubwald, mit seinen Eichen-, Buchen- und Hainbuchenbeständen ein hervorragendes Wandergebiet. Nahe des 313 Meter hohen Lauerzbergs als dessen höchsten Erhebung hat man einen weiten Blick über die Zülpicher Börde, bei gutem Wetter reicht er bis zum Kölner Dom und zum Siebengebirge. Bis zum 19. Jahrhundert nutzten die umliegenden Bewohner die Eichen als Schälbäume, um Leder zu gerben. Die Folge dessen war eine zunehmende Verbuschung. Eichenlohe ist aber längst durch andere Stoffe ersetzt, die Wälder konnten sich wieder regenerieren. Die im Gebiet noch vorhandenen Fichtenbestände werden in Laubwald umgewandelt.

Am Südrand des kleinen Broicher Bruchs hatte der Dichter Max von Mallinckrodt ein Grundstück erworben, das einen weiten Blick über die Eifel bot und so ganz dem Geschmack der Zeit »Zurück auf's Land« entsprach. Hier ließ er 1899 nach seinen Plänen einen herrschaftlichen Wohnsitz im neoklassizistischen Stil errichten, der einen Gegenpart zum nahegelegenen Schloss Wachendorf seines Bruders Paul von Mallinckrodt darstellt. Das am Ende des Zweiten Weltkriegs zerbombte Anwesen des Dichters wurde von den Erben an das Säkularinstitut der Schönstätter Marien-schwestern verkauft, die es in Maria Rast umbenannten. Sie erneuerten das Herrenhaus, bauten eine Kapelle dazu und richteten in neuen Nebengebäuden ihre Bildungsstätte ein. Zum Gelände gehört auch der historische Broicher Gutshof, an dessen Tor noch das Wappen der Familie von Mallinckrodt zu sehen ist.

Mitten durch den Broicher Busch führt die Römische Wasserleitung. Oberhalb von Kreuzweingarten kann ein Aufschluss betrachtet werden, die Kalkablagerungen in der Leitung sind deutlich zu sehen. Ganz in der Nähe wurden die Fundamente eines 4 x 4,3 Meter messenden römischen Tempels erneuert. Eine Nische ist ausgebildet, wahrscheinlich hatte der Bau aber drei Nischen. Der Ort selbst liegt unterhalb an der Erft, erstmals 1266 wurde eine Kirche in *Wingarden* im Besitz des Klosters Münstereifel erwähnt. Der Turm und der Chor als älteste Teile der heutigen zweischiffigen, in verputzter Bruchsteinbauweise errichteten Heilig-Kreuz-Kirche stammen aus dem 14. Jahrhundert. Im 17. und 18. Jahrhundert wurde das Langhaus erneuert. Auf dem Kirchhof findet man noch mehrere barocke Grabkreuze und ein Hochkreuz aus dem Jahr 1777.

Inmitten des Hardtwaldes, einer isolierten Forstfläche im Euskirchener Eifelvorland, erhebt sich die Hardtburg, eine wehrhafte Anlage der Kurkölner, die hier in Grenzlage ihre Besitzansprüche gegen die Jülicher Grafen manifestierten. Der Hardtwald litt Jahrhunderte lang unter dieser Rivalität zwischen Köln und Jülich. Zusätzlich war er dem Nutzungsdruck der umliegenden Bevölkerung ausgesetzt, die hier Brenn- und Bauholz entnehmen und ihr Vieh zur Mast hineintreiben wollte. In der zweiten Hälfte des 18. Jahrhunderts war der Hardtwald weitgehend verlichtet. Erst in preußischer Zeit endete der Raubbau. Die preußische Forstverwaltung entwickelte hier, im Gegensatz zu sonstigen Aufforstungen mit Kiefern und Fichten als sogenannten »Preußenbäumen«, einen geschlossenen Eichenhochwald, der bis heute Bestand hat. Übrigens hatten Kelten um 100 v. Chr. auf dem 273 Meter aufragenden Hardtberg, der höchsten Erhebung des Hardtwalds, einen Ringwall von 300 Metern Länge und 175 Metern Breite als Fliehburg vor eindringenden Germanen errichtet. Ihre Wälle waren mit Palisaden versehen. Nach Auswertung der Brandschichten ist die Anlage wohl in den Kämpfen mit Caesars Truppen vernichtet worden.

Die Ursprünge der Hardtburg gehen auf das frühe 12. Jahrhundert, in die Zeit der Grafen von Are, zurück. Im Jahr 1118 wurde ein Ritter Rudolf von Hardt als Lehnsmann des Grafen Dietrich von Are-Hochstaden mit Wohnsitz im Hardtwald erwähnt. Diesen Wohnsitz hatte der Ritter zur Motte ausgebaut, die 1166 als *munitio quae dicitur hart* (»Befestigung, welche Hardt genannt wird«) erstmals ur-

▼ Aufschluss der Römischen Wasserleitung bei Kreuzweingarten.

▼ Barockgrabsteine der Heilig-Kreuz-Kirche in Kreuzweingarten.

kundliche Erwähnung fand. 1246 ging die gesamte Grafschaft durch Schenkung an das Erzbistum Köln über – und damit auch die Hardtburg.

Obwohl diese ihren Standort auf der Kuppe des Hardtberges hat, ist sie keine Höhen-, sondern eine in einer Quellmulde errichtete Wasserburg. Ab dem Jahr 1340 erweiterten die Kölner sie zu einer massiven, wehrhaften, in Bruchstein aufgemauerten Anlage mit einem inneren Burgbering, der noch Reste des Wehrgangs aufweist. Zwischen Kern- und Vorburg, die in ihren Ursprüngen ebenfalls in die Zeit der Grafen von Are-Hochstaden zurückreicht, befand sich ein inzwischen nicht mehr Wasser führender Halsgraben, von dem man allerdings noch die Befestigungsmauern sieht. Der Grabenaushub rund um die gesamte Burganlage erreichte die Größe eines Sees. Die Kölner erhöhten die Ringmauer der Vorburg und in ihrer Fortsetzung die äußere Ringmauer der Kernburg, die allerdings kaum noch existiert. Die Vorburgmauer wurde mit wehrhaften Runderkern und Türmen versehen, ihr hölzerner Wehrgang ist an der gefährdeten Hangseite innen auf Rundbögen aufgesetzt. Über den mit Mauern abgesicherten Halsgraben zwischen Vor- und Hauptburg führte früher eine Brücke, über die man in den Kern der Anlage mit dem mächtigen, als Wohnturm dienenden Bergfried gelangt. Der in vier Geschossen erhaltene Bau misst außen fast 10 Meter im Quadrat bei einer Mauerstärke von 2,50 Metern im lichtlosen Untergeschoss. In der Südecke ist auf heutiger Augenhöhe ein Stein aus der römischen Wasserleitung vermauert, gut zu erkennen an den abgesetzten Kalkschichten. 450 Jahre lang war die Hardtburg Sitz der Verwaltung des kurkölnischen Amtes Hardt. Beim Einmarsch französischer Revolutionstruppen hatte sie längst ihre ursprüngliche Bedeutung verloren und war damals schon lange ruinös. Das Burghaus in der Vorburg ist bis heute Sitz und Wohnung des Hardtförsters.

Euskirchener Burgenrunde

Eine Rundfahrt um Euskirchen eröffnet dem Besucher eine Vielzahl an Wasserburgen, wie sie kaum andernorts in Deutschland anzutreffen ist. Allein in und um Flamersheim sind es vier solcher Anlagen: eine in Flamersheim selbst, je eine weitere in Niederkastenholz, Schweinheim und Ringsheim, dem nicht mehr existenten Ort, dessen Wasserburg schon in der Orbachaue steht. In Weidesheim gibt es die Kleeburg, dann die Große Burg in Kleinbüllesheim, die Burg in Großbüllesheim und nicht zuletzt Burg Kessenich im Norden des Stadtkerns von Euskirchen.

Burg Flamersheim.

Als typisches Beispiel der Euskirchener Wasserburgen zeigt sich die Flamersheimer Burg. Die Ortsgeschichte von Flamersheim reicht bis in das frühe Mittelalter zurück, der Ortsname wird als *flavomaresheim* (»Heim des fränkischen Siedlers Flavomar«) gedeutet. Nach vielen Besitzerwechseln kam die Burg für über 200 Jahre bis 1774 an die Herren Quadt von Landskron. Schon Dietrich von Quad ließ die Anlage, von deren Ursprüngen aus dem 14. Jahrhundert fast nichts mehr erhalten ist, 1713 repräsentativ im Stil des Barock umbauen. Ihr endgültiges Äußeres einschließlich des neu angelegten Parks erhielt sie im 19. Jahrhundert. Seither ähnelt das von zwei freistehenden, zweigeschossigen Seitenflügeln flankierte Herrenhaus einem großzügigen viktorianischen Landsitz. Den verputzten, mit einem Mansarddach über dem ersten Geschoss eingedeckten Hauptbau begrenzen beiderseits überragende Türme, deren Obergeschoss mit Rundbogenfenstern zwischen Pilastern versehen ist. In dem im 18. Jahrhundert an der Burg errichteten landwirtschaftlichen Gutshof ist heute das Restaurant Landlust eingerichtet, das modern zubereitete Eifler Landküche in prämierter Form bietet.

INFOS

- ***Landlust:** 53881 Euskirchen-Flamersheim, Burg Flamersheim, Zufahrt über Sperberstraße, Tel. 02255 945752, www.burgflamersheim.de. Mit Restaurant Bembergs Häuschen, Gasthaus Eifeler Zeiten und Hotel Nachtquartier; Restaurant geöffnet Do. bis Sa. 18:00–24:00 Uhr, So. 12:00–15:00 Uhr, Gasthaus geöffnet Mi. und Do. 17:00–24:00 Uhr, Fr. bis So. 12.00–24:00 Uhr.*

Die Ortspfarrkirche in unmittelbarer Nähe der Burg ist eine dreischiffige romanische Pfeilerbasilika mit fünf Jochen, die im 12. Jahrhundert entstand. Im Osten erhielt sie einen modernen Anbau. Der Westturm wurde 1666 nach Brand in das westliche Mittelschiffjoch eingearbeitet. Zur Ausstattung zählen neben mehreren Leinwandgemälden ein Kruzifix aus dem 16. Jahrhundert über dem Hochaltar sowie ein gotisches Taufbecken.

Die Familie Quadt von Landskron als Burg- und Herrschaftsbesitzer in Flamersheim hatte schon im 16. Jahrhundert holländische Religionsflüchtlinge aufgenommen und ihnen protestantisches Asyl gewährt. Sie waren es auch, die ab 1759 gegen viele Widerstände im Einzugsbereich der Kölner Erzbischöfe hier – etwas abseits vom Ortskern – die erste allein zu diesem Zweck vorgesehene evangelische Kirche errichten ließen.

Auf dem Weg von Flamersheim in Richtung Euskirchen steht am Ortsrand von Niederkastenholz die gleichnamige Burg. Niederkastenholz gehörte zum Krongut der *villa flavomaresheim*, das später an die Tomburg und dann an die Reichsabtei Kornelimünster kam. Unterhalb der Burg erhebt sich auf altem Friedhofsgelände die Laurentiuskapelle, eine kleine, verputzte Pfeilerbasilika aus der zweiten Hälfte des 12. Jahrhunderts, wohl von der Abtei Kornelimünster errichtet. Die Straße vom Kapellengelände zur Burg weist noch eine Reihe bestens renovierter Fachwerkhäuser auf. Obwohl der Ort schon spürbar am Eifelanstieg liegt, entstand hier eine Wasserburg, deren Ursprünge im 11. Jahrhundert liegen. Der Wehr- und Wohnturm der Burg stammt aus dem 12. Jahrhundert. Heute setzt sich die gepflegte Anlage, deren Wassergräben weitgehend zugeschüttet sind, zweiteilig zusammen. Das Herrenhaus zeigt sich als zweiflügeliger Winkelbau, der auf einen früheren Vorgängerbau zurückgeht

Burg Niederkastenholz.

und von dem noch der Wehr- und Wohnturm als Eckturm vorhanden ist. Der Südflügel in Bruchsteinbauweise ist der eigentliche Wohntrakt, der verputzte Nordbau unter Walmdach aus der Mitte des 18. Jahrhunderts war das Repräsentations- und Verwaltungsgebäude der hier begüterten Abtei Kornelimünster. Die hufeisenförmige Vorburg trägt an der Südseite noch das Tor mit Zugbrückenblende. Das Nordtor mit der darauf zuführenden Kastanienallee stammt aus dem 19. Jahrhundert.

Die Kleeburg im nordöstlichen Euskirchener Vorort Weidesheim gehört zu den reizvollsten Wasserburgen des an Burgen dieser Art so reich gesegneten Erfttals. Sie war anfänglich ein kurkölnisches Lehen, das 1342 in die Jülicher Oberherrschaft abgetreten, also verkauft wurde. In den folgenden Jahrhunderten war die Geschichte der Kleeburg durch Erbgänge, Erbteilungen und durch die Wiederzusammenführung des Besitzes unter denen von Gymnich zu Gymnich im 18. Jahrhundert gekennzeichnet. Michael Freiherr von Korff erwarb die Anlage 1997 von der vorangegangenen Erbengemeinschaft und richtete in der Vorburg den Lagerverkauf seines für hochwertige Damen- und Herrenmode bekannten Unternehmens ein.

Über die frühe Baugeschichte der zweiteiligen Anlage der Kleeburg ist wenig bekannt, entstanden ist sie aus einer kurkölnischen Motte, die dann später zur Burganlage erweitert wurde. Waren damals noch Sicherheits- und Verteidigungsaspekte maßgeblich für eine Burganlage mit Vorburg, so trat mit dem Ausbau Ende des 16. Jahrhunderts der Aspekt der Wohnlichkeit in den Vordergrund. Im Rahmen dieser Arbeiten wurde auch die Vorburg erneuert. Seine heutige Gestalt erhielt das Burghaus Mitte des 18. Jahrhunderts, worauf die Jahreszahl 1747 über dem Portal hinweist.

Die Große Burg in Kleinbüllesheim ist die älteste der Wasserburgen im Euskirchener Bereich. Sie geht vermutlich auf eine frühe Motte im südlichen Teil des heutigen Burgbereichs zurück. Der jetzige Bau ist als zweiteilige Rechteckanlage mit dem durch einen Winkelgraben abgetrennten Herrenhaus in der Nordostecke im 14. Jahrhundert entstanden. Dieser Teil wurde durch den westfälischen Barockbaumeister Johann Conrad Schlaun 1728 erneuert. Sein dreiachsiger Mittelbau

Die Kleeburg in Weidesheim.

Die Große Burg in Kleinbüllesheim – Torbau.

verbindet die nach vorn und rückwärts heraustretenden Seitenteile. Die Ecken sind abgerundet. Der Torbau stammt im Kern noch aus dem Spätmittelalter und musste nach einem Brand im Jahr 1765 erneuert werden. Er weist eine spitzbogige Durchfahrt auf, seine Ecken sind mit kleinen Rundtürmen versehen. Alle Bauteile tragen Mansarddächer. An den Torbau schließen sich die dreiflügeligen Wirtschaftsgebäude an. Ihre diagonal gestellten Türme markieren die Ecken der ehemaligen Vorburg.

Aus der Entstehungszeit der Großen Burg stammt auch die auf dem anschließenden Grundstück stehende Alte Kirche, ehemals St. Peter und Paul geweiht. Ihr Westturm wurde im 15. Jahrhundert erneuert. Im Rahmen der frühbarocken Umgestaltung der Kirche erhielt diese einen polygonalen Chor.

In dem nördlich davon gelegenen Ort Großbüllesheim stehen noch Reste einer ehemaligen Wasserburg. Diese Burg wurde 1402 als Lehen des Herzogs von Jülich erwähnt, was sie bis zum Ende der Feudalzeit blieb. Nach dem Tod des letzten Lehnsnehmers verfiel das Anwesen, das Herrenhaus wurde um 1800 abgetragen, die dazu gehörige Grabenanlage trockengelegt. Erhalten sind noch der Torturm, das an den Turm angelehnte Wohnhaus der Vorburg und Reste der Hauptburg. Große Teile der Vorburg sind 1886 erneuert worden, so auch die Holzgalerie vor dem Obergeschoss des Wohnhauses.

Auf der Höhe von Großbüllesheim, unmittelbar in der Erftaue gelegen, steht Burg Kessenich, 1339 erstmals urkundlich genannt, als der Ritter Otto von Kessenic hier als Lehnsträger des Herzogs von Jülich residierte. Heute besteht die von Wassergräben umgebene Anlage aus dem Herrenhaus, das seinen lebhaft orangeroten Anstrich 2004 erhielt, sowie einer hufeisenförmig angelegten Vorburg mit Torhaus. Im 19. Jahrhundert wurde der trennende Graben zwischen Herrenhaus und Vorburg zugeschüttet. Das Torhaus aus dem Jahr 1562 trägt noch das Allianzwappen seines Erbauers Heinrich von Binsfeld und seiner Frau Elisabeth von der Horst. Die Bauten der Vorburg enthalten Mauerreste aus dem 16. Jahrhundert und entstammen ansonsten dem 19. bzw. dem frühen 20. Jahrhundert. Das Herrenhaus, auch in der Zeit Heinrichs von Binsfeld errichtet, stellt sich heute als zweiflügelige Anlage mit Rundturm an der Seite dar, der einst die Verbindung zu einem weiteren, nicht mehr existenten Wohnflügel bildete. Der schmalere Südostflügel ist ein Jahrhundert jünger. Er wurde 1634 erneuert, als Heinrich Waldbott von Bassenheim Besitzer der Burg war.

Erftmühlenbach

Neben den Wasserburgen sind es vor allem die vielen historischen Mühlen, die den Erftbereich um Euskirchen auszeichnen. Nach dem Austritt der Erft aus der Eifel, bis wohin sie den typischen Charakter eines Mittelgebirgsflusses zeigt, tritt sie mit nur noch geringem Gefälle in die Bördenlandschaft ein. Hauptsächlich dieser Flussteil war ein schon seit Jahrhunderten den Menschen dienstbar gemachter Lebensraum. Die ältesten urkundlichen Belege über die Mühlenwirtschaft an der Erft gehen auf das 9. Jahrhundert zurück. 218 Wassermühlen gab es am Ende der Feudalzeit im Erft-Gewässersystem, davon allein 24 am Kuchenheimer Erftmühlenbach. Dieser längste Mühlenbach an der Erft, möglicherweise aus einem ursprünglichen Seitenarm entwickelt, zweigt unterhalb von Kreuzweingarten östlich ab und verläuft bis unterhalb von Großbüllesheim durch die östliche Erftaue, bis er bei Wüschheim den Weg zurück in die Erft findet.

Die Liersmühle in Redder ist die erste in der Reihe der Mühlen am Erftmühlenbach. Erste Hinweise auf diese Lohmühle gehen auf das Jahr 1564 zurück. Sie wurde 1772 von einem Euskirchener Tuchfabrikanten erworben, der sie danach als Walkmühle betrieb. Bis zum Beginn des Zweiten Weltkriegs dienten Teile ihrer Gebäude dann noch als Porzellanfabrik.

Die Tomberger Mühle auf der Höhe von Roitzheim war die Bannmühle im Amt Tomberg, verpflichtend für die Orte Flamersheim, Palmersheim, Odendorf, Wormersdorf und Oberdrees – entsprechend hoch waren die Einnahmen dieser Mühle. Heute wird hier ein Reitstall betrieben.

Die Bäumersmühle oberhalb von Kuchenheim fungierte als Öl- und Walkmühle, später als Spinnerei und wurde bis Ende des 19. Jahrhunderts als Pappenfabrik genutzt, die Artikel für die Textilindustrie, Garnrollen, Jacquardkarten u. Ä. herstellte.

Die Grundahlsmühle unterhalb von Kuchenheim diente als Zulieferbetrieb für die Textilunternehmen im Kuchenheimer Raum. Hier wurden bis zum Ende des 19. Jahrhunderts Textilfarbstoffe aus gemahlenen Farbhölzern, Farberden und anderen Grundstoffen hergestellt, so wie beispielsweise die Naturfarbstoffe Indigo und Krapp.

Die Kleeburger Mühle, einst der Kleeburg zugehörig und erstmalig 1550 erwähnt, lag früher an einem kleinen Pappelforst am Rand des Erftmühlenbachs. Durch dessen Begradigung im Jahr 1974 wurde die Mühle vom Wasserlauf räumlich getrennt.

Die Marienthaler Mühle in Kleinbüllesheim wurde als Getreidemühle erstmals um 1660 erwähnt. Ursprünglich handelte es sich um eine Wehranlage. Die heutigen Mühlengebäude aus dem Jahr 1881 stehen unter Denkmalschutz.

Die Burgmühle von Großbüllesheim ist eine der Mühlen, die bereits auf das 9. Jahrhundert zurückgehen. Um 1700 wurde der mittlere Fachwerkteil als ältester erhaltener Gebäudeabschnitt errichtet. 1862 erfolgte der Einbau einer Dampfmaschine mit 16-PS-Leistung. 1965 stellte Bauer Müller den Mühlenbetrieb ein. 2002 wurden die Gebäude der Mühle restauriert.

THEMA LVR-Industriemuseum Tuchfabrik Müller

Das außergewöhnlichste Beispiel der Mühlen am Erftmühlenbach bietet die Tuchfabrik Müller in Kuchenheim. Hier ließen die Gebrüder Fingerhut im Zuge der Aufhebung des Mühlenzwangs durch die von den Franzosen eingeführte Gewerbefreiheit anstelle einer Getreide- eine Papiermühle errichten. Später wurde die Anlage als Wollspinnerei und -wäscherei genutzt und von nachfolgenden Besitzern zur Tuchfabrik ausgebaut. 1860 musste eine Dampfmaschine installiert werden, da die Wasserkraft des Erftmühlenbachs für die Produktion von Tuch nicht mehr ausreichte. Als 1961 der damalige Fabrikbesitzer Kurt Müller mangels Aufträgen den Betrieb einstellte, beließ er alle Einrichtungen in ihrem Originalzustand, um eines Tages bei besserer Auftragslage weiter produzieren zu können. 20 Jahre lang blieb die Tuchfabrik so unversehrt bestehen, bis der Landschaftsverband Rheinland sie übernahm und zum Technikmuseum umgestaltete. Dieses bietet einen einmaligen Einblick in eine Produktionsstätte der frühen 1900er Jahre und macht mit jährlichen Sonderausstellungen immer wieder auf sich aufmerksam.

INFOS

- ***LVR-Industriemuseum:** Tuchfabrik Müller, 53881 Euskirchen, Carl-Koenen-Straße, www.industriemuseum.lvr.de. Geöffnet Di. bis Fr. 10:00–17:00 Uhr, Sa. und So. 11:00–18:00 Uhr; die Fabrik ist nur mit Führung zu besichtigen: Information und Buchungen bei kulturinfo rheinland unter Tel. 02234 9921555.*

Literaturverzeichnis

Euskirchen, Claudia, Gisbertz, Olaf und Schäfer, Ulrich:
- Georg Dehio, Handbuch der Deutschen Kunstdenkmäler, 1909, Neubearbeitung, Nordrhein-Westfalen I, Rheinland, München 2005.

Grewe, Klaus:
- Der Römerkanal-Wanderweg, mit ausführlichem Kartenmaterial, Düren 1988.

Goldbach, Kerstin:
- Braunkohle und Rekultivierung, Köln 2013.

Förderverein Haus der Natur – Waldinformationstzentrum (Hrsg.):
Otzen, Hans und Wessel, Wolfgang
- Erlebnis Kottenforst Villewald, Rheinbach 2014.

Janssen, Wilhelm:
- Kleine Rheinische Geschichte, Düsseldorf 1997.

Kremer, Bruno P. und Caspers, Norbert:
- Der Naturpark Kottenforst-Ville, in: Rheinische Landschaften, Band 10 der Schriftenreihe für Naturschutz und Landschaftspflege des Rheinischen Vereins für Denkmalpflege und Landschaftsschutz, Köln 1976.

Küster, Hansjörg:
- Geschichte des Waldes, München 1998.
- Geschichte der Landschaft in Mitteleuropa, München 2002.

Naumann, Gerhard:
- Forstgeschichtliches zum Hardtwald bei Stotzheim, Kreis Euskirchen, Forstamt Bad Münstereifel 1998.

Otzen, Barbara und Otzen, Hans:
- Mittelalterbauten im Rheinland, Rheinbach 2015.

Otzen, Hans:
- Landschaften rund um Bonn, Bonn 1999.
- Natur in Deutschland, Köln 2013.

Stock, Ingo:
- Wanderungen im Naturpark Rheinland, Duisburg 2010.

Zweckverband Naturpark Kottenforst-Ville (Hrsg.):
- **Band 1:** Elisabeth Zenses: Die Jülich-Zülpicher Börde, Bergheim 1997 (2. Aufl.).
- **Band 2:** Ursula Kisker (Schriftleitung): Landschaften im Naturpark, Köln 1987.
- **Band 3:** Elisabeth Zenses (Schriftleitung): Bildungsarbeit im Naturpark, Bergheim 1992.
- **Band 4:** Elisabeth Zenses (Schriftleitung): Gewässer im Naturpark, Bergheim 1992.

Eifelblick bei Maria Rast.

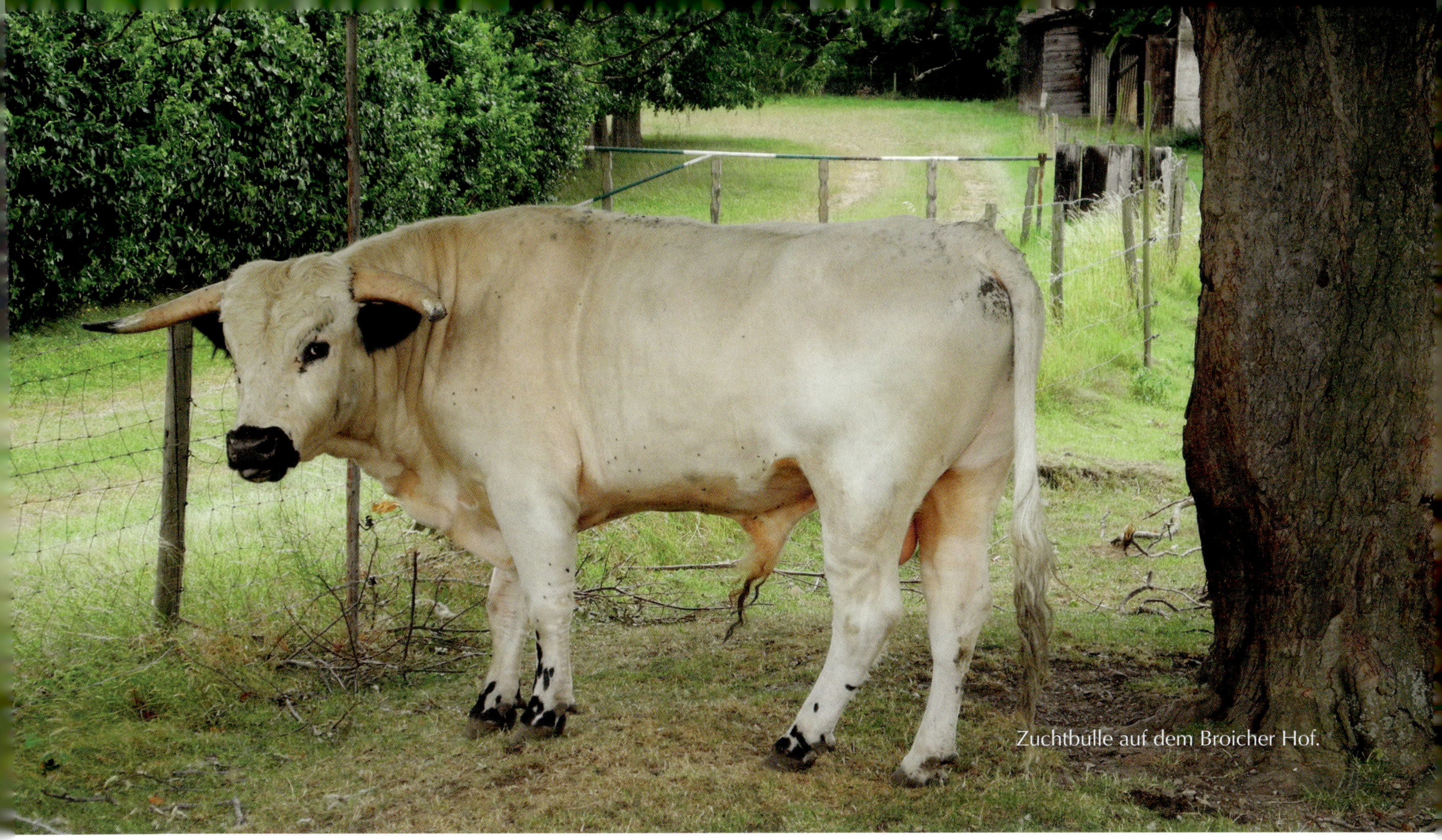

Zuchtbulle auf dem Broicher Hof.

Bildquellennachweis

zur Bonsen, Burkhard: 58 o.
Chmela, Christian: 25, 197 r. + l.
Fuchs, Heinz: 7, 49, 58 u., 59, 97 u., 134 l., 160, 197 o., 198 o., 207, 220
Hachtel, Monika: 40, 144 r.
Otzen, Hans: 1, 4, 8, 14, 15, 18 l., 27, 30, 31 u., 32, 34, 35, 36, 37, 41 o. + m. + u., 43 l., 46, 53, 55, 56, 57 o. + u., 60, 61, 62, 63, 64, 65, 66, 68 o., 69, 70 o.+ u., 71, 73, 74 l. + r., 75 l. + r., 76 o. + u., 77 l. + r. + u., 78 l. + r., 79 l. + r., 80 l. + r., 82 o. + u., 83 o. + u., 86, 88, 95, 97 l. + r., 99, 100, 102, 108 o., 113 u., 114 o., 118 o., 121 o. + u., 122, 123, 124, 125, 126 l. + r. + u., 127, 128 l. + r., 129 l. + r., 130, 131, 132, 133 l. + r., 134, 135, 136, 137 l. + r., 138 r., 140, 143, 144 l., 145, 146, 147 r. + l., 148 r. + l., 149, 151, 153, 157 o. + u., 159, 162, 165, 167, 168, 174, 175, 176, 177 o. + u., 180 o. + u., 181, 182, 183, 184, 185, 186 o. + u., 187 o. + u., 190, 194, 195, 196 o. + u., 198 u., 199, 200, 202 o. + u., 204, 205, 206, 208, 210 o. + u., 212, 213, 214 l.+ r., 216, 218, 219, 224, 225, 226, 227 l. + r., 231, 233, 234 l. + r., 235, 236 l. + r., 237, 238, 239, 240, 242, 243
Pützler, Heinz: 2, 3, 5, 18 r., 23, 29 o. + u., 31 o., 38, 45, 47, 48, 49, 50, 51, 52, 67, 68 u., 92, 114 u., 138 l., 154, 163, 164, 211, 223, 230
Rhein-Voreifel Touristik e. V. (RVTeV): 72 o. + u., 81, 84, 93, 107, 229
RWE: 12, 17, 19, 21, 22
Städte Fotos Andreas Strobel: 118 u.
Stiftung Rheinische Kulturlandschaft (SRKeV): 158, 156, 171, 178, 179, 244
Wessel, Wolfgang: 43 r., 44
Zenses, Elisabeth: 13
Wikimedia Commons: 11 Jo Weber, 39 Ivar Leidus, 44 Petr Filippov, 85 Lydia Jacobs, Thoma, 98 Michael Linnebach, 103 Willy Horsch, 108 l. Jotquadrat, 108 r. Traitor, 110 Cesco77, 112 Wolkenkratzer, 113 o. Frank Vincentz, 115 Wanderer-Weltreisender, 117 Terryrolf, 134 r. Enrico Blasutto, 139 l. Beckstett, 139 r. Kateer, 142 Agnieszka Szlelag, 144 l. Markus Manske, 155 Wolf Meusel, 161 Björn Appel, 166 RajuKasambe, 170 Pascal Reusch, 173 o. Tohma, 173 u. Hanna Stommel, 188 Tohma, 189 Pascal Reusch, 193 Malou Box, 217 Ellgollimoh, 232 Wolkenkratzer

Der Landschaftsverband Rheinland

Neben vielen anderen Aufgabenbereichen wie Soziales, Jugend, Schule, Psychiatrie und Heilpädagogische Heime, Freilichtmuseen bildet die Kulturlandschaftspflege und -entwicklung im Rheinland den Schwerpunkt der Arbeit der Abteilung Landschaftliche Kulturpflege im LVR-Fachbereich Regionale Kulturarbeit.

Die Erhaltung, Pflege und Entwicklung der historisch geprägten Kulturlandschaften gehören zu den großen Herausforderungen unserer Zeit. Es gilt, das reiche kulturelle Erbe des Rheinlands als Grundlage für die kommunale und regionale Identität der Menschen zu bewahren und das vielfältige Potenzial für eine nachhaltige Tourismusentwicklung zu nutzen.

Unter dem Begriff der Kulturlandschaftspflege sind vielfältige Aktivitäten des LVR zur Erhaltung, Pflege und Entwicklung der historisch geprägten Kulturlandschaften des Rheinlands zusammengefasst.

www.lvr.de

Die Stiftung Rheinische Kulturlandschaft

Die landschaftsprägenden Felder, Wiesen und Weiden, Magerrasen, Wegraine sowie Streuobstwiesen, Hecken, Alleen und Wälder wären ohne die Landnutzung nicht in ihrer heutigen Vielfalt vorhanden. Erst dadurch konnten sie zu Biotopen für zahlreiche Arten der offenen Landschaft werden. Diese – und damit auch die ökologische, ästhetische und kulturelle Bedeutung unserer Heimat – sind jedoch durch Siedlungsentwicklung, Abgrabungen und hohen Nutzungsdruck bedroht. Um die Vielfalt der landwirtschaftlich geprägten Kulturlandschaften fördern und erhalten zu können, muss ein Konsens, oder besser noch, eine Synergie zwischen Ökonomie und Ökologie gefunden werden. Durch das Konzept »Naturschutz durch Nutzung« werden gemeinsame Perspektiven für Naturschutz und Landwirtschaft geschaffen.

Das Ergebnis: erfolgreicher Naturschutz und in der landwirtschaftlichen Praxis umsetzbare Maßnahmen für den Biotop- und Artenschutz.

Die »Stiftung Rheinische Kulturlandschaft« wurde im Jahr 2003 vom Rheinischen Landwirtschafts-Verband in Zusammenarbeit mit der Landwirtschaftskammer NRW gegründet und fördert die Biotop- und Artenviefalt der Kulturlandschaften im Rheinland.

www.rheinische-kulturlandschaft.de

Blühstreifen bei Weilerswist.